6·7급 대비

관리
운영
직군

전직시험

통신이론

Preface

지속되는 경기불황과 취업난 속에 공무원시험의 경쟁률과 합격선이 꾸준히 증가하고 있음에도 불구하고 공무원시험의 인기는 더욱 치솟고 있는 추세입니다.

관리운영직군 공무원의 전직임용은 국가공무원법에 따른 전직시험을 통하여 해당기관의 직제 개정으로 감축하는 관리운영직군 직렬에 속하는 공무원의 정원에 상응하여 증원되는 정원이 배정되는 직렬에 속하는 공무원으로 전직할 수 있도록 시행하는 것으로서, 공무원시험에 새로이 응시하는 것이 아니라 경력자 가운데 시험을 통해 행정직 또는 기술직 공무원으로 전환하는 것입니다.

국가공무원법에 따른 선택형 필기시험에서는 각 과목에서 40% 이상 득점하고 전과목 총점의 60% 이상 득점한 사람으로 합격자를 결정합니다. 학습의 목표가 고득점이 아닌 합격이기 때문에 무엇보다 전략을 잘 세우는 것이 중요합니다. 시험에 나올 만한 핵심이론을 파악하고 최근 출제경향을 익혀 짧은 시간 내에 보다 효과적인 학습을 완성해야 합니다.

본서는 광범위한 내용을 체계적으로 간추려 수험생으로 하여금 단기간에 보다 효율적으로 학습할 수 있도록 핵심이론을 정리하였습니다. 또한 출제가 예상되는 다양한 유형의 문제를 수록하여 학습내용을 점검하고 부족한 부분을 보충할 수 있도록 하였습니다.

신념을 가지고 도전하는 사람은 반드시 그 꿈을 이룰 수 있습니다.
서원각이 수험생 여러분의 꿈을 응원합니다.

Contents

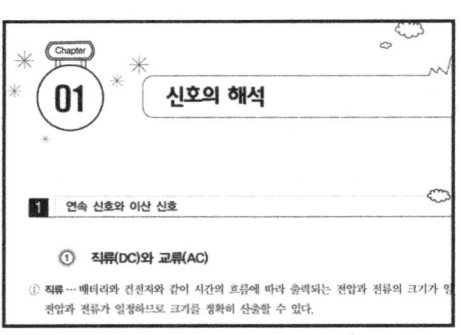

핵심이론정리

통신이론 전반에 대해 체계적으로 편장을 구분한 후 해당 단원에서 필수적으로 알아야 할 내용을 정리하여 수록했습니다. 출제가 예상되는 핵심적인 내용만을 학습함으로써 단기간에 학습 효율을 높일 수 있습니다.

출제예상문제

출제경향을 반영한 핵심예상문제를 수록하여, 실전 감각을 익힐 수 있도록 구성하였습니다.

B보다 전위가 높기 때문에 4개의 다이오드는 닫힌 드는 스위칭 작용을 하는데 이와 같은 스위칭 작용을 주파수 f_c와 같은 주파수를 갖는 그림초퍼 변조기의 $s(t)$을 곱한 것과 같은 결과를 얻는다.

TIP 초퍼(Chopper) … 직류신호를 단속하여 교류신호로 계적으로 접점을 단속시키는 것으로는 바이브레이 으로는 다이오드나 트랜지스터를 사용한 반도체 초 직류증폭기에 널리 사용되고 있다.

학습포인트

한 번 더 확인해야 할 내용을 Tip으로 구성하여 한눈에 파악할 수 있도록 하였습니다.

공무원의 구분 변경에 따른 전직임용 등에 관한 특례규정

[시행 2014.11.19.] [대통령령 제25751호, 2014.11.19., 타법개정]

제2장 관리운영직군 공무원의 전직임용

제3조(관리운영직군 공무원의 전직) ① 다음 각 호의 어느 하나에 해당하는 공무원은 「국가공무원법」(이하 "법"이라 한다) 제28조의3에 따른 전직시험(이하 "전직시험"이라 한다)을 통하여 해당 기관의 직제의 개정으로 감축하는 관리운영직군 직렬에 속하는 공무원의 정원에 상응하여 증원되는 정원이 배정되는 직렬(관리운영직군 및 우정직군의 직렬은 제외한다. 이하 같다)에 속하는 공무원으로 전직할 수 있다.

    1. 대통령령 제24852호 공무원임용령 일부개정령 부칙 제7조 제1항에 따라 관리운영직군 공무원으로 임용된 것으로 보는 공무원

    2. 다른 법령에서 관리운영직군 공무원으로 임용된 후 법 제28조 제2항 제7호에 따라 국가공무원으로 임용되거나 법 제28조의2에 따라 전입한 공무원

② 제1항에 따른 직제의 개정으로 증원되는 일반직공무원의 직위에는 해당 기관의 일반직공무원의 초과현원에 관계없이 해당 기관의 관리운영직군 공무원 중 전직시험에 합격한 공무원을 인사혁신처장이 정하는 시기에 임용(이하 "전직임용"이라 한다)하여야 한다.

③ 해당 기관의 관리운영직군에 감축할 정원이 없는 직렬에 대해서는 「행정기관의 조직과 정원에 관한 통칙」 제24조 제2항에도 불구하고 전직시험의 합격 인원에 해당하는 정원이 전직예정 직렬에 있는 것으로 보고 전직임용할 수 있다. 이 경우 해당 직렬 일반직공무원의 현원이 정원과 일치될 때까지 그 초과현원에 상응하는 정원이 해당 기관에 따로 있는 것으로 본다.

④ 제1항에 따른 관리운영직군 직렬에 상응하는 직렬의 범위 및 전직임용 등에 관하여 필요한 사항은 인사혁신처장이 정한다.

제4조(전직시험 실시기관) 「공무원임용령」(이하 "임용령"이라 한다) 제2조 제3호에 따른 소속 장관(이하 "소속 장관"이라 한다)은 전직시험을 직접 실시하거나 인사혁신처장에게 위탁하여 실시할 수 있다.

[대통령령 제24856호(2013.11.20) 부칙 제2조의 규정에 의하여 이 조는 2016년 12월 31일까지 유효함]

제5조(전직시험의 요건 및 방법 등) ① 전직예정 직급에 상당하는 관리운영직군 공무원으로 6개월 이상 근무한 공무원은 「공무원임용시험령」(이하 "시험령"이라 한다) 제18조에 따른 자격증 소지 여부와 관계없이 전직시험에 응시할 수 있다.

② 전직시험은 다음 각 호의 어느 하나의 방법에 따른다.

    1. 선택형 필기시험. 이 경우 소속 장관이 필요하다고 인정하는 경우에는 실기시험을 병과(倂科)할 수 있다.

    2. 서류전형과 면접시험(전직예정 직렬 관련 분야 석사 학위 이상 소지자만 해당한다)

    3. 서류전형(인사혁신처장이 정하는 자격증 소지자만 해당한다)

③ 제2항 제1호에 따른 필기시험의 과목은 별표 1과 같다. 다만, 소속 장관이 해당 기관의 업무 특성 등을 고려하여 필요하다고 인정하는 경우 인사혁신처장과 협의하여 시험령 별표 1을 적용할 수 있다.

[대통령령 제24856호(2013.11.20) 부칙 제2조의 규정에 의하여 이 조는 2016년 12월 31일까지 유효함]

※ 별표 1

관리운영직군에서 행정·기술직군으로 전직할 경우 시험과목

직렬	직류	6·7급		8·9급	
교정	교정	헌법	교정학	형사소송법개론	교정학개론
보호	보호	헌법	형사소송법	사회	형사소송법개론
출입국관리	출입국관리	영어	행정법	영어	국제법개론
행정	일반행정	행정학	행정법	사회	행정학개론
세무	세무	행정법	세법	사회	세법개론
관세	관세	행정법	관세법	사회	관세법개론
사서	사서	행정법	자료조직론	사회	자료조직개론
공업	일반기계	물리학개론	기계공작법	물리	기계일반
	전기	물리학개론	전기자기학	물리	전기이론
	화공	화학공학개론	화공열역학	화학	유기공업화학
농업	일반농업	재배학	식용작물학	생물	식용작물
임업	전 직류	생물학개론	조림학	생물	조림
해양수산	선박항해	선박개론	항해학	물리	항해
	선박기관	선박개론	선박기관학	물리	선박기관
보건	보건	보건학	보건행정학	생물	공중보건
시설	일반토목	물리학개론	응용역학	물리	응용역학개론
	건축	물리학개론	건축계획학	물리	건축계획
전산	전산개발	소프트웨어공학	자료구조론	컴퓨터일반	소프트웨어공학
방송통신	전송기술	물리학개론	통신이론	물리	무선공학개론

제6조(전직시험의 합격 결정) ① 제5조 제2항 제1호에 따른 선택형 필기시험에서는 각 과목 만점의 40퍼센트 이상, 전 과목 총점의 60퍼센트 이상 득점한 사람을 합격자로 한다.

② 제5조 제2항 제2호에 따른 면접시험에서는 시험령 제13조 제1항에 따라 임명된 시험위원의 과반수가 같은 영 제5조 제3항의 평정요소 5개 항목 중 2개 항목 이상을 "하(미흡)"로 평정하였거나, 시험위원의 과반수가 어느 하나의 동일한 평정요소를 "하(미흡)"로 평정하였을 때에는 불합격으로 한다.

[대통령령 제24856호(2013.11.20) 부칙 제2조의 규정에 의하여 이 조는 2016년 12월 31일까지 유효함]

제7조(관리운영직군 공무원으로 신규채용된 공무원) 기능직공무원으로 재직 하던 중 특수경력직공무원이 되기 위하여 퇴직한 사람 등이 인사혁신처장과 협의를 거쳐 종전 기능직공무원의 직급에 상응하는 관리운영직군 공무원으로 신규채용된 경우 해당 공무원의 전직시험 및 전직임용 등에 관하여는 제3조부터 제6조까지의 규정을 준용한다.

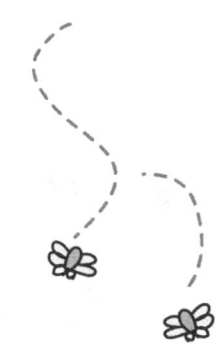

PART 01

통신이론

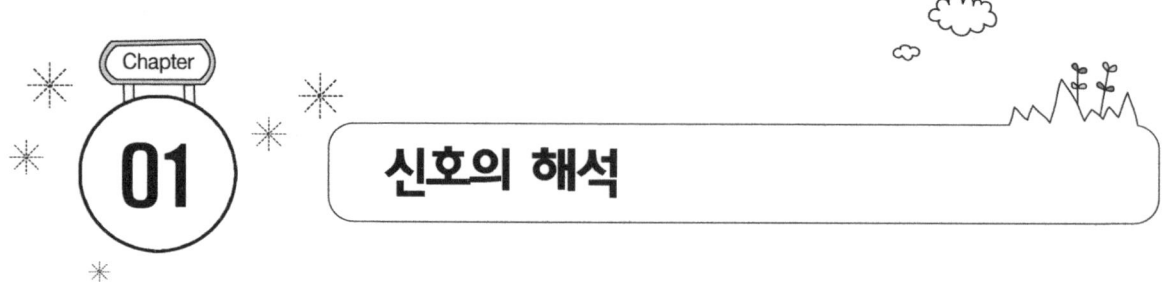

신호의 해석

1 연속 신호와 이산 신호

① 직류(DC)와 교류(AC)

① **직류** … 배터리와 건전지와 같이 시간의 흐름에 따라 출력되는 전압과 전류의 크기가 일정 하고, 전압과 전류가 일정하므로 크기를 정확히 산출할 수 있다.

② **교류** … 전류와 전압의 크기가 시간의 흐름에 따라 출력되는 전압과 전류로 시간에 따라 크기가 변하게 된다. 시간마다 전압과 전류의 크기(진폭)가 수시로 변하여 정확한 크기 산출이 어렵다.

◎ **직류와 교류의 분포 상태** ◎

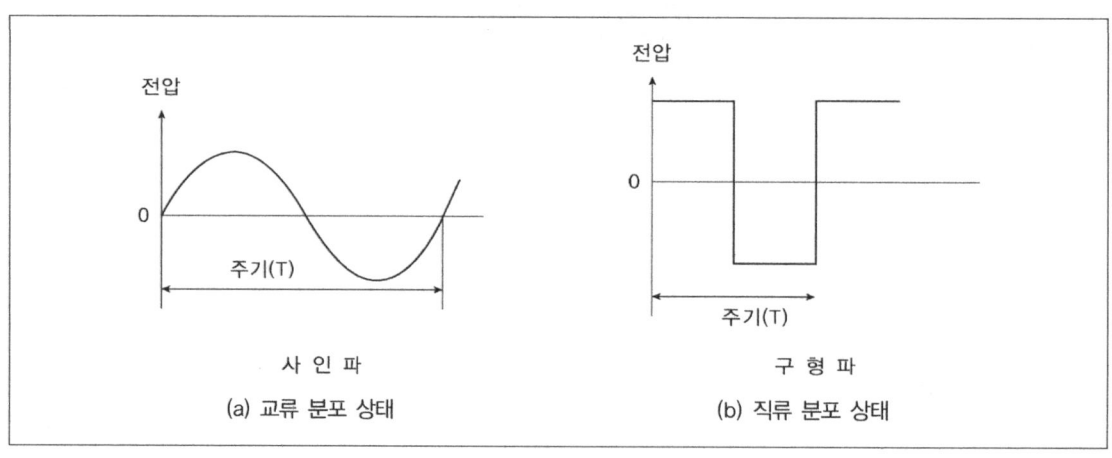

② 교류 신호의 크기

① **순시값**(Instantaneous Value) ··· 시간 축상을 좁은 간격으로 나누어 각각의 간격에 대응되는 전압/전류의 크기를 말한다.

② **최댓값**(Peak-to-Peak Value) ··· 교류 파형 범위 내에서 최댓값과 최솟값의 범위를 최댓값으로 정의하며 p-p(peak to peak) 단위를 사용한다. 만약 정현파가 +1[V]와 -1[V] 사이에 존재한다면 최댓값으로는 2[V] p-p 또는 1[V] peak가 된다.

③ **평균값**(Average Value) ··· 교류에서는 한번의 주기에서 전압과 전류의 파형이 계속 반복된다. 평균값은 주어진 주기 시간동안 얻어지는 순시값들의 합을 주기 시간으로 나눈 평균값으로 정의된다. 교류의 정형파의 경우 최댓값과 최솟값의 합은 0이 되므로 평균값은 0이다. 수학적으로 보면 전압과 전류가 흐르지 않아서 0이 될 수 있고 정형파가 흘러도 0이 될 수 있기에 이를 구분할 필요가 있어 정형파일 경우 반주기 동안 얻어지는 순시값의 합으로 평균값을 정의하고 있다.

$$평균값 = 0.637 \times V_{peak}(I_{peak}) \quad \cdots\cdots\cdots (1.1)$$

④ **실효값**(Root mean square Value) ··· 정현파의 크기를 일반적으로 표현하는 방법으로서 곡선의 각도가 45°일 때 전압과 전류의 크기는 최대치의 70.7%에 해당하며 이때의 크기를 실효값(rms값)이라고 한다.

$$실효값 = 0.707 \times V_{peak}(= I_{peak}) \quad \cdots\cdots\cdots (1.2)$$

@ 정형(Sin)파 신호 @

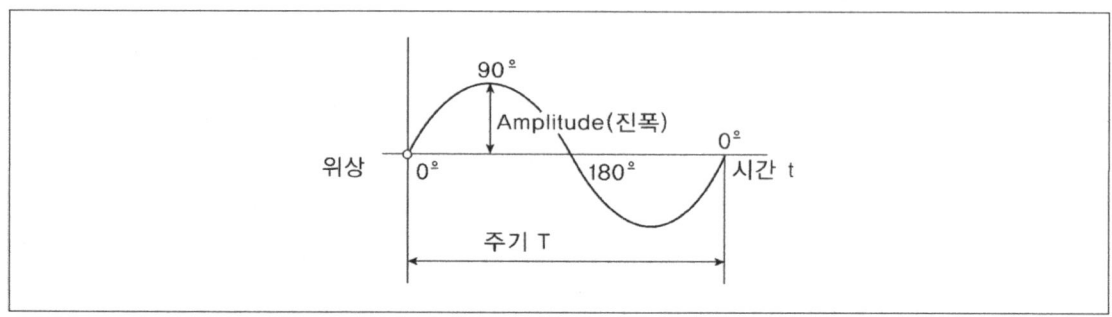

① 신호

① 진폭, 주파수(시간당 진동수 Hz), 위상

② **주기 T** … 1 cycle

③ **주파수 f** … 초당 사이클 개수 $f = \dfrac{1}{T}$, $T = \dfrac{1}{f}$ ……………(1.3)

④ **파장(λ)** … 1cycle의 길이

② 신호의 분류

신호는 확정적 신호와 랜덤신호로 구분할 수 있다. 결정 신호의 주기가 존재하느냐 존재하지 않느냐에 따라 주기 신호와 비주기 신호로 나뉜다. 예측성은 과거의 신호 분포로부터 미래의 신호 분포를 예측할 수 있느냐 없느냐에 따라 분류한다.

① **결정 신호**(deterministic signal) … 주기 신호
    ㉠ 모든 시간값 t에 대해 실수 혹은 복소수 형태로 $x(t)$의 신호 값이 결정되어 알 수 있는 신호 $x(t)$를 결정 신호라 한다.
    ㉡ 수학적이나 그래픽 형태로 신호의 물리적인 기술이 완벽히 가능하다.
    ㉢ 일정한 모양의 신호가 주기적으로 반복되는 신호로, 식 (1.4)와 같이 임의의 시간 t에 대해 식 (1.4)가 성립하며 이때 주기 신호 $x(t)$의 주기는 T_O이다.
    ㉣ $x(t) = x(t + T_O)$ …………(1.4)

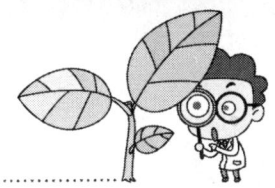

② **비결정 신호**(random signal) ⋯ 랜덤 신호

 ㉠ 신호 $x(t)$의 값이 랜덤 변수 형태로 존재하여 통계적인 값(평균, 분산 등)으로만 표현되는 신호 $x(t)$를 랜덤 신호라 한다.

 ㉡ 신호의 파라미터에 불확실성이 있어서 확률적으로만 표현할 수 있는 신호이다.

 ㉢ 잡음은 일정한 모양의 파형을 갖지 않으므로 랜덤 신호로 분류할 수 있다.

 ㉣ 이산 신호가 주기 신호일 경우에는 식 (1.5)와 같은 성질을 갖는다. 즉, 임의의 정수 n에 대해 주기 신호 $x[n]$의 주기는 N_O 이다.

 ㉤ $x[n] = x[n + N_O]$ ⋯⋯⋯⋯⋯(1.5)

 ㉥ 식 (1.4)나 식 (1.5)를 만족하지 않는 신호를 비주기 신호, 비 결정 신호, 랜덤 신호라 부른다.

♞ 결정 신호와 랜덤 신호 ♞

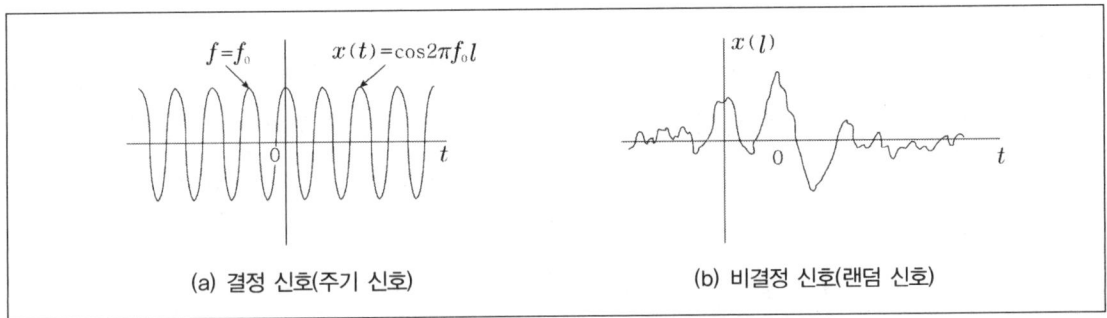

(a) 결정 신호(주기 신호)   (b) 비결정 신호(랜덤 신호)

③ **순시전력** ⋯ 통신 시스템에서 다루는 신호는 전류 혹은 전압 신호로 신호 $x(t)$에 대한 순시 전력은 $|x^2(t)|$ [W]이며 에너지는 식 (1.6)과 같이 표현할 수 있다.

$$e = \lim_{T \to \infty} \int_{-T}^{T} |x(t)|^2 \, dt = \int_{-\infty}^{\infty} |x(t)|^2 \, dt \qquad \cdots\cdots\cdots\cdots(1.6)$$

④ **전력신호** ⋯ 전력 신호는 주기가 유한한 주기 신호의 크기를 표현하는 방법으로서 주기 신호 $x(t)$의 총 전력은 다음과 같이 표현할 수 있다.

$$p = \lim_{T \to \infty} \frac{1}{T} \int_{0}^{T} |x(t)|^2 \, dt \cdots\cdots\cdots\cdots(1.7)$$

신호 $x(t)$가 유한값의 에너지를 가질 경우 신호 $x(t)$를 에너지 신호라고 하고, 유한값의 평균 전력을 가질 경우 전력 신호라 한다. 에너지 신호와 전력 신호는 평균 전력이 P는 0이고, 전력 신호의 에너지는 E는 ∞이다.

③ 시간 영역과 주파수 영역

① 통신에서 신호는 시간의 흐름에 따라 전압, 전류 또는 전력의 변화를 나타내는 집합으로 생각할 수 있으며 이들의 공통점은 시간의 함수라는 것이다. 즉 신호를 표현할 수 있는 방법으로 x축을 시간, y축을 시간에 따른 진폭의 변화로 표현하는데 이외에도 신호의 분포를 나타내는 다른 방법이 있다.

② 새로운 신호 표현 방법으로 x축을 주파수, y축을 주파수 성분들의 진폭 또는 전력의 크기로 표현할 수도 있다.

③ x축을 시간으로 표현하는 방법을 시간 영역(time domain)에서의 표현이라고 하며 x축을 주파수로서 표현하는 방법을 주파수 영역(frequency domain)에서의 표현이라고 하며 후자의 표현 방법은 통신에서 널리 사용된다.

④ 주파수 영역의 신호와 시간 영역에서의 신호 표현 그림에서 시간 영역의 신호 표현을 보면 주기를 전혀 알 수 없으며 주파수 영역의 신호 표현을 보면 각 주파수 성분들의 크기를 나타낸다.

⑤ 주파수 영역에서 1,000Hz, 1,400Hz, 1,800Hz가 각기 다른 크기로 존재하며 이들을 합성하면 시간 영역에서의 표현과 같은 신호를 얻을 수 있음을 역으로 알 수 있다.

♟ 주파수 영역의 신호와 시간 영역에서의 신호 표현 ♟

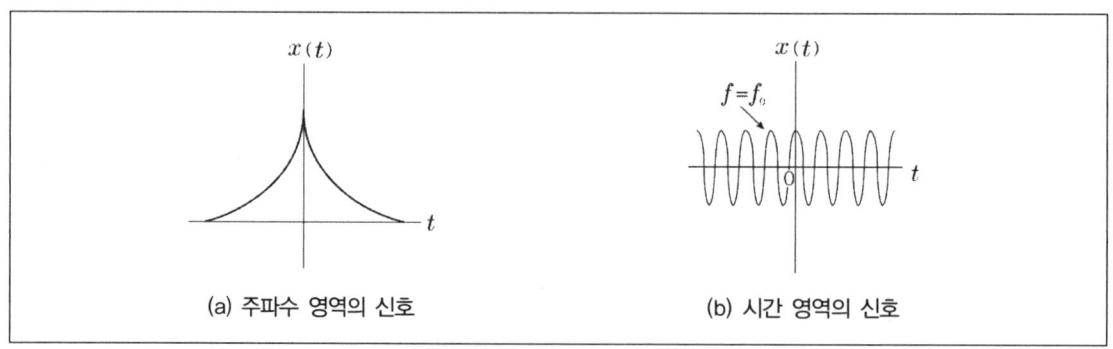

(a) 주파수 영역의 신호   (b) 시간 영역의 신호

④ 신호의 파형

① 시스템의 응답을 얻을 수 있는 방법으로는 주파수 영역에서 입력 신호의 스펙트럼과 출력 신호의 스펙트럼을 이용하여 얻을 수 있는 방법과 임펄스 신호(Impulse Signal)는 시스템의 입력에 인가하여 얻어지는 출력 신호를 이용하는 방법이 있다.

② 임펄스 신호(Impulse Signal)는 디락 델타 함수(Dirac Delta Function)를 이용할 때 출력 신호가 시스템의 임펄스 응답이 된다는 사실로부터 시스템의 임펄스 응답이라 한다.

③ 임펄스 신호는 그리스 문자인 델타 $\delta(t)$로서 표시하며 발생되는 시간 구간이 너무 작아서 실제 값을 측정할 수 없어, 그 시간구간을 0으로 간주한다. 임펄스 함수 $\delta(t)$는 분포 함수이며 식 (1.8)과 같이 정의한다.

$\delta(t) = \infty, \quad t = 0$

$\delta(t) = 0, \quad t$ ··············(1.8)

♱ 임펄스 신호 ♱

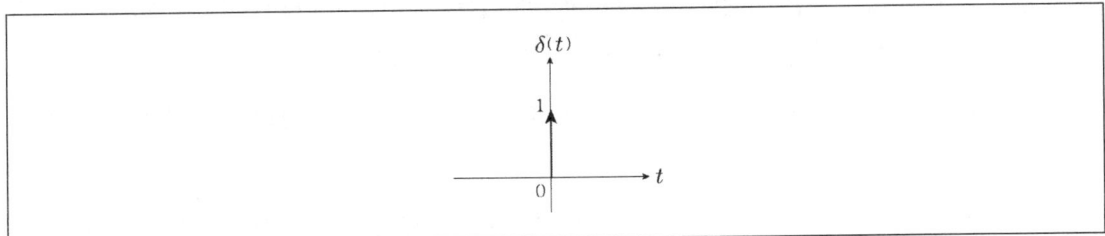

④ 임펄스 신호에 임의의 연속 신호 $x(t)$를 곱하는 경우 $\delta(t)$는 t = 0을 제외한 나머지 부분에서는 모두 0이다.

⑤ 단위 계단 함수(unit step function) $u(t)$는 크기가 1이다.

$$u(t) = \begin{cases} 1 & t \geq 0 \\ 0 & t < 0 \end{cases} \quad \cdots\cdots\cdots\cdots(1.9)$$

$$\frac{du(t)}{dt} = \delta(t) \quad \cdots\cdots\cdots\cdots(1.10)$$

⑥ 임의의 함수를 단위 계단 함수에 곱하면 그 함수의 인과 신호형태가 식 (1.9)과 같이 t = 0 이전에 시작되지 않는 신호를 말한다.

⑦ 단위 계단 함수는 임펄스 함수와 밀접한 관계를 가지고 있으며, 식 (1.10)을 통해 두 함수 간의 관계를 밝힐 수 있다.

♱ 계단 함수 ♱

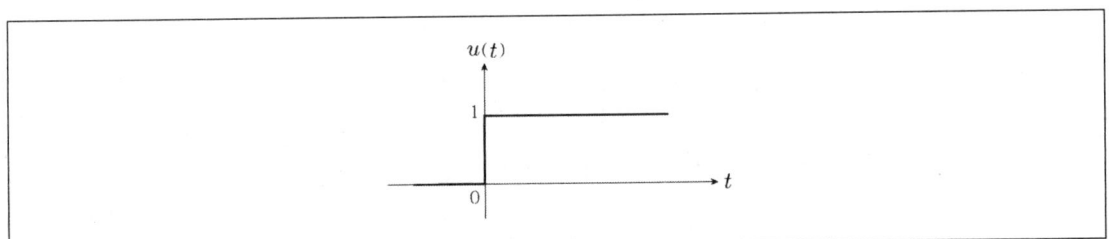

3 신호에 의한 통신방식의 분류

① 변조

① 신호의 주파수 대역을 다른 주파수의 대역으로 이동 시키는 것을 의미한다.

② 통신방식에 따라서 변조를 하지 않는 베이스밴드 통신(Baseband Communication)과 변조를 하는 대역통과통신(Bandpass Communication)으로 구분한다.

③ 장거리 무선통신에는 작은 안테나를 사용하여 전자파를 전파(Radiation) 하기 위해서는 신호의 주파수를 스펙트럼을 더 높은 주파수로 이동을 시키는 변조가 필요하다.

④ 변조를 하는 또 하나의 이유는 신호대 잡음비(S/N : Signal to noise ratio)를 개선하기 위해서 이다.

⑤ 높은 주파수(반송파 : Carrier)가 Fc 인 여현파(Cosine wave)의 기본 파라메타(즉 진폭, 주파수, 위상)중에서 하나를 베이스 밴드 신호(신호파 : Signal) s(t)에 따라서 변화를 시키면 이것은 진폭변조(Amplitude modulation : AM), 주파수 변조(Frequency modulation : FM), 그리고 위상변조(Phase modulation : PM)가 된다.

⑥ 변조를 하여 아날로그 신호는 디지털 베이스 밴드 신호로 전송을 한다.

⑦ 펄스변조방식은 실제로 베이스밴드 부호화방식(Baseband Coding Scheme)이다.

⑧ 신호들의 주파수 스펙트럼을 다른 주파수 대역으로 이동을 시키기 위해서는 반송파(Carrier)주파수로 다시 변조를 하여야 한다.

♟ 통신방식의 분류 ♟

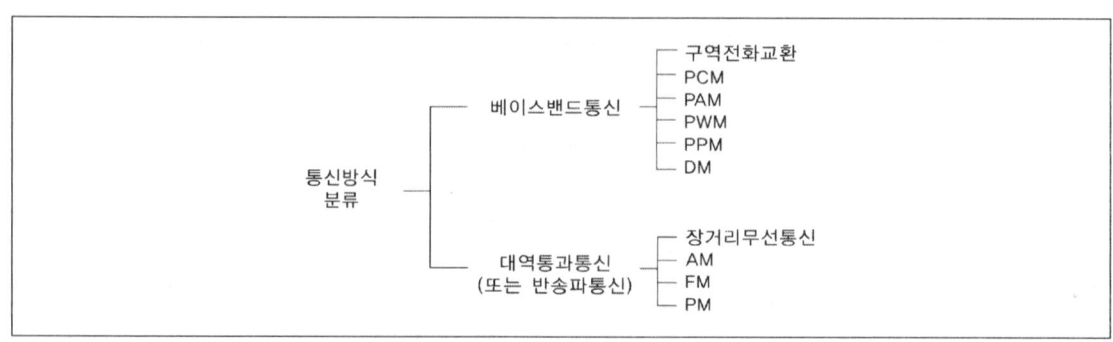

② 베이스밴드 신호

① 정보원이나 입력변환(예를 들어 마이크장치)에서 발생된 신호의 주파수대역은 무선전송

② 주파수 보다 훨씬 낮은 주파수 범위를 갖는 제한된 대역폭의 신호를 말한다.

③ 전화의 경우 베이스밴드는 0 ~ 3.5[KHz]의 가청주파수대역(음성 신호의 대역)이며, 텔레비전의 경우 베이스밴드는 0 ~ 4.3[MHz]의 영상신호 대역이다.

④ 베이스밴드 통신은 베이스밴드 주파수만을 사용하므로, 그 이용에 재한을 받는다.

⑤ 몇 개의 베이스밴드 신호를 변조하여 서로가 겹치지 않도록 그들의 주파수 스펙트럼을 각각 다른 위치로 이동을 시키면, 이동할 수 있는 모든 대역을 더욱 더 효과적으로 사용을 할 수 있다.

⑥ 베이스밴드 통신에서 펄스변조신호인 PAM(pulse Amplitude modulation), PWM(pulse width modulation), PPM(pulse Position modulation), DM(Delta modulation)에 변조라는 용어를 사용하였으나, 이 신호들은 베이스밴드 신호이다.

③ 베이스밴드 통신

① 베이스밴드 신호의 주파수 대역을 다른 주파수 대역으로 이동을 시키지 않고 베이스밴드 신호를 그대로 전송을 시킨다.

② 이 신호는 무선통신로(Radio channel)로는 전송을 할 수 없기 때문에 2선 선로 또는 케이블을 통하여 전송해야 한다.

③ 구역전화 교환이나 또는 두 개 교환국 간의 PCM(pulse code modulation. 펄스부호변조)은 베이스밴드 통신의 한 예이다.

④ 대역통과통신(또는 반송파 통신)는 보통 낮은 주파수의 신호일수록 그 전송이 더 어렵다.

⑤ 신호의 주파수 스펙트럼을 변조방식을 사용하여 더 높은 주파수로 이동을 시켜 전송하는 것이 바람직하다.

⑥ 펄스변조방식은 실제로 베이스밴드 부호화방식(Baseband Coding Scheme)이다.

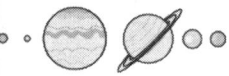

4 아날로그 변조방식

① 아날로그 변조(Modulation)

① 신호의 주파수 대역을 다른 주파수 대역으로 이동 시키는 것을 의미한다. 또 전하고자 하는 정보를 보다 더 전달을 하기 쉬운 형태로 변환을 한 과정이라고 할 수 있다.

② 보내고자 하는 정보신호(변조신호)를 전송하기 쉬운 형태로 변환을 하는 과정을 말하며, 이 보내고자 하는 정보신호로 반송파(Carrier)의 진폭(Amplitude), 주파수(Frequency), 위상(Phase)을 변화시킨 것으로 신호의 주파수 스펙트럼을 높은 쪽으로 옮기는 조작을 말한다.

② 변조를 하는 이유

(1) 송신용 안테나의 제작문제를 해결하기 위해서(효과적인 전송을 위한 변조)

① 효과적인 전파의 전송을 하기 위해서는 안테나가 필요한데 가장 적합한 안테나의 길이는 $\frac{1}{2}\lambda \sim \frac{1}{4}\lambda$ 정도이다.

② 안테나의 길이는 주파수에 따라 다르며, 주파수가 높을수록 안테나의 길이는 짧다.

③ **주파수가**(20Hz → 20KHz → 20MHz순으로) **높아져 갈 때 안테나의 길이**

　㉠ 주파수 = 20[Hz]인 경우, 안테나의 길이 l

　　안테나의 길이가 $l = \frac{\lambda}{4}$인 경우, 먼저 파장 λ를 구해보자.

　　$\lambda = \frac{c}{f}$ 에서 $\lambda = \frac{3 \times 10^8 [m/s]}{20[Hz]} = 15 \times 10^6 [m]$.

　　즉 $\lambda = 15 \times 10^6 [m]$

　　따라서 안테나의 길이 l은 다음과 같다.

　　$l = \frac{\lambda}{4}$ 에서 $l = \frac{15 \times 10^6}{4} = 3,750[Km]$

　　$\therefore l = 3,750[Km]$

　㉡ 주파수 = 20 [KHz]인 경우, 안테나의 길이 l

　　안테나의 길이가 $l = \frac{\lambda}{4}$인 경우 먼저 파장 λ를 구해보자.

$$\lambda = \frac{c}{f} \text{ 에서 } \lambda = \frac{3 \times 10^8 [m/s]}{20 \times 10^3 [Hz]} = 15 \times 10^3 [m].$$

즉 $\lambda = 15 \times 10^3 [m]$

따라서 안테나의 길이 l은 다음과 같다.

$$l = \frac{\lambda}{4} \text{ 에서 } l = \frac{15 \times 10^3}{4} = 3.75 [Km]$$

$$\therefore l = 375 [Km]$$

ⓒ 주파수 = 20[MHz]인 경우, 안테나의 길이 l

안테나의 길이가 $l = \frac{\lambda}{4}$인 경우 먼저 파장 λ를 구해보자.

$$\lambda = \frac{c}{f} \text{ 에서 } \lambda = \frac{3 \times 10^8 [m/s]}{20 \times 10^6 [Hz]} = \frac{300}{20} = 15 [m].$$

즉 $\lambda = 15 \times 10^3 [m]$

따라서 안테나의 길이 l은 다음과 같다.

$$l = \frac{\lambda}{4} \text{ 에서 } l = \frac{15 \times 10^3}{4} = 3.75 [m]$$

$$\therefore l = 3.75 [m]$$

ⓔ 주파수 f가 높아질수록 안테나의 길이 l은 짧아진다.

(2) 기술적 복잡성과 비용을 최소가 되게 하기 위해서

① 통신 시스템의 설계는 전기, 전자 장치의 값과 유용성에 의해 제한을 받는다. 변조는 사용 주파수의 대역폭에 따라서 설계와 값이 달라진다. 만약 주파수 f가 낮다면, 대역폭 B 는 $B = \frac{f}{Q}$에서, 대역폭 B가 넓어진다. 즉 대역폭 B는 주파수 f에 따라 결정이 되며, 대역폭이 넓을수록 회로가 복잡하고, 따라서 비용도 많이 든다.

② 큰 대역폭을 가진 신호는 높은 주파수의 반송파에 변조가 되어야 한다. 또 정보전송율 C도 Hartley−Shannon 법칙 $\left[C = B \log_2 \left(1 + \frac{N}{S} \right) \right]$에 따르면 대역폭 B에 비례하므로 높은 정보 전송률은 높은 반송주파수를 필요로 한다. 따라서 여기서도 높은 주파수가 필요한 경우 대역폭이 넓어야 하므로 제작비가 많이 든다.

③ 변조는 기술적 제한을 피하는 주파수 범위 내에 신호를 두도록 설계를 할 수 있게 하여 기술적 복잡성과 비용을 최소가 되게 할 수 있다. 또 회로소자의 단순화 및 시스템의 소형화도 할 수 있다.

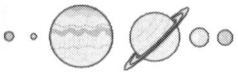

(3) 주파수 할당(분배)을 위해서

① 라디오나 TV 수상기를 가진 사람들은 모든 방송국이 같은 방송 매체로 같은 프로그램을 방송을 할지라도 여러 개의 방송국 중에서 하나만을 선택할 것이다. 이와 같이 여러 개의 방송국 중에서 한 방송국만의 분리와 선택이 가능하다. 이 이유는 각 방송국 마다 서로 다르게 할당된 반송 주파수를 가지고 있기 때문이다. 그러나 만약 변조를 하지 않는다면 하나의 방송국만 주어진 지역에서 운용될 수 있을 것이다.

② 두 개 이상의 방송국이 똑같은 매체로 변조를 하지 않고, 직접 전송을 한다면 신호에 간섭이 되어 들을 수가 없을 것이다. 그러나 같은 지역이라 해도 서로 다른 주파수로 변조를 하게 되면 간섭이나 혼선이 없이 방송을 시청할 수 있을 것이다.

(4) 다중분할을 위해

다중분할이란 하나의 통신로에 여러 개의 신호를 동시에 전송을 하기 위해서 이들의 신호를 결합하는 과정으로 대표적인 것이 다중통신방식이다.

① **다중통신방식**(Multiplex communication system) ··· 두 개나 그 이상의 메시지 신호(기호)를 하나의 전송선로나 공간을 통하여 동시에 전송하는 통신방식을 말한다. 이 방식은 전송로를 경제적으로 사용할 수 있는 이점이 있어 널리 이용되고 있다.

② **다중통신방식의 종류**

♟ 송신기의 구성도 개요 ♟

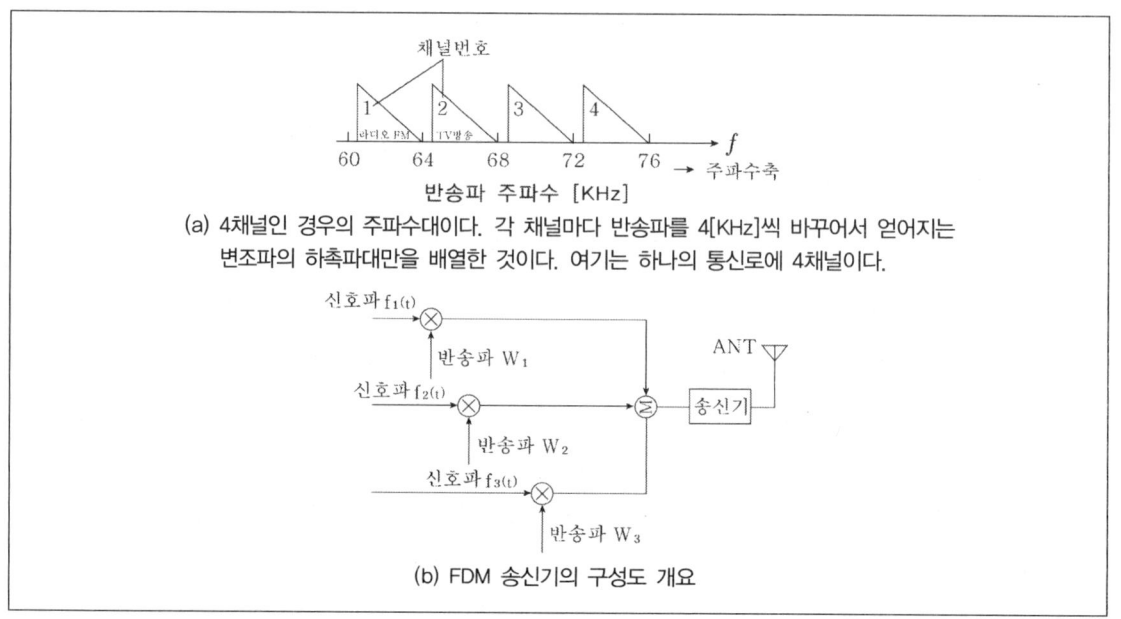

(a) 4채널인 경우의 주파수대이다. 각 채널마다 반송파를 4[KHz]씩 바꾸어서 얻어지는 변조파의 하측파대만을 배열한 것이다. 여기는 하나의 통신로에 4채널이다.

(b) FDM 송신기의 구성도 개요

ⓐ FDM(주파수 분할 다중화 ; Frequency Division Multiplexing) : 주파수가 서로 다른 반송파를 각각의 신호파로 변조를 하여, 이들의 측대파가 서로 중복이 되지 않도록 주파수 축상에 순서대로 배열을 하여 신호를 다중 전송하는 방식을 말한다. 예를 들어 라디오의 FM 방송과 TV방송에서 두 종류의 신호를 하나의 전파로 묶어 수신측에서 분할 재생하는 방법이다. 또한, 서로 다른 주파수의 반송파에 다수 통화로의 신호를 싣고, 이것을 묶어서 하나의 신호로써 다루는 다중통신 방식이다. SSB 변조로 다중화 하면 대역의 이용률이 좋다. 위의 그림의 (a)에서 채널 1, 2 인 $60 \sim 68$[KHz]까지 두 개를 묶어서 하나의 전파로 송신한다. 즉 두 개의 채널을 하나의 전파로 송신한다.

ⓑ TDM(시간 분할 다중화 ; Time Division Multiplexing) : 시간 t를 소단로 분할을 하고, 어떤 간격으로 개개의 미소시간을 써서 데이터의 일부를 전송하는 기법이다. 다시 말해서 일정한 시간간격의 펄스열(반송파에 해당)을 각각의 신호파(변조신호)로 변조를 하여 얻은 펄스(또는 펄스열)들이 서로 중복이 되지 않도록 시간축 상에 차례대로 배열을 하여 신호파를 다중 전송하는 방식을 말한다.

♟ TDM ♟

(5) **원거리 전송(통신)을 위해서**

① 아날로그 신호(예 : 음성신호) 이 자체의 신호만 으로는 원거리 까지 전송을 할 수가 없다.

② 주파수가 높은 반송파(Carrier)에 주파수가 낮은 아날로그 신호를 합하여 변조를 함으로써 원거리까지 전송을 할 수 있다.

③ 잡음과 간섭을 줄이는 방법

① 잡음과 간섭을 제거하기 위한 방법으로 신호전력을 높이는 방법이 있다.

② 전력을 높이면 설비가격이 올라가고 또 장비파괴의 우려도 있다.

③ 변조도 등을 조절을 함으로써 변조 전력을 조절할 수가 있고, 또 FM과 이외의 변조는 잡음과 간섭을 억제시키는 성질을 가지고 있다.

④ 신호대 잡음비(S/N)가 개선이 된다.

④ 아날로그 통신 시스템에서 변조이론과 Fourier 변환관계

① 변조는 반송파의 진폭이나 주파수 또는 위상을 변화시킨 것을 말한다. 또 변조는 신호를 나타내는 주파수 스펙트럼의 이동으로써 주파수 천이성(Frequency shifting property) 또는 주파수 추이성이라고 한다.

② 지금 임의의 신호파(또는 변조파)를 $f(t)$ 라고 하고, 또 매우 높은 주파수의 정현파의 반송파 (Carrier)를 $\cos w_c t$ 의 곱 $f(t) \cdot \cos w_c t$ 는 다음과 같이 된다.

$$f(t) \cdot \cos w_c t = \frac{1}{2}\left[f(t)e^{jwct} + f(t)e^{-jwct}\right] \cdots\cdots\cdots\cdots (1.11)$$

(참고) 식 (1.11) 증명

상기의 식에서 $\cos wct$ 는 오일러(Euler)정리 "$e^{j\theta} = \cos\theta + j\sin\theta$"에서 $\cos\theta = \frac{1}{2j}(e^{j\theta} - e^{-j\theta})$

$\sin\theta = \frac{1}{2j}(e^{j\theta} - e^{-j\theta})$ 이다.

따라서 $\cos wct$ 는 상기의 공식에 의해 "$\cos wct = \frac{1}{2}\left(e^{jwct} + e^{-jwct}\right)$"이므로 이것을 신호파 $f(t)$ 와 곱해보면 다음과 같다.

$$f(t) \cdot \cos w_c t = f(t) \cdot \frac{1}{2}\left(e^{jw_c t} + e^{-jw_c t}\right)$$
$$= \frac{1}{2}\left[f(t) \cdot e^{jw_c t} + f(t) \cdot e^{-jw_c t}\right]$$

---

③ 식 (1.11)은 주파수 천이(주파수 추이)정리하면

$\mathscr{F}\left[f(t) \cdot e^{\pm jw_c t}\right] = F(jw \mp jw_c t)$ 에 의하여 다음과 같이 된다.

따라서 주파수 천이 정리 $\mathscr{F}\left[f(t) \cdot e^{+jwct}\right] = F(jw - jwc)$ 와

$\mathscr{F}\left[f(t) \cdot e^{-jw_c t}\right] = F(jw + jw_c t)$ 에 의하여 상기의 식 (1.11)은 다음과 같이 된다.

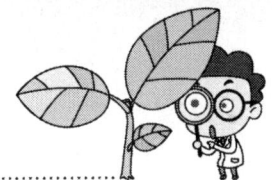

$$f(t) \cdot \cos wct = \frac{1}{2} \left[f(t) \cdot e^{jwct} + f(t) \cdot e^{-jwct} \right]$$

상기 식에 $\mathscr{F}\left[f(t) \cdot \cos wct\right]$를 적용하면 다음과 같이 된다.

$$= \frac{1}{2} \left[\mathscr{F}\left[f(t) \cdot e^{jw_ct} \right] \right] + \left[\mathscr{F}\left[f(t) \cdot e^{-jw_ct} \right] \right]$$

상기 식에 $\mathscr{F}\left[f(t) \cdot e^{jw_ct} \right] = F(jw \mp jw_c)$를 적용하면 다음과 같이 된다.

$$= \frac{1}{2} \left[F(jw - jw_c) + F(jw + jw_c) \right] \quad \text{상기식의 괄호를 풀면 다음과 같이 된다.}$$

$$= \frac{1}{2} F(jw - jw_c) + \frac{1}{2} F(jw + jw_c)$$

$$\therefore f(t) \cdot \cos w_c t = \frac{1}{2} F(jw - jw_c) + \frac{1}{2} F(jw + jw_c c) \quad \cdots\cdots\cdots\cdots (1.12)$$

또는 $\dfrac{1}{2} \left[F(jw - jw_c) + \dfrac{1}{2} F(jw + jw_c) \right]$

또는 $\dfrac{1}{2} \left[F(f_c - f) + F(f_c + f) \right]$

④ 식 (1.12)에서 임의의 신호파 $f(t)$가 가진 주파수 스펙트럼을 $F(t)$로 하고, $f(t)$와 $F(t)$ 사이에 Fourier 변환이 성립된다고 하면 주파수 천이의 성질로부터 다음의 식이 성립된다.

$$f(t) \cdot e^{jw_ct} \longleftrightarrow F(f_c - f) \quad \cdots\cdots\cdots\cdots (1.13)$$

또 $f(t) \cdot e^{jw_ct} \longleftrightarrow F(f + f_c)$

따라서 식 (1.1)은 다음과 같은 Fourier 변환 쌍으로 나타내진다.

$$\therefore f(t) \cdot \cos wct \longleftrightarrow \left[F(fc - f) + F(f + fc) \right] \quad \cdots\cdots\cdots\cdots (1.14)$$

신호파(변조파) $f(t)$와 반송파 $\sin wct$의 곱 $f(t) \cdot \sin wct$는 다음과 같다.

$$f(t) \cdot \sin w_c t = f(t) \cdot \frac{1}{2j} \left(e^{jw_ct} - e^{-jw_ct} \right)$$

$$= \frac{1}{2j} \left[f(t) \cdot e^{jw_ct} - f(t) \cdot e^{-jw_ct} \right]$$

식 (1.14)에 $\mathscr{F}\left[f(t) \cdot e^{\pm jw_ct} \right]$를 적용하면 다음과 같다.

$$= \frac{1}{2j} \left[\mathscr{F}(t)\left[f(t) \cdot e^{jw_ct} \right] - \mathscr{F}(t)\left[f(t) \cdot e^{-jw_ct} \right] \right]$$

식 (1.14)에 $\mathscr{F}\left[f(t) \cdot e^{\pm jw_ct} \right] = F(jw \mp jw_c)$를 적용하면 다음과 같이 된다.

$$= \frac{1}{2j} \left[F(jw - jw_c) - F(jw + jw_c) \right]$$

$$\therefore f(t) \cdot \sin w_c t = \frac{1}{2j} F(jw - jw_c) - \frac{1}{2j} F(jw + jw_c) \cdots\cdots\cdots\cdots (1.15)$$

또는 $\dfrac{1}{2j}\left[F(jw-jw_c)-F(jw+jw_c)\right]$

또는 $\dfrac{1}{2j}\left[F(f-f_c)-F(f+f_c)\right]$

따라서 $f(t)\bullet\sin w_c t\longleftrightarrow\dfrac{1}{2j}\left[F(f-f_c)-F(f+f_c)\right]$ ··············(1.16)

⑤ Fourier변환의 주파수 스펙트럼 천이특성은 모든 변조의 기초가 되므로 곱에 의한 주파수 천이의 원리를 변조이론이라고 한다.

(참고) 변조이론(변조정리)

변조란 물리적으로 해석을 해볼 때 보내고자 하는 정보신호 $f(t)$에 반송파 $\cos wct$를 곱하는 것, 즉 $f(t)\cdot\cos w_c t$으로 정보신호 $f(t)$에 각 주파수가 wc인 코사인 함수 $\cos w_c t$를 곱한 것은 주파수 영역에서 보면 시간영역 $f(t)$의 Fourier 변환 $F(w)$ 스펙트럼을 $\pm w_o$ 만큼 옮긴 것이 되며, 이것을 변조이론 또는 변조정리라고 한다.

여기에는 주파수 함수로 w를 사용한 경우와 f를 사용한 경우의 두 가지가 있다.

(1) **주파수 함수로 w를 사용한 경우**

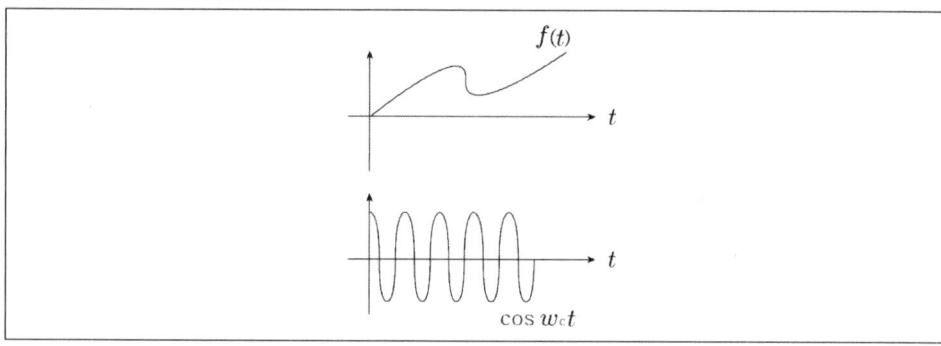

$f(t)$와 $\cos w_c t$의 곱 $f_o(t)$는 다음과 같이 나타낸다.

$f_o(t)=f(t)\cdot\cos w_c t$

Fourier변환 ($\mathcal{F}$)으로 나타내면 다음과 같다

$=F(w)*\mathcal{F}\left[\cos w_c t\right]$ ※ *표시 $convolution$

$=F(w)*\pi\left[\delta(w+w_c)+\delta(w-w_c)\right]$

$=\pi\left[F(w+w_c c)+F(w-w_c)\right]$

$f_o(t)=f(t)\cos wct:Fouruier$변환$(\mathcal{F})\rightarrow$

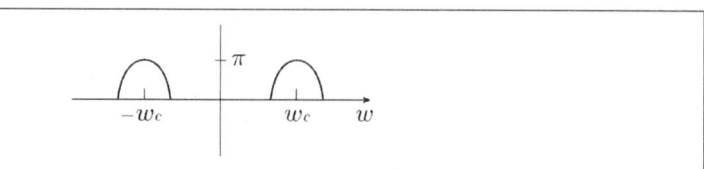

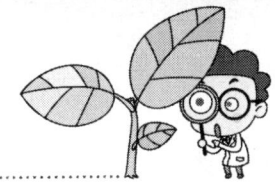

(2) 주파수 함수로 f를 사용한 경우

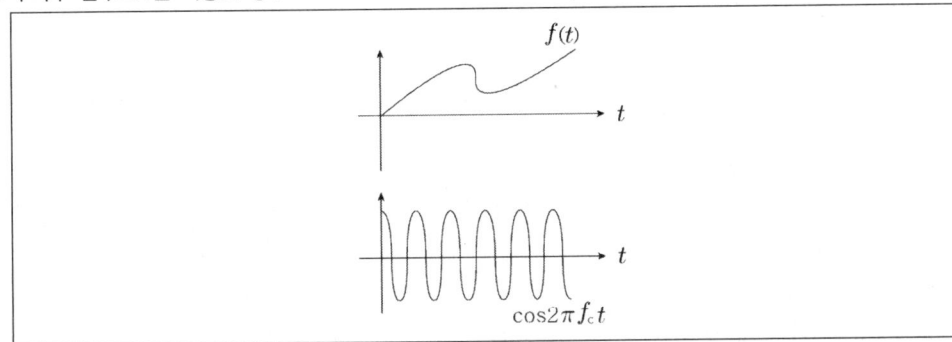

$f(t)$와 $\cos 2\pi f_c t$의 곱 $f_o(t)$는 다음과 같이 나타낸다.

$f_o(t) = f(t) \cdot \cos w_c t$

Fourier변환 ($\mathscr{F}$)으로 나타내면 다음과 같다

$= F(w) * \mathscr{F}\left[\cos 2\pi f_c t\right]$

$= F(w) * \pi\left[\delta(f+f_c) + \delta(f-f_c)\right]$

$= \pi\left[F(f+f_c) + F(f-f_c)\right]$

$f_o(t) = f(t)\cos 2\pi f_c t : Fouruier변환 (\mathscr{F}) \rightarrow$

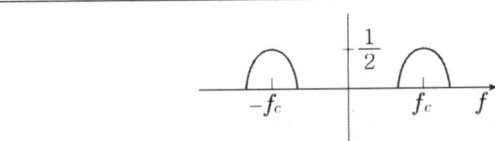

⑥ 정현파인 신호파 $f(t)$가 1[KHz]이고, 캐리어인 반송파 $\cos w_c t$의 주파수 fc를 30[KHz]를 선택하였다면 변조신호 주파수 스펙트럼은 식 (1.14)에 의하여 29[KHz]와 31[KHz]로 이동된다. 이 경우는 신호파가 실수형이다.

❢ 변조에 의한 주파수 스펙트럼의 이동(실수형 신호파의 경우) ❢

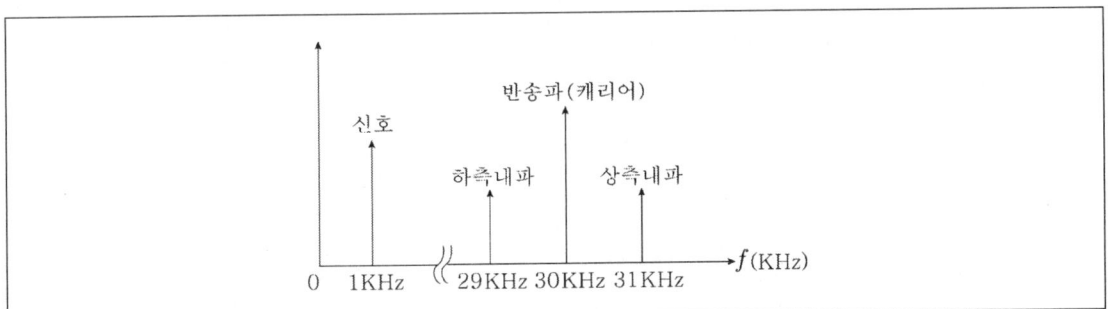

⑦ **신호파가 실수인 경우**

㉠ 정현파인 신호파 $\cos w_m t$와 $\cos wct$가 곱해진 복소 신호의 경우

㉡ 신호파가 복소 신호일 때는 수학적 처리로 음수(−)의 주파수 측에도 주파수 스펙트럼 성분이 존재하게 되므로 정(+)의 주파수 스펙트럼에 대칭적인 성분, 즉 −29[KHz]와 −31[KHz]로 이동된 스펙트럼 성분이 존재하게 된다.

♟ 변조 신호의 주파수 스펙트럼 ♟

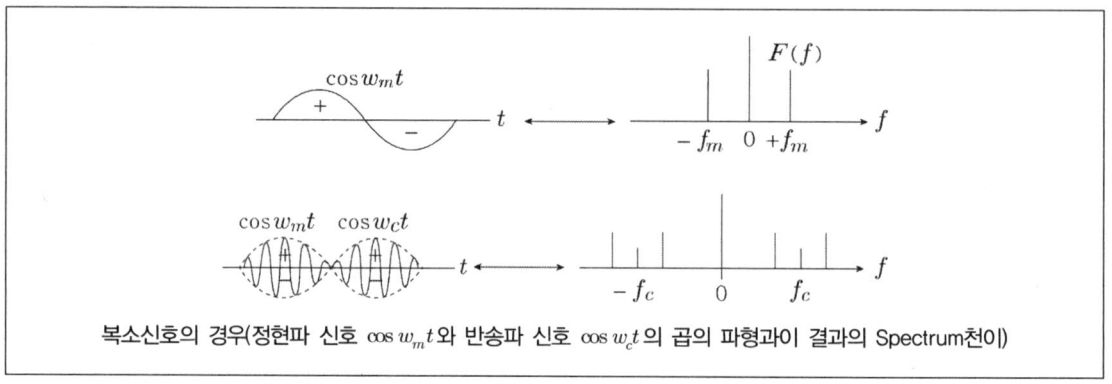

복소신호의 경우(정현파 신호 $\cos w_m t$와 반송파 신호 $\cos w_c t$의 곱의 파형과 이 결과의 Spectrum천이)

㉢ 아래의 그림은 임의의 신호 $f(t)$와 반송파 신호 $\cos wct$와의 곱의 파형과 이것에 의한 주파수 스펙트럼의 천이 상태를 나타낸 것이다.

㉣ 두 개의 신호를 곱한 결과 신호의 주파수 스펙트럼이 천이하는 성질을 이용한 것은 모든 변조의 기초가 된다. 따라서 곱에 의한 주파수 천이의 원리를 변조이론이라고 한다.

♟ 변조의 원리 ♟

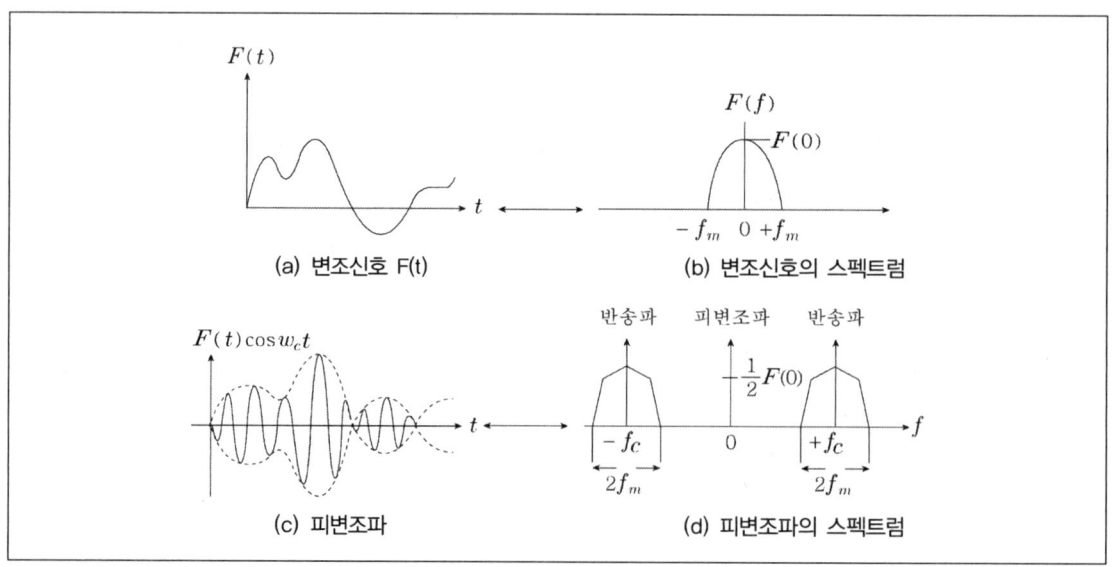

5 ▶ 푸리에 급수(Fourier Series)

① 개요

① 푸리에 급수(Fouries Series)는 주기함수의 시간영역의 신호를 정현파의 합으로 표시한 것이다.

② 푸리에 급수는 직교함수를 이용한 신호표현법 이다.

③ 푸리에변환(Fouries Transform)은 시간영역의 함수를 주파수영역의 신호로 변환하여 스펙트럼을 해석하는 것이다.

④ 푸리에 급수(Fourier Series)는 Baron Fourier가 물질에서의 열 전도를 연구하다가 개발한 이론으로 신호처리를 포함한 여러 학문분야에서 활용되고 있다. 푸리에의 이론은 이후 Euler, LaGrange, Laplace 등에 의해 크게 발전 되어 왔으며 열분석, 이미지변환, 양자역학, 물리학, 전력공학에서 중요한 이론이 되고 있다.

⑤ 푸리에 분석은 전송파에 실어 보낸 데이터신호를 걸러내는 것과 같이 기본파에 포함된 다양한 주파수의 고조파 성분을 분해할 수 있으며 복잡해 파형도 일정한 주기성을 가지고 있는 경우, 단순한 sin과 cos 곡선의 합을 통해 계산 할 수 있다.

② 푸리에 표현식

① 아래 그림과 같은 복잡한 신호는 세 개의 단순한 신호 곡선의 합으로 만들어진다.

♟ 복잡한 신호 ♟

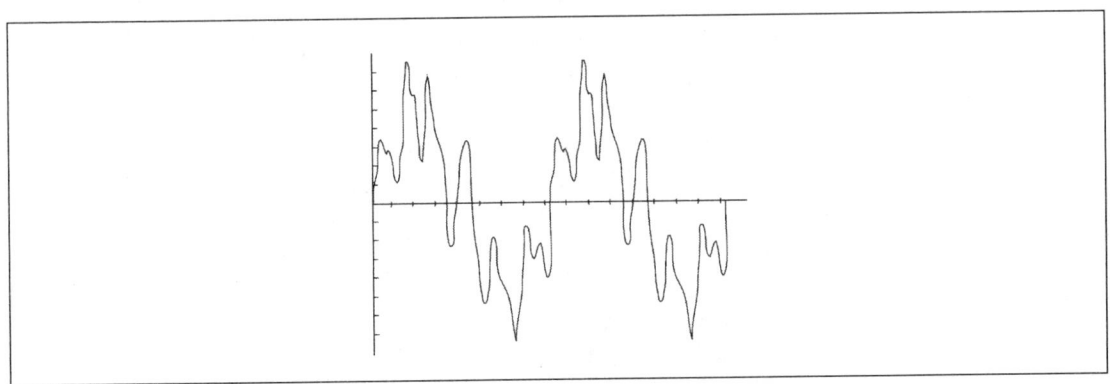

② 복잡한 파형은 X축 시간변화에 따른 크기의 변화를 Y축에 나타낸 것으로 파형의 변화를 시간과 크기의 2차원적으로 표현하고 있다.

♪ 복잡한 신호 분해 ♪

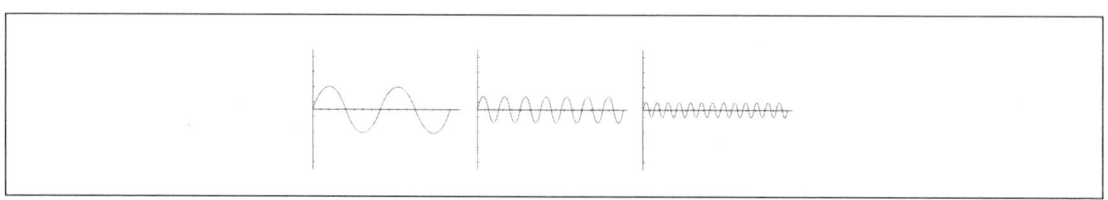

③ 2차 평면의 파형을 주파수 영역인 Z축을 추가하여 3차원적으로 표현을 한다면 아래 시간, 크기, 주파수의 3차원 영역 분해 그림과 같이 된다.

♪ 시간, 크기, 주파수의 3차원 영역 분해 ♪

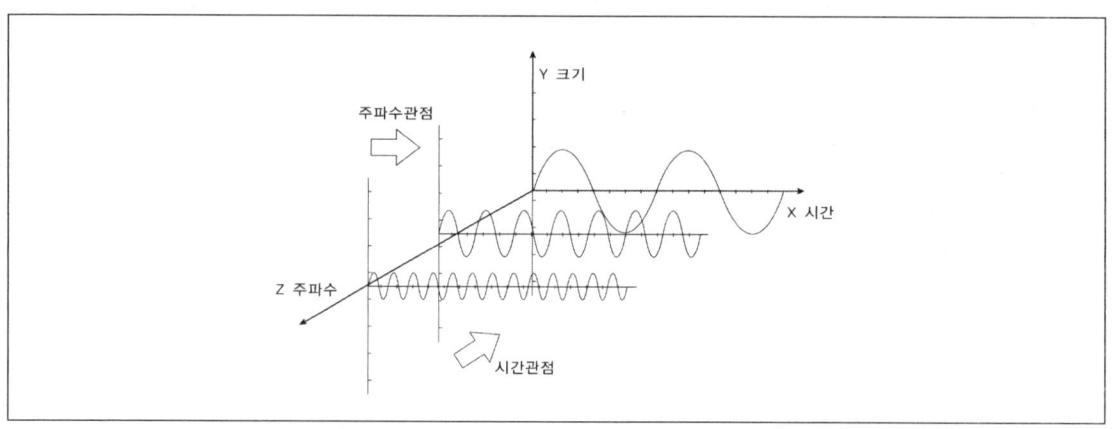

④ 파형의 주파수 영역 표현 그림에서 X축은 주파수, Y축은 주파수에 대응하는 파형의 크기를 나타낸다. 파형은 주파수가 1[Hz]이고 크기가 1인 기본파와 주파수가 5[Hz]이고 크기가 0.5인 고조파와 주파수가 10[Hz]이고 크기가 0.2인 세 개의 파형으로 구성되어 있음을 주파수영역 그래프로 확인이 가능하다.

♪ 파형의 주파수 영역 표현 ♪

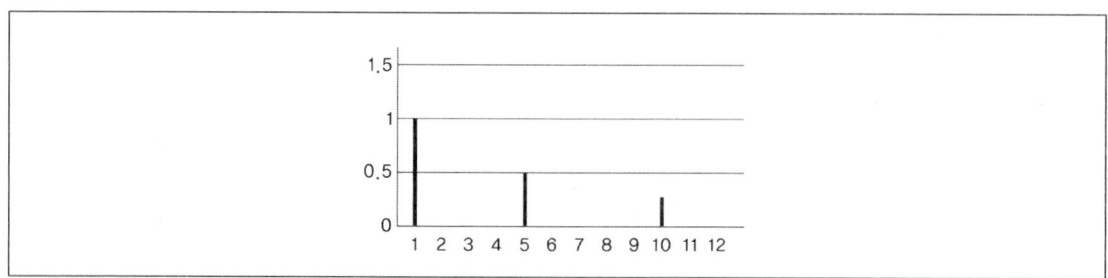

⑤ 다수 주파수의 사인파 합성으로 이루어지는 복잡한 파형을 식 (1.17) 로 표현 할 수 있다.

$$f(t) = a_0 + \sum_{n=1}^{N} a_n \sin(n\,\omega t) \quad \cdots\cdots\cdots\cdots(1.17)$$

식 (1.17)의 식을 다시 표현하면

$$f(t) = 1 \cdot \sin(1\,\omega t) + 0.4 \cdot \sin(5\,\omega t) + 0.2 \cdot \sin(10\,\omega t) \quad \cdots\cdots\cdots\cdots(1.18)$$

식 (1.17)의 공식의 주파수가 다른 여러 개의 사인파가 합성된 다양한 형태의 파형을 만들 수 있으며, 다양한 형태의 파형으로부터 주파수와 크기의 사인파 성분을 추출할 수 있다. 즉 사인파의 합성만으로도 많은 파형의 합성과 분해가 가능하다는 것을 알 수 있다.

사인파의 합성만으로도 각 주파수 성분에 위상의 변화를 반영하면 위와 같은 파형의 표현이 가능하지만, 사인곡선과 코사인곡선의 합성으로 수정하여 표현한다.

⑥ 푸리에 급수에서 a_0, B_n 을 푸리에 급수라고 하며 식 (1.19)는 한 주기의 평균값으로 직류 성분이고 식 (1.20)은 cos 성분 그리고 식 (1.21)은 sin 성분이다.

$$a_0 = \frac{1}{T} \int_0^T s(t)\,dt \quad \cdots\cdots\cdots\cdots(1.19)$$

$$a_n = \frac{2}{T} \int_0^T s(t) \cos 2\pi n f_0 t\,dt \quad \cdots\cdots\cdots\cdots(1.20)$$

$$b_n = \frac{2}{T} \int_0^T s(t) \sin 2\pi n f_0 t\,dt \quad \cdots\cdots\cdots\cdots(1.21)$$

식 (1.17)에서 정의된 푸리에 급수 모델식을 다음과 같은 지수 함수를 이용하면 식 (1.22)와 같은 푸리에 급수 형태가 된다.

$$f(t) = a_0 + \sum_{n=1}^{\infty} a_n \sin 2\pi n f_0 t + \sum_{n=1}^{\infty} b_n \cos 2\pi n f_0 t \quad \cdots\cdots\cdots\cdots(1.22)$$

사인파의 합성만으로도 각 주파수 성분에 위상의 변화를 반영하면 사인곡선과 코사인곡선의 합성으로 표현할 수 있다.

$$f(t) = \sum_{n=1}^{N} a_n \sin(n\,\omega t) + \sum_{n=1}^{N} b_n \cos(n\,\omega t) \quad \cdots\cdots\cdots\cdots(1.23)$$

식 (1.22)에 직류성분인 a_0를 추가하여 아래와 같이 푸리에급수를 완성하게 된다.

$$x(t) = a_0 + \sum_{n=1}^{N} a_n \sin(n\,\omega t) + \sum_{n=1}^{N} b_n \cos(n\,\omega t) \quad \cdots\cdots\cdots\cdots(1.24)$$

식 (1.24)는 식 (1.25)와 같이 간소화 하여 나타낼 수 있다.

$$x(t) = a_0 + \sum_{n=1}^{\infty} \{ a_n \sin(n\,2\pi f t) + b_n \cos(n\,2\pi f t) \} \quad \cdots\cdots\cdots\cdots(1.25)$$

식 (1.25)에서 중괄호 안에 있는 사인과 코사인은 삼각함수의 성질을 이용하여 식 (1.26)과 같이 각 차수별 위상의 변화를 반영한 사인항만으로 표현 할 수 있다.

$$f(t) = a_0 + \sum_{n=1}^{\infty} c_n \sin(n2\pi ft + \theta) \quad \cdots\cdots\cdots\cdots(1.26)$$

식 (1.26)은 식 (1.27)과 같이 유도되어

$$x(t) = \sum_{n=-\infty}^{\infty} c_n e^{j2\pi n f_o t} \quad \cdots\cdots\cdots\cdots(1.27)$$

식 (1.27)을 이용하여 원하는 계수 c_n 은

$$c_n = \frac{\int_0^T x(t) e^{-j2\pi n f_o t} dt}{\int_0^T |e^{j2\pi n f_o t}|^2 dt} = \frac{1}{T} \int_0^T x(t) e^{-j2\pi n f_o t} dt \cdots\cdots\cdots\cdots(1.28)$$

식 (1.28)에서 정의된 복소 푸리에 계수 c_n 과 식 (1.19), (1.20), (1.21)에서 정의된 푸리에 계수 a_0, a_n, b_n 과의 관계는

$$c_0 = a_0 \; , \; c_n = \begin{cases} \dfrac{1}{2}(a_n - jb_n) & \text{for} \quad n > 0 \\ \dfrac{a_0}{2} & \text{for} \quad n = 0 \\ \dfrac{1}{2}(a_n + jb_n) & \text{for} \quad n < 0 \end{cases} \cdots\cdots\cdots\cdots(1.29)$$

벡터로 표현하면 아래 그림과 같이 된다. 여기서 동일 주파수를 갖는 cos와 sin항을 결합하면 하나의 sin항으로 표시할 수 있다.

⑦ C_n 과 위상각 θ 의 관계는 a_n 과 b_n 으로부터 식 (1.30)과 같이 구할 수 있다.

♟ 삼각함수의 표현 ♟

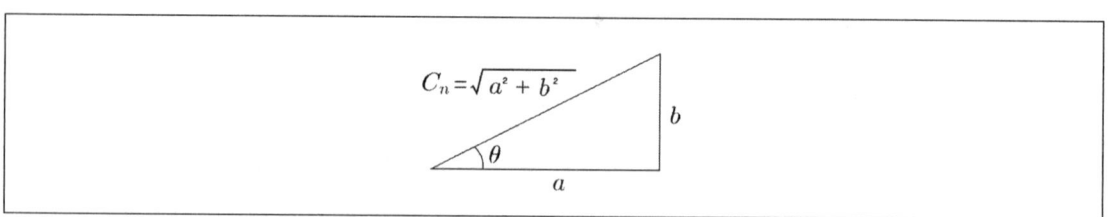

즉, 이는 $c_n = \sqrt{a_n^2 + b_n^2}, \quad \cdots\cdots\cdots\cdots(1.30)$

$\qquad \theta_n = \tan^{-1} \dfrac{a_n}{b_n}$

③　Fourier 급수의 복소 표현

$$f(x) = \sum_{n=-\infty}^{\infty} c_n e^{inx},$$

$$c_n = \frac{1}{2\pi} \int_0^{2\pi} f(x) e^{-inx} dx$$

이 된다. 이 경우도 $f(x) = \sum_{n=-\infty}^{\infty} c_n e^{i\frac{n\pi x}{L}}$ 로 쓰면,

$$c_n = \frac{1}{2L} \int_{-L}^{L} f(x) e^{-i\frac{n\pi}{L}x} dx$$

④　Parseval 정리

$$f(x) = \sum_{n=-\infty}^{\infty} c_n e^{inx} \text{ 일 때,}$$

$$\overline{\{f(x)\}^2} = \frac{1}{2\pi} \int_{-\pi}^{\pi} \{f(x)\}^2 dx = \sum_{-\infty}^{\infty} |c_n|^2 \text{이 된다.}$$

⑤　복소수형의 푸리에 급수

① 삼각 푸리에 급수 식 (1.17)의 사인과 코사인을 지수 함수로 치환하면,

$$f(t) = a_0 + \sum_{n=1}^{\infty} (e^{jnw_0 t} \frac{a_n - jb_n}{2} + e^{-jnw_0 t} \frac{an + jb_n}{2})$$

② 복소상수 c_n을 다음과 같이 정의하면

$$c_n = \frac{1}{2}(a_n - jb_n) \ (n = 1, 2, 3 \ldots\ldots) \qquad \cdots\cdots\cdots\cdots(1.31)$$

a_n, b_n, c_n의 값은 모두가 n과 $f(t)$에 따라 정해진다.

만일 n을 $(-n)$으로 대치하면 계수 a_n, b_n은 식 (1.32)의 관계가 성립한다.

$$a_{-n} = a_n, \ b_{-n} = b_n$$

식 (1.31)로부터

$$c_{-n} = \frac{1}{2}(a_n + jb_n) \quad (n = 1, 2, 3 \dots) \quad \cdots\cdots\cdots\cdots (1.32)$$

$c_n = \bar{c}_{-n}$, $c_0 = a_0$ 라 놓으면 $f(t)$를

$$f(t) = c_0 + \sum_{n=1}^{\infty} c_n e^{jnw_0 t} + \sum_{n=1}^{\infty} c_{-n} e^{-jnw_0 t} \quad \cdots\cdots\cdots\cdots (1.33)$$

혹은,

$$f(t) = \sum_{n=0}^{\infty} c_n e^{jnw_0 t} + \sum_{n=1}^{\infty} c_{-n} e^{-jnw_0 t} \quad \cdots\cdots\cdots\cdots (1.34)$$

마지막으로 두 번째 급수를 양의 정수 1부터 ∞까지의 합을 구하는 대신에 음의 정수 −1부터 − ∞까지의 합을 구하면

$$f(t) = \sum_{n=0}^{\infty} c_n e^{jnw_0 t} + \sum_{n=-1}^{-\infty} c_n e^{jnw_0 t} \quad \cdots\cdots\cdots\cdots (1.35)$$

$$f(t) = \sum_{n=-\infty}^{\infty} c_n e^{jnw_0 t} \quad \cdots\cdots\cdots\cdots (1.36)$$

− ∞부터 ∞까지의 합은 $n = 0$인 항을 포함한다.

식 (1.36)를 $f(t)$에 대한 복소형의 푸리에 급수 또는 지수 함수형의 푸리에 급수라 하며, c_n을 복소푸리에 계수라고 한다.

③ 복소푸리에 계수 c_n을 얻기 위해서 식 (1.36)을 식 (1.37)에 대입하면,

$$c_n = \frac{1}{T} \int_{-\frac{T}{2}}^{\frac{T}{2}} f(t) \cos nw_0 t \, dt - j \frac{1}{T} \int_{-\frac{T}{2}}^{\frac{T}{2}} f(t) \sin nw_0 t \, dt \cdots\cdots\cdots\cdots (1.37)$$

④ 오일러의 공식을 사용하면

$$c_n = \frac{1}{T} \int_{-\frac{T}{2}}^{\frac{T}{2}} f(t) e^{-jnw_0 t} \quad \cdots\cdots\cdots\cdots (1.38)$$

⑥ 푸리에 급수 전개가 가능하기 위한 조건

① $f(t)$를 주기가 T 인 주기함수라하고 함수 $f(t)$는 다음 조건을 만족해야한다.

② $f(t)$는 단가 함수이다. 즉 $f(t)$는 함수의 수학적인 정의를 만족한다.

③ $f(t)$는 한 주기 내에서는 유한 개의 불연속을 갖는다.

④ $f(t)$는 한 주기 내에서는 유한 개의 극대, 극소를 갖는다.

⑤ 모든 t_0에 대해서 적분 $\int_{t_0}^{t_0+T} |f(t)| \, dt$가 존재한다(무한대가 아니다).

6 푸리에 변환

① 신호 $x(t)$는 주기를 갖는 비정현파 주기 신호를 푸리에를 이용하여 주파수 성분의 크기를 구할 수 있다.

② 신호 $f(t)$가 주기 신호이거나 기본 주파수와 n차 고조파를 안다는 가정 하에서 식 (1.19), (1.20), (1.21)을 적용하여 계수를 구할 수 있다. 하지만 적분식을 푼다는 것은 복잡한 계산을 필요로 하여 푸리에 급수를 이용하여 구하기가 매우 힘들다. 이에 비주기 신호도 주기가 무한대인 주기 신호로 고려한다는 가설을 함으로써 문제점을 해결할 수 있다.

③ 푸리에 변환을 위한 이를 필요조건으로는 첫째 비주기 신호 $f(t)$는 유한한 에너지를 가져야 한다. 즉 유한한 구간에서 0이 아닌 임의의 비주기신호를 한 주기로 하는 주기신호의 푸리에급수를 구한다.

$$\int_{-\infty}^{\infty} |x(t)|^2 \, dt < \infty \quad \cdots\cdots\cdots\cdots(1.39)$$

④ 유한한 시간 구간동안 최대, 최소점 및 불연속점이 유한 개이어야 한다. 즉 직류 파형, 임펄스 함수와 정현파는 두 번째 조건을 만족하지는 못하지만 극한에서는 푸리에 변환이 가능하게 된다.

⑤ 푸리에 변환은 시간 영역에서 비주기 신호 $f(t)$를 주파수 영역으로 변환하기 위해 사용된다. 특정 시간 함수 $f(t)$의 푸리에 변환식과 역변환식은 다음과 같이 정의한다.

　㉠ $F(t) = \int_{-\infty}^{\infty} x(t)e^{-j2\pi ft} \, dt$ 　$\cdots\cdots\cdots\cdots(1.40)$

　　또는 $\omega = 2\pi ft$ 이므로

　㉡ $F(t) = \int_{-\infty}^{\infty} x(t)e^{-j\omega t} \, dt$ 　$\cdots\cdots\cdots\cdots(1.41)$로 바꿔서 표현할 수 있고

　㉢ $f(t) = \dfrac{1}{2\pi}\int_{-\infty}^{\infty} F(t) \, e^{j\omega t} \, df$ 　$\cdots\cdots\cdots\cdots(1.42)$

　　푸리에를 역변환을 하면 식 (1.42)와 같다.

♟ 표 1-1 푸리에변환의 성질 ♟

성질	비주기 신호	푸리에 변환
신호	$f(t)$	$F(jw)$
선형성	$af(t)+bf(t)$	$aF(jw)+bF(jw)$
시간 이동	$f(t-t_0)$	$e^{-jwt_0}F(jw)$
주파수 이동	$e^{jwt}f(t)$	$F(j(w-w_0))$
공액복소수	$f^*(t)$	$F^*(-jw)$
시간반전	$f(-t)$	$F(-jw)$
시간압축 및 확장	$f(at)$	$\dfrac{1}{\lvert a\rvert}F(\dfrac{jw}{a})$
중첩적분	$x(t)*y(t)$	$X(jw)Y(jw)$
곱셈	$x(t)y(t)$	$\dfrac{1}{2\pi}X(jw)*Y(jw)$
미분	$\dfrac{d}{dt}f(t)$	$jwF(jw)$
적분	$\displaystyle\int_t^{-\infty}f(t)dt$	$\dfrac{1}{jw}F(jw)+\pi F(0)\delta(w)$
주파수상의 미분	$tf(t)$	$j\dfrac{d}{dw}F(jw)$
실수신호의 공액대칭성	$x(t)$ real	$\begin{cases}X(jw)=X^*(-jw)\\ Re\{X(jw)\}=Re\{X(-jw)\}\\ Im\{X(jw)=Im\{X(-jw)\}\\ \lvert X(jw)\rvert=\lvert X(-jw)\rvert\\ \sphericalangle X(jw)=\sphericalangle X(-jw)\end{cases}$
실수 우신호	$x(t)$ real and even	$X(jw)$ real and even
실수 기신호	$x(t)$ real and odd	$X(jw)$ purely imaginary and odd

7 컨볼루션(Convolution)

① 컨볼루션(Convolution)이란

① 시스템에 입력이 인가된 경우 시스템의 응답을 알면 convolution에 의해 출력 신호를 계산할 수 있다. 시스템의 응답 $h(t)$는 시스템이 가지는 고유한 전달 특성을 말하며 입력 신호가 인가 되더라도 이 특성은 변하지 않는다.

② 시변 시스템은 시스템의 응답이 시간에 따라 변하는 시스템 이지만 시불변 시스템은 시간에 따라 응답이 변하지 않는 시스템이다. 저항, 콘덴서 및 인덕턴스와 같은 수동 소자로 구성되는 시스템은 시간에 따라 변하지 않는 시불변 시스템이다.

③ **컨볼루션**

임펄스 신호는 그리스 문자인 델타 $\delta(t)$로서 표시하며 다음과 같은 특성을 갖는다.

$\delta(t) = \infty, \; t = 0$

$\delta(t) = 0, \; t$ ·············(1.43)

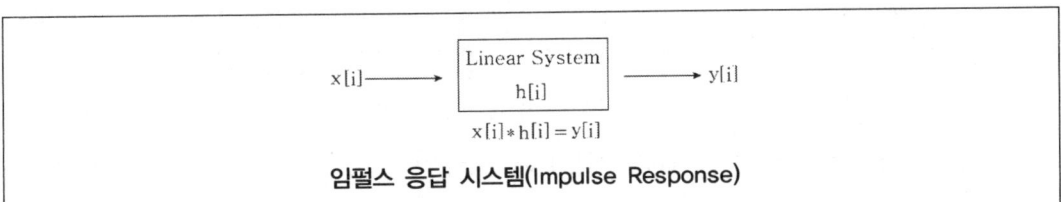

임펄스 응답 시스템(Impulse Response)

④ **임펄스의 정의**

$$y(t) = x(t)*h(t) = \int_{-\infty}^{\infty} x(\tau)h(t-\tau)d\tau \quad \cdots\cdots\cdots(1.44)$$

$$= h(t)*x(t) = \int_{-\infty}^{\infty} h(\tau)x(t-\tau)d\tau$$

㉠ 함수 $f_1(\alpha), \; f_2(\alpha)$의 convolution

$$y(\alpha) = f_1(\alpha)*f_2(\alpha) = \int_{-\infty}^{\infty} f_1(\tau)f_2(\alpha-\tau)d\tau = \int_{-\infty}^{\infty} f_1(\beta)f_2(\alpha-\beta)d\beta$$

㉡ 함수 $f(x), \; g(x)$의 convolution

$$z(x) = f(x)*g(x) = \int_{-\infty}^{\infty} f(y)g(x-y)dy = \int_{-\infty}^{\infty} f(\beta)g(x-\beta)d\beta$$

㉢ 함수 $x(w), \; y(w)$ 의 convolution

$$g(w) = x(w)*y(w) = \int_{-\infty}^{\infty} x(\tau)y(w-\tau)d\tau = \int_{-\infty}^{\infty} x(\xi)y(w-\xi)d\xi$$

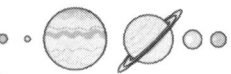

② 컨볼루션(Convolution)의 법칙

① **분배성** … $[f(x)*g(x)]*h(x) = f(x)*[g(x)*h(x)]$ ·············· (1.45)

컨볼루션의 분배성은 임펄스 응답이 $h_1(t)$와 $h_2(t)$인 두 개의 시스템을 서로 병렬로 연결한 경우의 출력은 임펄스 응답이 $h(t) \equiv h_1(t) + h_2(t)$인 한 개의 등가 시스템의 출력과 동일함을 의미한다.

$$[f(x)*g(x)]*h(x) = f(x)*[g(x)*h(x)]$$ ·············· (1.46)

$$x(t) \rightarrow \boxed{\begin{array}{c} h_1(t) \\ h_2(t) \end{array}} \xrightarrow{\oplus} y(t) \equiv x(t) \rightarrow \boxed{h(t) = h_1(t) + h_2(t)} \rightarrow y(t)$$

② **교환성** … 컨볼루션의 교환성은 선형 시불변 시스템(LTI : Linear Time Invariant)의 입력과 임펄스 응답의 순서를 서로 바꾸어도 동일한 출력을 얻을 수 있는 특성을 말한다.

$$f(x)*g(x) = g(x)*f(x)$$ ·············· (1.47)

$$x(t) \rightarrow \boxed{h(t)} \rightarrow y(t) \equiv h(t) \rightarrow \boxed{x(t)} \rightarrow y(t)$$

③ **결합성** … $[f(x)*g(x)]*h(x) = g(x)*[f(x)*h(x)]$ ·············· (1.48)

$$x(t) \rightarrow \boxed{h_1(t)} \rightarrow \boxed{h_2(t)} \rightarrow y(t) \equiv x(t) \rightarrow \boxed{h(t) = h_1(t) * h_2(t)} \rightarrow y(t)$$

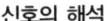

신호의 해석

출제예상문제

1 N형 반도체에 대한 설명으로 옳지 않은 것은?

① 순수한 4가 원소에 5가 원소를 첨가해서 만든 것이다.

② 첨가 원소는 붕소, 갈륨 등이다.

③ 음전하의 성질을 띤다.

④ 과잉 전자를 만드는 불순물을 도너라고 한다.

> **NOTE** N형 반도체 … 순수한 4가 원소에 5가 원소(안티몬, 비소, 인 등)를 첨가해서 만든 반도체이며, 진성 반도체에 비해 원자 핵 내에 전자가 1개 많으므로 +성질이 아닌 −성질을 띤다.
> ※ P형 반도체 … 순수한 4가 원소에 3가 원소(붕소, 갈륨, 인듐 등)를 첨가해서 만든 반도체이며, 진성 반도체에 비해 원자 핵 내에 전자가 1개 부족하므로 −성질이 아닌 +성질을 띤다.

2 다음 중 랜덤 신호에 관한 설명으로 옳은 것은?

① 증폭기에서 발생하는 발진 신호

② 주기적이며 과도적인 신호

③ 음차(tuning fork)에서 발생하는 신호

④ 확률적으로 모델화되어 있는 신호

> **NOTE** 신호
> ㉠ 확정적 신호 : 어느 표본 함수의 값을 과거의 값으로 예측할 수 있는 신호
> ㉡ 랜덤 신호 : 어느 표본 함수의 미래 값이 과거의 관측값으로 정확하게 예측될 수 없는 신호로 확률적으로 모델화되어 있는 신호

ANSWER | 1.② 2.④

3 다음 중 모든 신호는 $-\infty < t < \infty$로 정의되어 있는 에너지 신호(Energy signal)로 옳은 것은?

① 0

② $\exp(j2\pi t)$

③ $\cos 2t + \sin t$

④ $\exp(-2\,|\,t\,|\,)$

> **NOTE**| 에너지 신호(Energy Signal) … 에너지가 0보다 크고 유한하면 에너지 신호라 하고, 이 때의 전력은 0이 된다. 신호 $x(t)$가 $t \in (-\infty, \infty)$ 동안 신호의 총에너지는 $E = \lim\limits_{L \to \infty} \int_{-L}^{L} |\,x(t)\,|^2 dt$ 이며 이 식의 극한값이 존재하고 그 값이 $0 < E < \infty$이면 신호 $x(t)$는 에너지 신호이다.

4 다음 중 도너(donor)에 속하는 것은?

① As

② Al

③ Ga

④ In

> **NOTE**| 도너에 속하는 원소는 As, Sb, Bi 등이 있다.

5 n형 반도체의 도핑인 5족 원소가 아닌 것은?

① 안티몬(Sb)

② 비소(As)

③ 인(P)

④ 붕소(B)

> **NOTE**| 도핑
> ㉠ n형 반도체 도핑 : 5족원소 안티몬(Sb), 비소(As), 인(P)
> ㉡ p형 반도체 도핑 : 3족원소 붕소(B), 갈륨(Ga), 인듐(In)

6 다음 신호 중 비주기적(nonperiodic) 신호에 해당하는 것은?

① $\dfrac{1}{2}cos\,(2t)$

② $sin\,(2t^{2})$

③ $sin^{2}\,(2t)$

④ $\exp\!\left(j\,2\pi t - \dfrac{4}{\pi}\right)$

> **✎NOTE** 신호의 형태
> ㉠ 주기적 신호(Periodic Signal) : 일정한 주기 T마다 동일한 파형을 무한히 반복하는 시간함수 $x(t)=x(t+nT),\;-\infty<t<\infty$
> ㉡ 비주기적 신호(Aperiodic Signal) : 주기적인 신호에서 T가 존재하지 않는 신호

7 신호를 여러 개의 정현파의 합으로 표현한 내용을 무엇이라 하는가?

① Fourier 급수

② Norton 정리

③ Superposition 정리

④ Taylor 전개

> **✎NOTE** 퓨리에 급수는 무수히 많은 정현파의 합으로 단진자 운동 합성의 식이라고 하며, 주로 주기적인 신호를 해석하는데 이용함.

8 함수 $f(t)$의 라플라스 변환은 어떤 식으로 정의되는가?

① $\displaystyle\int_{0}^{\infty}f(t)e^{st}dt$

② $\displaystyle\int_{0}^{\infty}f(t)e^{-st}dt$

③ $\displaystyle\int_{-\infty}^{\infty}f(t)e^{st}dt$

④ $\displaystyle\int_{-\infty}^{\infty}f(t)e^{-st}dt$

> **✎NOTE** 라플라스 변환 $\cdots f(t)=\pounds\,[f(t)]\;=\displaystyle\int_{o}^{\infty}f(t)e^{-st}dt$

ANSWER | 6.② 7.① 8.②

9 $f(t) = 3t^2$의 라플라스 변환은?

① $\dfrac{6}{s^3}$ ② $\dfrac{6}{s^2}$

③ $\dfrac{3}{s^3}$ ④ $\dfrac{3}{s^2}$

✎**NOTE** $\mathcal{L}[at^n] = \dfrac{an!}{s^{n+1}}$ 에서 $\mathcal{L}[3t^2] = \dfrac{3 \times 2!}{s^{2+1}} = \dfrac{6}{s^3}$

10 단위 램프 함수 $p(t) = tu(t)$의 라플라스 변환은?

① $\dfrac{1}{s^4}$ ② $\dfrac{1}{s^3}$

③ $\dfrac{1}{s}$ ④ $\dfrac{1}{s^2}$

✎**NOTE** $p(t) = tu(t) = \mathcal{L}[tu(t)] = \int_0^\infty te^{-st}dt \left[-\dfrac{1}{s}te^{-st} \right]_0^\infty - \dfrac{1}{s^2}\left[e^{-st} \right]_0^\infty = \dfrac{1}{s^2}$

11 $f(t) = At^2$의 라플라스 변환으로 옳은 것은?

① $\dfrac{2A}{s^3}$ ② $\dfrac{A}{s^3}$

③ $\dfrac{2A}{s^2}$ ④ $\dfrac{A}{s^2}$

✎**NOTE** $F(s) = \mathcal{L}[At^2] = A \cdot \dfrac{2}{s^3} = \dfrac{2A}{s^3}$

ANSWER | 9.① 10.④ 11.①

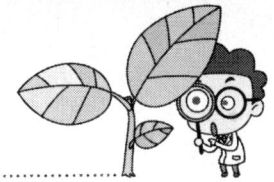

12 $10t^3$의 라플라스 변환은?

① $\dfrac{80}{s^4}$

② $\dfrac{10}{s^4}$

③ $\dfrac{30}{s^4}$

④ $\dfrac{60}{s^4}$

✏️**NOTE** $F(s) = \mathcal{L}\left[f(t)\right] = \mathcal{L}\left[10t^3\right] = \dfrac{10 \times 3!}{s^{3+1}} = \dfrac{60}{s^4}$

13 $f(t) = \delta(t) - be^{-bt}$의 라플라스 변환은? (단, $\delta(t)$는 임펄스 함수이다)

① $\dfrac{s}{s+b}$

② $\dfrac{1}{s(s+b)}$

③ $\dfrac{s(1-b)+5}{s(s+b)}$

④ $\dfrac{b}{s+b}$

✏️**NOTE** $F(s) = \mathcal{L}\left[f(t)\right] = \mathcal{L}\left[\delta(t) - be^{-bt}\right] = 1 - b\dfrac{1}{s+b} = \dfrac{s}{s+b}$

14 $f(t) = \cos^2 t$ 인 함수의 라플라스 변환은?

① $\dfrac{1}{2s} + \dfrac{s}{2(s^2+4)}$

② $e^{-2t}\cos t$

③ $\dfrac{1}{s^2} + \dfrac{4}{s}$

④ $\dfrac{2}{2(s^2+4)} - \dfrac{1}{2s}$

✏️**NOTE** 반각의 정리에 의해 $\cos^2 t = \dfrac{1+\cos 2t}{2}$

$\mathcal{L}\left[\cos^2 t\right] = \mathcal{L}\left[\dfrac{1+\cos 2t}{2}\right] = \dfrac{1}{2}\left[\mathcal{L}(1) + \mathcal{L}(\cos 2t)\right] = \dfrac{1}{2}\left(\dfrac{1}{s} + \dfrac{s}{s^2+4}\right)$

ANSWER | 12.④ 13.① 14.①

15 $\int_{3}^{5} \delta(t-1)(t^3 + 4t + 3)dt$ 에 대한 계산 결과로 옳은 것은?

① 0

② 1

③ 2

④ 3

⑤ 4

✎NOTE| $\int_{3}^{5} \delta(t-1)(t^3 + 4t + 3)dt = 0$

16 다음 중 파형 v의 실효치를 나타낸 공식은?

① $\dfrac{1}{T} \int_{0}^{T} v^2 dt$

② $\sqrt{\dfrac{1}{T} \int_{0}^{T} v dt}$

③ $\sqrt{\dfrac{1}{T} \int_{0}^{T} v^2 dt}$

④ $\dfrac{1}{T} \int_{0}^{T} v dt$

✎NOTE| 실효치(root mean square)는 수식적으로는 교류 신호 v의 제곱을 평균해서 제곱근을 씌운 것이다. $\sqrt{\dfrac{1}{T} \int_{0}^{T} v^2 dt}$

17 다음 중 전력 신호로 옳지 않은 것은?

① 정현파 함수

② exp 함수

③ 구형파 함수

④ 여현파 함수

✎NOTE| 신호의 종류
ⓐ 에너지 신호 : 가우시안 펄스, ramp 함수, 구형파 계단 함수 등
ⓑ 전력 신호 : 정현파 함수, exp 함수, 여현파 함수 등

ANSWER | 15.① 16.③ 17.③

18 $f(t) = t^2 e^{at}$ 를 라플라스 변환한 것은?

① $\dfrac{2}{(s+a)^3}$ 　　　　　　② $\dfrac{2}{(s+a)^2}$

③ $\dfrac{2}{(s-a)^3}$ 　　　　　　④ $\dfrac{2}{(s-a)^2}$

> **NOTE** $\mathcal{L}[t^2] = \dfrac{2}{s^3}$
> $\mathcal{L}[e^{at}f(t)] = F(s-a)$
> $\mathcal{L}[f(t^2 e^{at})] = \dfrac{2}{(s-a)^3}$

19 $G(j\omega) = 1 + j\omega T$의 크기와 위상각은?

① $(\omega T+1) \angle \tan^{-1}\omega T$ 　　　② $(\omega T+1) \angle -\tan^{-1}\omega T$

③ $\sqrt{\omega^2 T^2 + 1} \angle \tan^{-1}\omega T$ 　　　④ $\sqrt{\omega^2 T^2 + 1} \angle -\tan^{-1}\omega T$

> **NOTE** 크기는 $|G(j\omega)| = \sqrt{\omega^2 T^2 + 1}$ 이고 위상각은 $\tan\phi = \dfrac{\omega T}{1}$ $\phi = \tan^{-1}\omega T$ 이다.

20 다음 신호 중 주기 신호로 옳지 않은 것은?

① $\sin\dfrac{2\pi}{3}t$ 　　　　　② $\sin\dfrac{2\pi}{5}t\cos 4\dfrac{\pi}{3}t$

③ $\sin 3t$ 　　　　　④ $\sin\dfrac{2\pi}{3}t - 2\sin 3t$

> **NOTE** ④ 만족하는 정수가 없으므로 비주기 신호이다.

21 신호를 여러 개의 정현파의 합으로 표현한 내용으로 옳은 것은?

① 노턴 정리

② 테브난 정리

③ 푸리에 급수

④ 푸리에 변환

✎**NOTE** 푸리에 급수는 주기적 신호를 해석하는 것이며 푸리에 변환은 비주기적 신호를 해석하는 것이다.

22 $f(t) = 1$을 바르게 라플라스 변환한 것은?

① $\dfrac{1}{s^2}$

② s

③ $\dfrac{1}{s}$

④ 1

✎**NOTE** $F(s) = \mathcal{L}[1] = \displaystyle\int_0^\infty e^{-st} dt = \left[-\dfrac{1}{s}e^{-st}\right]_0^\infty = \dfrac{1}{s}$

23 함수 $f(t)$의 라플라스 변환식 $F(s) = \dfrac{2s^2 + 4s + 2}{s(s^2 + 2s + 2)}$ 인 경우 이 함수의 최종값은?

① 0

② 1

③ 2

④ 4

✎**NOTE** 최종값 정리에서 $\displaystyle\lim_{t\to\infty} f(t) = \lim_{s\to 0} s \cdot F(s)$이므로

$$\lim_{s\to 0} s \cdot F(s) = \lim_{s\to 0} s \cdot \dfrac{2s^2 + 4s + 2}{s(s^2 + 2s + 2)} = 1$$

ANSWER | 21.③ 22.③ 23.②

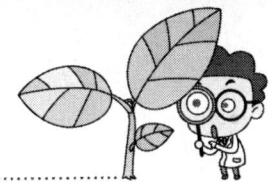

24 $\int_0^t f(t)dt$ 를 라플라스 변환한 것은?

① $\dfrac{1}{s^2}F(s)$ ② $\dfrac{1}{s}F(s)$

③ $sF(s)$ ④ $s^2F(s)$

> ✎NOTE | $\int_0^t f(t)dt = \mathcal{L}[f(t)dt] = \dfrac{1}{s}F(s)$

25 $\mathcal{L}^{-1}\left[\dfrac{1}{s^2+2s+5}\right]$ 의 결과로 옳은 것은?

① $e^{-t}\sin t$ ② $\dfrac{1}{2}e^{-t}\sin 2t$

③ $\dfrac{1}{2}e^{-t}\sin t$ ④ $e^{-t}\sin 2t$

> ✎NOTE | $F(s) = \dfrac{1}{s^2+2s+5} + \dfrac{1}{(s+1)^2+4} = \dfrac{1}{2} \times \dfrac{2}{(s+1)^2+2^2}$ 이므로
>
> $\mathcal{L}^{-1}[F(s)] = \dfrac{1}{2}e^{-t}\sin 2t$

ANSWER | 24.②   25.②

01. 신호의 해석 **45**

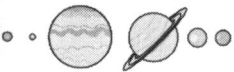

26 다음 중 푸리에 급수의 성질에 대한 설명으로 옳은 것은?

① 신호 함수 $s(t)$ 가 기수 고조파 성분만을 가지고 있는 경우 시간 원점을 변경시켜도 푸리에 급수의 전개

② 신호 함수 $s(t)$ 가 우함수이면 푸리에 급수는 sin 항만으로 표시된다.

③ 신호 함수 $s(t)$ 가 기함수이면 푸리에 급수는 cos 항만으로 표시된다.

④ 신호 함수 $s(t)$ 가 기함수이면 푸리에 급수는 tan 항만으로 표시된다.

> ✎NOTE| 푸리에 급수
> ㉠ 우함수 $x(t) = x(-t)$: cos 성분만 존재한다.
> ㉡ 기함수 $x(t) = -x(-t)$: sin 성분만 존재한다.

27 반도체가 이루는 화학적 결합을 가장 잘 설명한 결합은?

① 원자 결합   ② 공유 결합

③ 금속 결합   ④ 전자 결합

> ✎NOTE| 반도체의 각 원자는 인접한 4개와 8개의 공유결합으로 안정한 상태가 된다.

28 비주기적인 함수의 주파수 스펙트럼을 나타내는 방법으로 옳은 것은?

① Z-변환을 이용해서 나타낼 수 있다.

② 푸리에 급수를 이용해서 나타낼 수 있다.

③ 푸리에 변환으로 나타낼 수 있다.

④ 델타 함수를 이용해서 나타낼 수 있다.

> ✎NOTE| 푸리에 변환 비주기적인 함수를 나타낸다.

ANSWER | 26.① 27.② 28.③

29 다음 중 디리클레(Dirichlet) 조건에 대한 설명으로 옳은 것은?

① 라플라스(Laplace) 변환이 존재하기 위한 필요조건

② 라플라스(Laplace) 변환이 존재하기 위한 충분조건

③ 푸리에(Fourier) 변환이 존재하기 위한 필요조건

④ 푸리에(Fourier) 변환이 존재하기 위한 충분조건

✎NOTE| 디리클레 조건은 푸리에 급수가 존재하기 위한 충분조건이다.

30 절대온도 0도에서 최외각 전자가 가지는 에너지 높이를 무엇이라 하는가?

① 결합   ② 도핑

③ 결정   ④ 페르미

⑤ 합성

✎NOTE| 절대온도 0도에서 최외각 전자가 가지는 에너지 높이를 말하며 페르미에너지라고도 한다. 고체 내 전자의 에너지 분포가 급격히 변화하는 에너지 준위로, 열평형 상태에서 전자를 찾을 수 있는 확률이 1/2이 되는 에너지 준위를 말한다. 또한 페르미 준위가 다른 물질과 접할 때 페르미 준위가 높은 쪽에서 낮은 쪽으로 전자가 이동하기 때문에 페르미 준위가 일치하는 현상이 나타난다.

31 단위 세기의 임펄스인 $\delta(t)$ 의 푸리에 변환의 결과로 옳은 것은?

① -1 ② 0

③ 1 ④ $u(t)$

✎NOTE| $\displaystyle\int_{-\infty}^{\infty} \delta(t)e^{-j\omega t}dt = e^{j_0} = 1$

32 삼각파를 푸리에 변환한 결과로 얻게 되는 파형으로 옳은 것은?

① 구형파형　　　　　　　　　② cos 파형

③ $\sin c^2$ 함수　　　　　　　④ 스텝 함수

⑤ 램프 함수

　　✎NOTE｜ 삼각파를 푸리에 변환한 결과는 $\sin c^2$ 함수가 된다.

33 캐리어의 확산 길이가 의존하는 것으로 가장 적합한 것은?

① 반도체의 모양　　　　　　　② 캐리어의 수명 시간

③ 캐리어의 이동도　　　　　　④ 캐리어의 수명 시간과 이동도

　　✎NOTE｜ 캐리어의 확산 길이 L는 $L = \sqrt{D_n \tau} = \sqrt{\dfrac{\mu k T}{e} \tau}$ 이므로 캐리어의 수명 시간과 이동도 모두에 의존한다.

ANSWER ｜ 32.③　33.④

02 변조

1 변조의 정의

① 변조의 정의

① 고주파의 교류 신호를 저주파의 교류 신호에 따라 변화시키며 신호의 전송을 위해 반송파라고 하는 비교적 높은 주파수에 비교적 낮은 가청주파수를 포함시키는 과정을 말한다.

② 보내고자 하는 정보신호(원신호)를 반송파의 진폭, 주파수, 위상 등에 실어 보내는 과정(원신호를 전송로에 적합한 신호로 변환)

ㄱ 반송파(Carrier Wave) : 신호파를 실어 보낼 수 있는 고주파

ㄴ 신호파(Signal Wave) : 반송파에 가하는 신호(변조파)

ㄷ 피 변조파(Modulated Wave) : 변조된 반송파

ㄹ 복조(Demodulation) : 수신된 피 변조파에서 원래의 신호파를 재생하는 과정

② 변조의 목적

① 원거리 전송을 할 수 있음

② 송수신 안테나의 길이를 짧게 하기 위해(주파수가 높으면 파장이 줄어들어 안테나의 길이가 줄어듦)

③ 동시에 여러 개의 신호를 보내면 특정한 사람이 수신가능(주파수 분할 다중화(FDM))

④ 잡음과 간섭(S/N비) 강함

⑤ 회로 소자가 단순화되어 소형화

③ 변조의 종류

① **진폭변조**(Amplitude Modulation, AM) ··· 반송파의 진폭을 신호파의 세기에 따라 변화시키는 조작

② **주파수변조**(Frequency Modulation, FM) ··· 반송파의 주파수를 신호파의 세기에 따라 변화시키는 조작

③ **위상변조**(Phase Modulation, PM) ··· 반송파의 위상을 신호파의 세기에 따라 변화시키는 조작

④ **디지털변조**(Digital Modulation, DM) ··· 신호를 0과 1의 2진값 정보로 교환하여 베이스 밴드 신호로 만들어 그 신호를 고주파에 싣는 조작

> ♠TIP | 변조의 최대 목적은 신호를 전송로의 특성에 맞도록 변환하기 위한 동작을 의미한다.

♀ 통신의 시스템 구성도 ♀

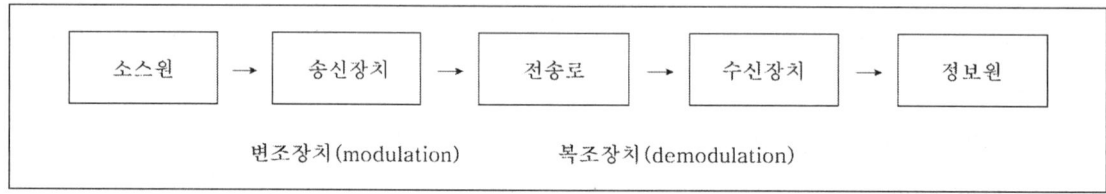

④ 변조의 필요성

① 인간이 들을 수 있는 주파수의 범위는 약 20 ~ 20000Hz(가청주파수)이다.

② 가청주파수 영역에서 약 5[kHz] 신호를 다른 곳으로 전송할 때

　㉠ $c = f\lambda$ 이기에 대기에서의 신호 파장은 약 60Km이다. 신호를 수신하기 위한 안테나의 길이 ($\frac{1}{4}\lambda$)는 약 15[Km]가 되어 현실적인 안테나 제작은 불가능할 것이다.

　㉡ 안테나의 길이는 λ와 비례하기 때문에 주파수를 높여준다면 안테나의 길이도 그에 맞게 짧아질 것이다.

　㉢ 가장 낮은 주파수일 때와 가장 높은 주파수일 때의 안테나의 길이가 달라져야 한다.

　㉣ 안테나는 하나의 신호만 수신가능한 것이 아니라 어느 정도의 범위를 수신할 수 있지만 가능한 범위를 넘게 된다면 수용할 수 있는 범위로 변조시켜줌으로써 해결을 할 수 있다.

　㉤ 변조는 파장을 짧게 하여 직진성을 높여 장거리 전송을 가능하게 하고 신호의 잡음과 간섭을 효과적으로 줄여 전송의 품질을 높여준다.

⑤ 연속변조와 불연속 변조

① **연속(CW) 변조**
- ㉠ **아날로그 변조**
  - AM(Amplitude Modulation) : 진폭변조
  - FM(Frequency Modulation) : 주파수변조
  - PM(Phase Modulation) : 위상변조
- ㉡ **디지털 변조**
  - ASK (Amplitude Shift Keying) : 진폭 편이 변조
  - FSK (Frequency Shift Keying) : 주파수 편이 변조
  - PSK (Phase Shift Keying) : 위상 편이 변조
  - QAM (Quardrature Amplitude Modulation) : 직교 진폭 변조(위상+진폭)

② **불연속(펄스)변조**
- ㉠ **펄스아날로그변조**
  - PAM (Pulse Amplitude Modulation) : 펄스 진폭 변조
  - PWM (Pulse Width Modulation) : 펄스 폭 변조
  - PDM (Pulse Delay Modulation) : 펄스 지연 변조
  - PPM (Pulse Position Modulation) : 펄스 위치 변조
  - PTM (Pulse Time Modulation) : 펄스 시간 변조
- ㉡ **펄스디지털변조**
  - PCM (Pulse Code Modulation) : 펄스 코드 변조
  - PNM (Pulse Number Modulation) : 펄스 수 변조

♀ 표 2-1 연속파 변조(CW 변조 : Continuous Wave Modulation) ♀

종류 ＼ 구분	아날로그 변조	디지털 변조
진폭 변조 AM	DSB(양측파대 변조) SSB(단측파대 변조) VSB(잔류측파대 변조)	ASK(진폭 편이 변조)
각도 변조	FM(주파수 변조)	FSK(주파수 편이 변조)
	PM(위상 변조)	PSK(위상 편이 변조) DPSK(차동 위상 편이 변조) MSK(minimum shift kode)
복합 변조	AM-PM(진폭 위상 변조)	APSK(진폭 위상 편이 변조) QAM(직교 진폭 변조)
	SCFM(진폭 주파수 2중 변조)	

♀ 표 2-2 펄스 변조(pulse modulation) ♀

종류 ＼ 구분	펄스 아날로그 변조		펄스 디지털 변조
펄스 파라미터 변조	진폭 변조	PAM(펄스 진폭 변조)	PNM(펄스 수 변조)
	펄스시 변조 PTM	PWM(펄스폭 변조) PFM(펄스 주파수 변조) PPM(펄스 위치 변조)	
펄스 부호 변조			PCM $\varDelta$M(Delta mod) → 정차 변조 DPCM(차분 펄스 부호 변조)

③ 신호파를 전송할 경우 신호인 데이터를 고주파에 포함시켜서 보낼 경우 전송하기에 편리하도록 정현파 교류에 이 신호를 실어서 전송하는 방법을 말하는 것으로 신호의 주파수 스펙트럼을 높은 쪽으로 옮기는 조작으로 근본적으로 새로운 주파수 성분을 생성시키는 일이므로 시불변 선형 시스템으로는 불가능하다. 따라서 변조기는 시변 선형 시스템 또는 비선형 소자를 포함하는 시스템에 의해 구성된다.

♀ 통신시스템 모델의 구성도 ♀

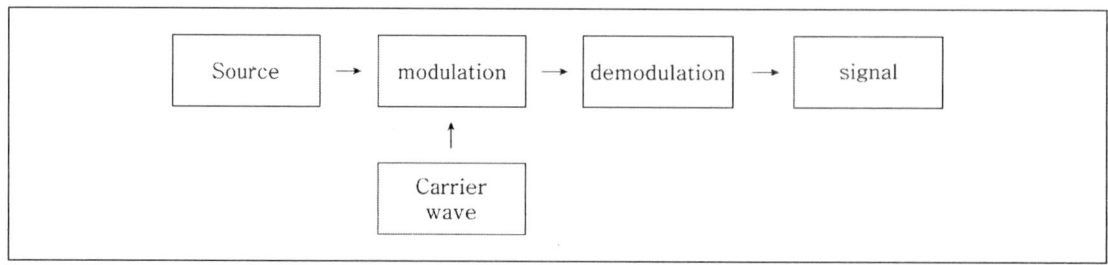

⑥ 변조의 원리

여기서 변조의 일반적인 개념으로 전송하고자 하는 신호 $f(t)$의 주파수 스펙트럼을 ω_c만큼 이동 시키려면 e^{jw_ct}를 곱하면 된다.

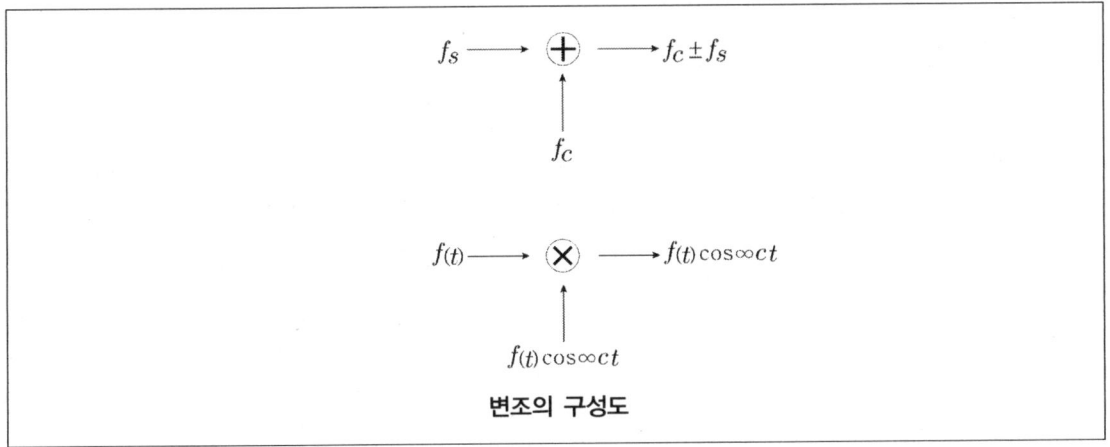

변조의 구성도

이와 같이 변조조작을 실행하는 변조방법에 이용되는 방법으로는 아날로그 곱셈기를 이용하는 방법, 비선형 소자를 이용하는 방법 그리고 시변특성을 이용하는 방법 등이 있다.

⑦ 베이스밴드 신호

① 정보원이나 입력변환(예를 들어 마이크장치)에서 발생된 신호의 주파수대역은 무선전송 주파수 보다 훨씬 낮은 주파수 범위를 갖는 제한된 대역폭의 신호를 말한다. 예를 들어 전화의 경우 베이스밴드는 $0 \sim 3.5$[KHz]의 가청주파수대역(음성 신호의 대역)이며, 텔레비전의 경우 베이스밴드는 $0 \sim 4.3$[MHz]의 영상신호 대역이다.

② 베이스밴드 통신에서는 베이스밴드 신호의 주파수 대역을 다른 주파수 대역으로 이동을 시키지 않고 베이스밴드 신호를 그대로 전송을 시킨다. 따라서 이들은 무선통신로(Radio channel)로는 전송을 할 수 없기 때문에 2선 선로 또는 케이블을 통하여 전송해야 한다. 이에 대한 실례는 구역전화 교환이나 또는 두 개 교환국 간의 PCM(pulse code modulation, 펄스부호변조)은 베이스밴드 통신의 한 예이다.

③ 정보원 등에 의해 발생되는 신호를 그대로 또는 전송로에 적합한 펄스 파형에 대응시켜 전송하는 방식을 기저 대역(Base Band) 전송 방식이라 한다. 이 방식은 장거리 전송이 불가능하며 2선식 선로나 케이블 등의 유선 시스템에서만 사용한다. 이때 전송되는 펄스 파형을 전송 부호라 한다.

④ 전송 부호의 요구 조건

　　㉠ 직류 성분이 적을 것

　　㉡ 저주파 및 고주파 차단 특성이 우수할 것(대역폭이 좁을 것)

　　㉢ 대역폭이 적을 것

　　㉣ 신호의 동기화 능력을 가질 것

　　㉤ 신호의 에러 검출 능력을 가질 것

　　㉥ 신호 간섭 및 잡음에 대한 면역성이 높아 신뢰도가 높을 것(비트 에러율이 낮을 것)

　　㉦ 구성이 간단할 것

표 2-3 NRZ(Non-return to zero), RZ(Return to zero)

	NRZ(Non-return to zero)	RZ(Return to zero)
정의	한 비트 간격동안 전압이 항상 일정치를 갖는 부호(Duty Cycle = 100%)	한 비트 간격동안 0[V]의 전압 상태로 복귀하는 부호(Duty Cycle = 50%)
특징	• 가장 쉬운 형태의 인코딩 기법 • 대역폭이 좁다. • 직류 성분이 존재 • 동기화 능력이 부족	• 최대 변조율은 2/Tb(Tb:비트의 점유시간) 따라서 넓은 대역폭을 필요로 한다. • 직류 성분이 작으나 여전히 존재 • 동기화 능력을 가짐

표 2-4 단극성 부호, 복극성 부호

	단극성 부호	복극성 부호
정의	펄스의 전압 극성이 하나만 존재하는 부호	펄스의 전압 극성이 두 개로 존재하는 부호
특징	• 잡음에 대한 면역성이 적다. • 단극성 NRZ나 단극성 RZ 모두 동기 유지가 쉽지 않다.	• 잡음에 대한 면역성이 단극성보다 좋다. • 복극성 NRZ는 동기 유지가 어려우나 복극성 RZ는 동기 유지가 비교적 쉽다.

⑤ NRZ(nonreturn to zero) … 기록과 재생에서의 하나의 모드로 데이터의 뒤에서 신호가 반드시 제로로 복귀하지 않는 신호이다.

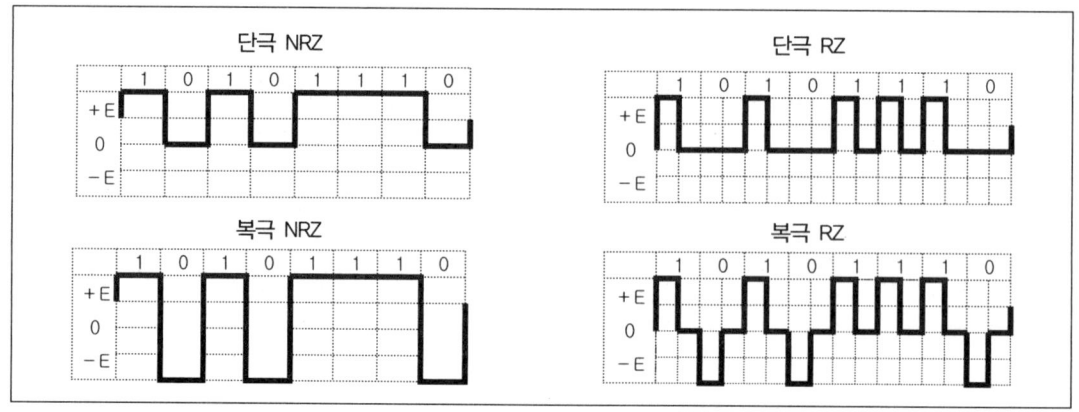

⑥ **Biphase**(Differential Manchester) … '1'은 한 펄스 구간의 반은 양의 전압을 나머지 반은 음의 전압을 유지하고 '0'은 '1'과 반대의 형태를 유지하는 부호이다

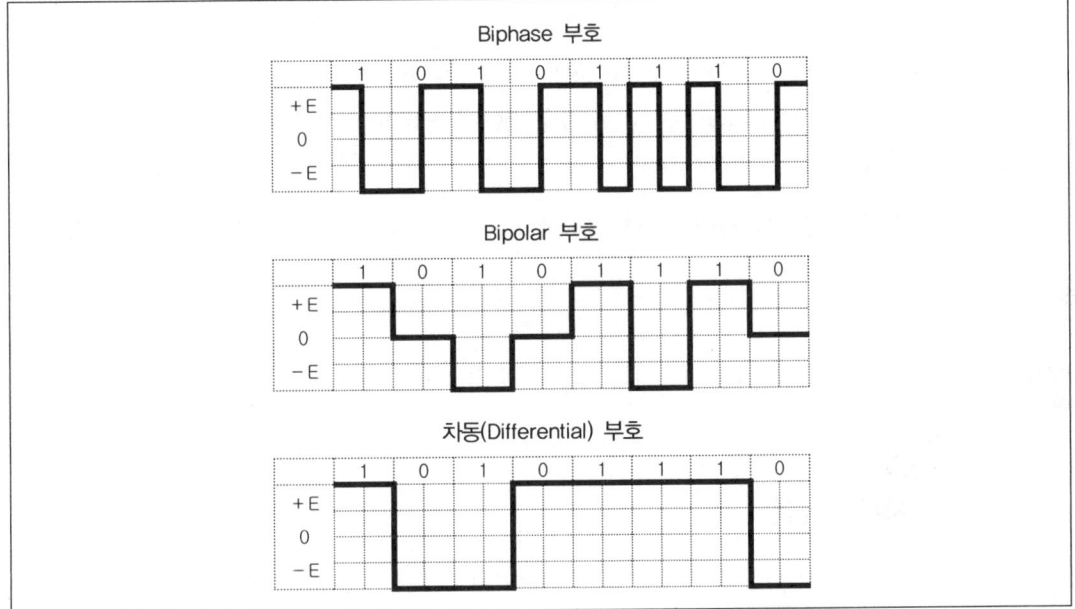

⑧ 다치부호 (Multi − Level Code)

이동하는 전송로의 대역폭이 제한되어 있으므로, 제한된 대역폭 내에서 고속의 정보 전달을 요구할 때 사용되는 부호. 즉, 동일한 신호 속도를 유지하면서 레벨 수를 증가시켜 전송 용량을 늘릴 수 있는 부호이다.

⑨ 대역통과통신(또는 반송파 통신)

① 보통 낮은 주파수의 신호일수록 그 전송이 더 어렵기에 신호의 주파수 스펙트럼을 변조방식을 사용하여 더 높은 주파수로 이동을 시켜 전송하는 것이 바람직하다.

② 몇 개의 베이스밴드 신호를 변조하여 서로가 겹치지 않도록 그들의 주파수 스펙트럼을 각각 다른 위치로 이동을 시키면, 이동할 수 있는 모든 대역을 더욱 더 효과적으로 사용을 할 수 있다.

③ 장거리 무선통신에는 작은 안테나를 사용하여 전자파를 전파(Radiation) 하기 위해서는 신호의 주파수를 스펙트럼을 더 높은 주파수로 이동을 시키는 변조가 필요하다.

④ 변조를 하는 또 하나의 이유는 신호대 잡음비(S/N : Signal to noise ratio)를 개선하기 위해서이다.

⑤ 높은 주파수(반송파 : Carrier)가 Fc인 여현파(Cosine wave)의 기본 파라메타(즉 진폭, 주파수, 위상)중에서 하나를 베이스 밴드 신호(신호파 : Signal) s(t)에 따라서 변화를 시키면 이것은 진폭변조(Amplitude modulation : AM), 주파수 변조(Frequency modulation : FM), 그리고 위상변조(Phase modulation : PM)가 된다.

⑥ 주파수 변조와 위상변조를 묶어서 각도변조(Angle modulation)또는 각변조라고도 한다.

2 PAM(Pulse Amplitude Modulation)

① PAM의 종류

펄스열의 진폭을 정보 신호의 표본값에 따라 변화시키는 방식으로 이상적인 PAM, 자연 표본화에 의한 PAM, 순시표본화에 의한 PAM 등이 있다.

① **자연 표본화**(natural sampling) … 표본화된 펄스가 원신호 $f(t)$를 따라가므로, 각 펄스의 정점 모양이 다르고, 신호 $f(t)$를 예측할 수 있을 때 사용한다.

② **순시 표본화**(instantaneous sampling) … 펄스의 진폭이 평탄한 표본화 방식으로 실제적으로 사용되고 있으며, flat-top-sampling이라 한다.

② 펄스진폭변조(PAM)의 종류

① 자연 표본화에 의한 PAM

② 순시 표본화에 의한 PAM

③ 이상적인 PAM

③ PCM에 의한 PAM 전송을 하지 않는 이유

PAM(펄스진폭변조) 신호를 전송로에 그대로 전송하면 원신호를 그대로 송신하는 것 보다 고조파 함유가 높아 감쇠 특성이 불량하여 원신호 재생이 어렵고 전송로의 외부 변화에 따라 진폭에 잡음이 많이 발생하여 전송 특성이 불량하기 때문에 전송하지 않는다.

④ PAM의 특징

① PAM자체는 이용되지 않지만 PCM, PSK, QAM을 위한 중간변조방식으로 이용한다.

② PAM에서 부호 변조 시에는 위상변조(PM)를 사용한다.

③ 일반적으로 PAM은 순시표본화에 의한 PAM을 지칭한다.

3 PCM(Pulse Code Modulation)

① PCM

① PCM 방식은 아날로그 정보를 디지털 정보인 펄스부호로 바꾸어서 전송하고 수신단에서는 다시 아날로그 정보로 되돌려서 통신을 행하는 방식이다.

❢ PCM 방식의 구성도(송신측) ❢

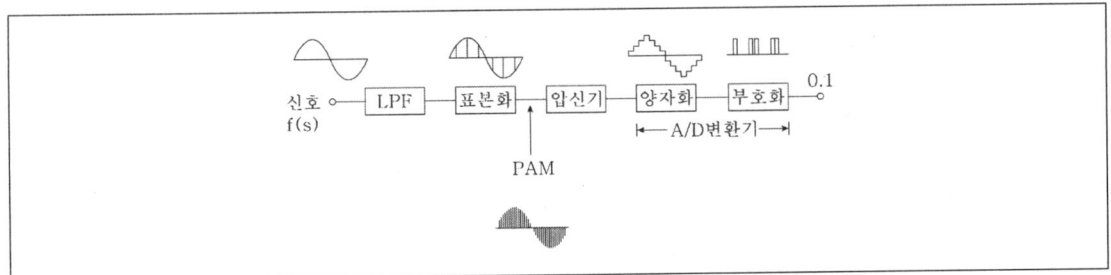

▲TIP │ Nyquist 샘플링(표본화) 주파수 ⋯ $f_N = 2 \times f_m = 2 \times 1,000 = 2,000[\text{Hz}]$

② **PCM 3단계 과정** ⋯ 표본화, 양자화, 부호화
  ㉠ 표본화 : 일정 시간 간격으로 아날로그 데이터의 값을 뽑아내는 과정
  ㉡ 양자화 : 표본화에서 뽑아낸 값을 일정 레벨의 신호로 바꾸는 과정
  ㉢ 부호화 : 이산적 신호를 0과 1에 해낭뇌는 펄스로 바꾸는 과징

② 표본화(sampling)

① 연속적으로 변화하는 입력 파형을 일정 주기의 펄스 진폭으로 대표시키는 PAM(Pulse Amplitude Modulation) 조작을 표본화라 한다. 전송하려는 원신호의 상한 주파수를 f_m이라 하면, $2f_m$에 해당되는 주기($T_s \leq \dfrac{1}{2f_m}$)이하로 표본화하면 표본화된 신호만 전송하여도 원신호를 그대로 재생이 가능하다. 따라서 연속적인 신호를 재생할 수 있는 최소 표본화주기를 Nyquist 주기라고 한다.

$$f_s \geq 2f_m\,[\text{Hz}] : Nquist\,주파수(표본화\,주파수)\cdots\cdots\cdots(2.1)$$

$$f_s \geq 1200 \times 2 = 2400 Hz$$
$$T_s \leq \frac{1}{2f_m}[\sec] : Nquist\,주기(표본화\,주기)$$
$$T_s \leq \frac{1}{1200 \times 2} = 416 \mu \sec$$

② 표본화 오차
  ㉠ Aliasing : 스펙트럼이 겹쳐지므로 발생되는 오차
  ㉡ 절단오차 : 표본값이 무한한 시간에 걸쳐 발생한다는 것이나 실제 시스템에서 취급하는 신호는 유한한 것이므로 오차가 발생
  ㉢ 반올림오차 : 표본값이 반올림되면서 발생하는 것으로 양자화 잡음 원인

③ 양자화(Quantization)

① 아날로그 신호를 PAM으로 변환하는 과정 즉 표본화 단계를 거친 PAM의 진폭을 디지털 양으로 변화하기 위하여 계단모양의 근사 파형으로 만드는 것이다.

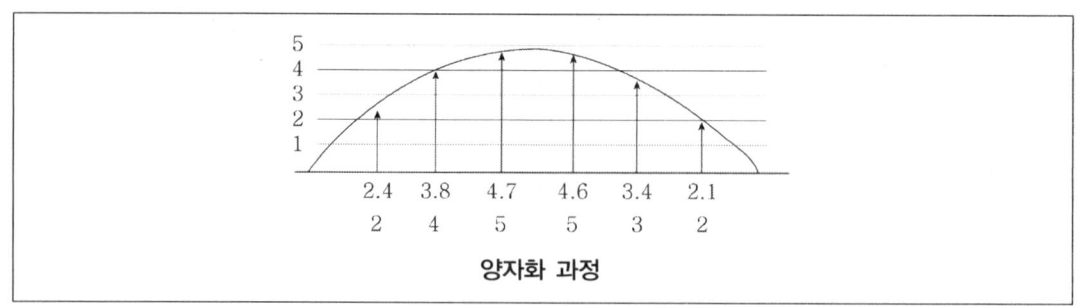

양자화 과정

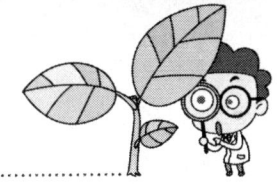

② **양자화 방법**

　㉠ **선형(균일) 양자화(Linear Quantization)** : 양자화 특성의 스텝폭이 전입력 신호 레벨에 대해서 동일한 스텝 크기로 양자화하는 것으로 신호 대 잡음비(S/N)는 고레벨 신호보다 저레벨 신호가 악화된다. 즉, S/N비가 우수하지 못하기 때문에 많이 사용하지 않는다.

　㉡ **비선형 양자화(non−linear Quantization)** : 진폭이 작을 때 양자화 스텝(Step) 간격을 좁게, 입력 신호 진폭이 큰 부분에서는 양자화 스텝 간격을 넓히는 것으로 즉 입력 신호레벨에 비례하며 전 범위의 진폭에 걸쳐 신호 대 잡음비(S/N)를 균일하게 할 수 있다. 주로 PCM, DPCM에 사용한다. 따라서 비선형 양자화는 진폭의 변화에 따라 스텝 간격을 변화시키는 방법을 이용하기 때문에 샘플값 자체를 양자화하는 방식이 아니다.

　㉢ **적응형 양자화기** : 입력신호레벨에 따라 양자화 스텝의 최댓값, 최솟값이 시간적으로 변화하며 S/N비는 양호하나 구성방법이 복잡하며 ADM, ADPCM에 이용한다.

③ **양자화 스텝** ··· 스텝수가 많을수록 원파형에 가까워지나, 비트수가 증가된다. 여기서 양자화 스텝수의 크기와 적용형태를 나타내면 다음과 같다.

　㉠ 3bit($2^3 = 8$: 3행 8 step) : 음성, 언어 이해

　㉡ 5bit($2^5 = 32$: 5행 32 step) : TV 영상신호

　㉢ 7bit($2^7 = 128$: 7행 128 step) : 전화

　㉣ 8bit($2^8 = 256$: 8행 256 step) : PCM−24B 방식

　음성비트를 7비트에서 8비트로 변화하면 표본화 잡음이 반(1/2)으로 감소한다.

④ **양자화 압축과 신장** ··· 입력 신호의 작은 진폭부분은 증폭을 하고 큰 진폭은 압축을 하는 압축기를 부호화하기전에 사용하고 수신측에는 복호를 한 다음에 이것과 반대의 특성을 가진 신장기로써 원래 신호를 환원시키는 것이며, 압축기와 신장기를 1조로 하여 압신기라고 한다. 압축 특성은 유럽방식인 A−Law Type과 북미방식인 μ−Law Type이 있으며 A−Law Type과 북미방식인 μ−Law Type이 있으며 A−Law는 신호가 작은 부분은 선형적으로 신호가 큰 부분은 대수적으로 양자화하는 방식이며, μ−Law는 비직선 양자화를 위해 신호가 큰 부분, 작은 부분 모두를 대수적인 양자화를 채택하는 방식을 말한다.

⑤ **양자화 잡음과 종류** ··· 양자화 스텝의 크기는 단계적 입력 특성으로 이루어지고, 출력은 양자화 특성에 의해서 사사오입이 되는 과정에서 원파형과 오차가 생겨서 나타나는 잡음을 말하는 것으로 양자화 과정에서 오차에 따라 발생하는 톱니상의 오차 전압에 의해 생기는 잡음으로 음성신호 입력이 있는 경우에만 발생한다. 따라서 양자화 잡음에 대한 개선방법으로는 다음과 같은 방법을 이용한다.

⑥ **slope over load noise**(과부하 잡음)

 ㉠ PAM 신호가 설정해 놓은 전체 양자화 폭을 넘어서게 되어 PAM 신호의 일부가 잘려나가 오차가 발생되는 peak clipping 및 PAM 신호 변화의 크기가 너무 커서 이산적인 신호로의 변화가 이를 따라가지 못함으로 인해 발생되는 오차를 말함. 과부하 잡음으로 아날로그 파형이 급격히 변할 때 그 변화를 추적할 수 없을 때 경사 과부하 잡음으로 나타나는 잡음

 ㉡ Quantization noise(양자화 잡음) : 표본화 과정에서 PAM 신호를 0과 1의 이산적인 신호로 바꾸는 과정에서 발생되는 오차를 말하는 것으로 계단의 크기가 S라 할 때 양자화 잡음은 $\frac{S^2}{12}$ 이 된다.

 ㉢ Granular noise(입상 잡음) : 경사 과부하 잡음의 반대로 완만하게 변하는 경우 나타나는 잡음

⑦ **양자화 잡음의 자승평균전력**

$$N_Q = \frac{\triangle V^2}{12} \cdots\cdots\cdots(2.2)$$

여기서 N_Q는 양자화 잡음의 평균자승오차를, $\triangle V$는 양자화 스텝(간격)을 각각 나타낸다. 따라서 N_Q는 입력진폭과는 무관하며 일정하다.

⑧ $SNR = \frac{3}{2}q^2$(q는 양자화 레벨수)

예를들어 음성신호 S(t) = 5 sin 100t를 10비트 PCM을 이용해서 양자화하는 경우에 발생하는 신호 대 잡음비를 계산하면

$SNR = \frac{3}{2}q^2 = \frac{3}{2}(2^{10})^2 = \frac{3}{2}(1024)^2 = 1572864$이며, [dB]로 환산하면

$10\log_{10}\frac{S}{N} = 10\log_{10}(1572684) ≒ 62[dB]$ 정도가 된다.

⑨ **PCM 과부하 잡음** … 양자화 잡음은 입력신호가 양자화 과정의 최대 허용 범위 내에서 존재하는 경우에 발생하는 잡음을 나타내며 양자화 오차가 $\triangle/2$를 넘지 않아야 한다.

따라서 PCM과부하 잡음에 대한 크기를 나타내면

$$10\log\left[\frac{S}{N_Q}\right] = \frac{3}{2}(2^n)^2 \cdots\cdots\cdots(2.3)$$

$$10\log\left[\frac{S}{N_Q}\right] = 6n + 1.8[dB]$$

여기서 n은 전송비트수를 나타내며, 2n은 양자화 레벨수를 각각 나타낸다. 따라서 양자화를 위한 비트수가 한 비트 증가할 때마다 S/NQ는 6[dB]씩 개선됨을 알 수 있다.

④ 부호화(encoding)

① 표본화된 PAM 펄스의 진폭 크기를 펄스의 유무(0, 1)로 표시되는 2진 부호의 조합으로 변환하는 조작을 말하며(A/D변환), 오차가 적은 그레이 부호로 나타낸다. 부호화 할 때 사용되는 코드로는 Gray Code(그레이 코드)가 있다.

② 부호화의 반대 과정으로 수신된 디지털 신호를 PAM펄스로 만들며 재생된 아날로그 신호를 여파기(filter)를 통해 원신호로 복원시킨다.

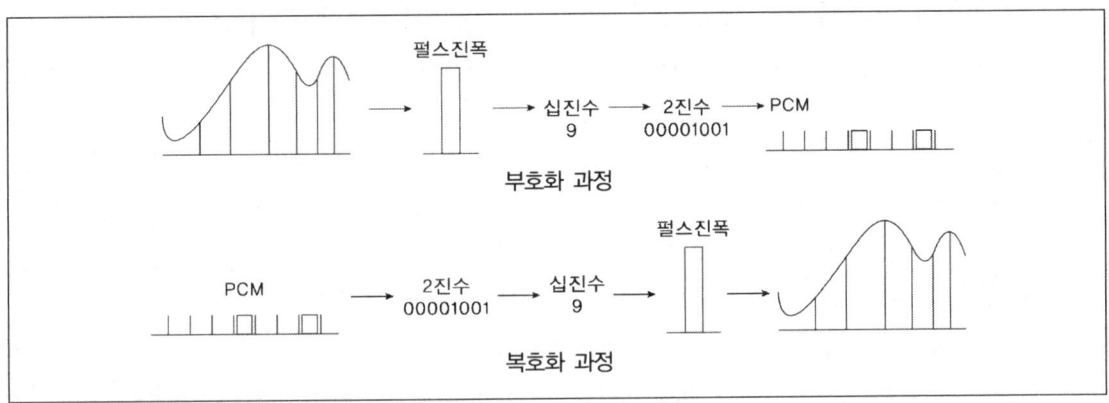

⑤ PCM방식의 특징

① 전송로에 의한 레벨 변동이 적으며, 점유 주파수 대역폭이 넓다.

② 전송로에 존재하는 잡음, 누화 등의 각종 방해 잡음에 강하므로 저질의 전송로에도 사용할 수 있다. 즉, S/N비가 양호하여 디지털 전송에 가장 적합하다.

③ 디지털 신호의 전송에는 능률이 없으며, 고가의 여파기가 불필요하므로, 단국장치의 가격이 저하되고 소형화된다.

④ 회선전환과 경로(route) 변경 등이 용이하며, 시내 음성 케이블의 다중화에 유리하다.

⑤ PCM 특유의 잡음이 발생한다.

⑥ 전송 도중 들어오는 잡음 및 누화는 보통 중개방식과는 달리 가산되지 않는다.

⑦ 시내 음성 케이블의 다중화에 유리하다.

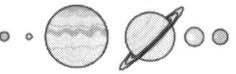

⑥ PCM방식에서 발생하는 잡음의 형태

① **무통화 시의 잡음형태** … 8[KHz]의 표본화 주파수에 대한 누설 잡음과 증폭기의 열잡음으로 45[dBm]로 규정하고 있는 기본 잡음, 누화가 여러 개 겹쳐 서로 작용해서 누화가 들리지 않고 잡음으로 나타나는 것으로 근단 누화와 원단누화를 합쳐 300[W] 이하로 규정하는 다중 누화잡음 그리고 양자화에 의한 무통화시 잡음 등이 있다.

② **유통화 시의 잡음형태** … 무통화시 잡음 전체가 그대로 유통화시의 기본 잡음으로 나타나는 잡음과 수신측 PAM 펄스의 복조에 사용되는 여파기의 억압 불충분에 의한 잡음으로 단국 수신 출력에 있어서 −51[dBm] 이하로 규정하는 여파잡음이 있으며 그 외에 다음과 같은 잡음이 존재한다.

  ㉠ 표본화 잡음 : 표본화 주파수의 1/2보다 높은 주파수 성분이 송신 여파기의 억압 불충분으로 남았을 경우 이것이 표본화 주파수에 의해서 귀환되어 출력에 나타나는 잡음이다(여파 잡음에 비해서 20[dB] 정도 억압되므로 신호대 표본화 잡음비가 50[dB] 이상이 된다).

  ㉡ 양자화 잡음 및 과부하 잡음 : 양자화 스텝의 크기는 단계적 입력 특성으로 이루어지고 출력은 양자화 특성에 의해서 사사오입이 되므로 원파형과 오차가 생겨서 나타나는 양자화 잡음과 음성 신호가 피크 제한 레벨이라도 피크는 Clipping 현상을 받아서 잡음이 발생하는 과부하 잡음을 말하며, 이외에도 잡음, 누화 등의 펄스의 유무를 잘못 판정함으로써 발생되는 부호 에러 잡음 등이 있다.

  ㉢ 지터(Jitter) 잡음 : PCM 전송로에서 외부 신호의 방해에 의해서 타이밍 편차가 야기되어 발생되는 잡음 또는 중계기회로에서 부호 간의 간섭, 진폭위상의 변환 동조회로의 이탈(타이밍회로의 동조가 부정확하여 발생) 등으로 펄스열에 시간적인 변동이 생겨서 발생하는 잡음으로 지터 잡음을 타이밍 편차라고도 한다.

♣ 표 2-5 PCM에서 이용되는 품질 평가 용어 ♣

Wonder	PCM의 구성에서 중계기 그리고 케이블 등과 같은 전송매체상의 전송지연의 변화 또는 온도 변화에 따른 지연편차나 발진기의 위상편차 등에 의해 발생하는 지터	
slip	외부 동기용 신호와 내부 동기용 신호의 차이에 의해 펄스 중 일부가 유실되는 현상을 말한다.	
위상지터	전송 신호 중에서 주파수에 의해 위상변조나 주파수변조에서 수신파형이 표본점 전후에서 위상이 흔들리는 현상 이와 같은 위상지터는 S/N을 감소시킨다.	
위상내	전파속도의 차이에 의해 발생하는 현상	
위상도약	위상의 변화가 급하게 변화를 보이는데서 발생	
순단	수신신호의 레벨이 짧은 시간내에 매우 큰 폭으로 감소하는 현상	
지터 (Jitter)	시스템 지터	디지털 중계기에서 이용되는 디지털 데이터의 패턴의 상관기에서 발생하는 지터
	Random 지터	정보 전송된 신호와는 무관하게 중계기에서 발생하는 불특정한 지터
	Residual 지터	고속의 MUX나 DEMUX에서 저속의 출력단에 발생하는 지터
	Alignment 지터	PCM 구성의 각 단에서 입력펄스 신호와 타이밍 펄스의 편차에 의한 지터
	Accumulated 지터	PCM 구성에서 중계기 양단에서 지터의 합에 의해 발생하는 지터

⑦ PCM-24(북미)방식(T1방식)

① 표본화 주파수 $(f_s) = 2f_m = 2 \times 4\,[\text{kHz}]$

② 표본화 주기 $(T) = \dfrac{1}{f_s} = \dfrac{1}{8000} = 125\,[\mu s]$: 표본화 간격 $(1\,frame)$

③ 1 통화로[ch]당 주기 $= \dfrac{125\,[\mu s]}{24ch} = 5.2\,[\mu s]$

④ 1 펄스당 점유시간 $(1\,time\,slot) = \dfrac{5.2\,[\mu s]}{8단위} = 0.65\,[\mu s]$

⑤ **1 프레임에 수용되는 펄스의 수** … 8자리×24[ch]+동기용 = 193개 여기서 1 bit는 동기용으로 이용된다.

⑥ **부호 펄스의 주파수**(클록 주파수) … 193×8000[Hz] = 1.544[MHz], 따라서 FDM의 경우와 비교하면 100 ~ 120[kHz]이므로 TDM 경우보다 13배 정도 넓게 됨을 알 수 있다.

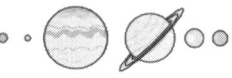

♣ 표 2-6 PCM-24(북미)방식과 PCM-32(유럽)방식의 비교 ♣

구분 \ 방식	유럽방식		북미방식	
클록 주파수	$256[\text{bit}] \times 8[\text{KHz}] = 2.048[\text{Mb/s}]$		$193[\text{bit}] \times 8[\text{KHz}] = 1.544[\text{Mb/s}]$	
프레임 당 bit 수	$32[\text{ch}] \times 8[\text{bit}] = 256$		$24[\text{ch}] \times 8[\text{bit}] + 1\text{Framing}[\text{bit}] = 193$	
표본화 주파수(Sampling Rate)	$8[\text{KHz}]$		$8[\text{KHz}]$	
프레임당 Channel 수 / 음성전송용 ch수	32	30	24	24
프레임당 Channel 수 / 신호용 ch수		1(16번 Time Slot)		0
프레임당 Channel 수 / 동기용 ch수		1(0번 Time Slot)		0
Time Slot	$3.9[\mu s]$		$5.2[\mu s]$	
Multi-frame / Frame 수	16		12	
Multi-frame / 주기	$125[\mu s] \times 16 = 2[\text{ms}]$		$125[\mu s] \times 12 = 1.5[\text{ms}]$	
Companding(Encoding) Law	A-Law A = 87.6		μ-Law μ = 255	
데이터 전송 속도	$64[\text{kb/s}]$		$56[\text{kb/s}]$	
bit/sample	8		8	

4 PCM 변조방식

① DPCM(Differential PCM : 차동펄스 부호변조)

① 음성 신호의 특성 가운데 상관성(correlation)이 큰 것을 이용하여 이전의 표본값을 기준으로 입력될 신호를 예측하고 예측한 표본값과 실제의 표본값과의 오차를 부호화하므로 정보량이 감소된다. 따라서 DPCM방식은 정보량의 압축이 가능하기 때문에 신호 대 양자화 잡음비(S/N_q)는 델타변조(DM)경우보다 $2^N - 1$ 배만큼 개선되며, 전송 정보량 감소로 인해 전송속도를 향상시킬 수 있다.

② **DPCM의 특징**
　　㉠ 가장 우수한 S/N비를 갖는다.
　　㉡ PCM에 비해 과잉의 양자화를 생성하므로 비효율적이다.
　　㉢ PCM보다 양자화 레벨수가 낮으며, 전송하고자 하는 정보량이 감소한다.
　　㉣ 비트 오율은 PCM보다 크다.

PCM 파형

차분값 파형

DCPM 송신기

DCPM 수신기

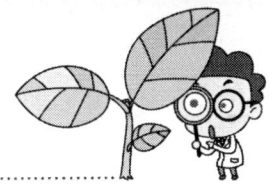

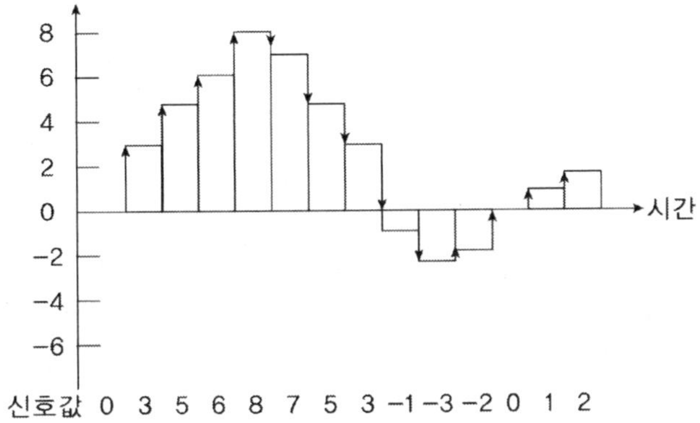

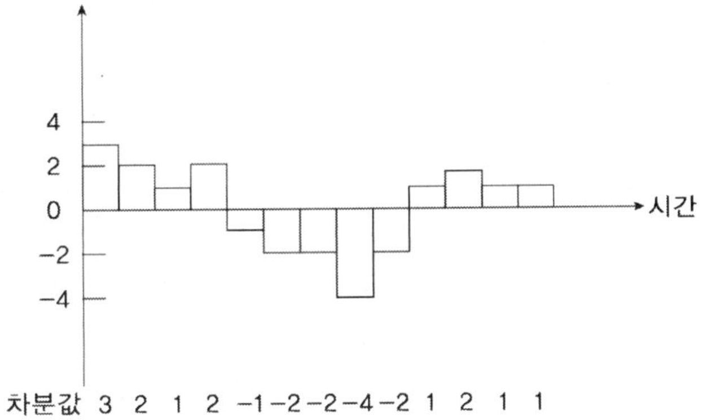

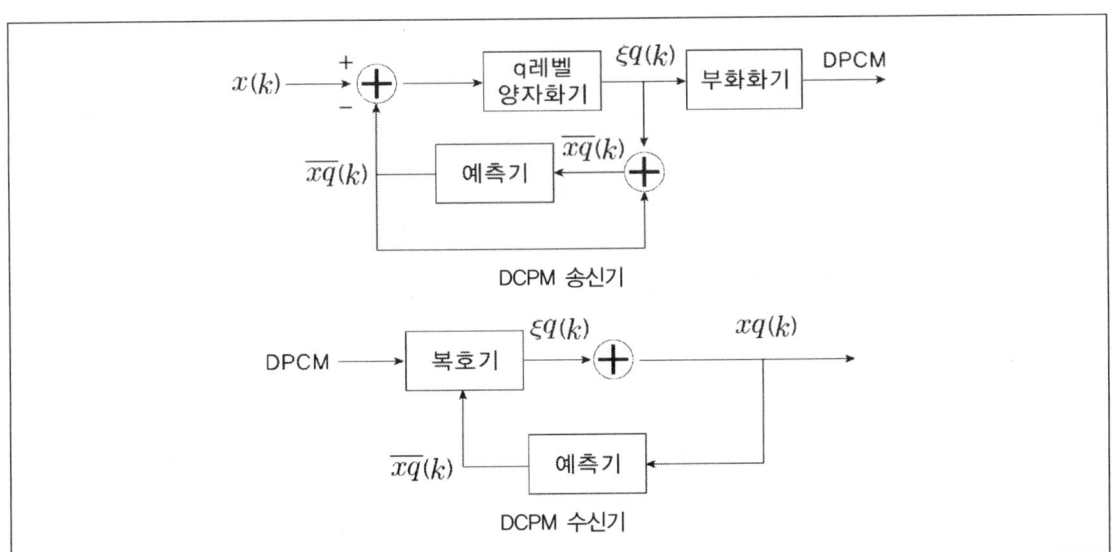

② DM(Delta Modulation : 델타변조)

① 표본화 주파수가 Nyquist 주파수보다 어느 정도 높은 경우 현재의 표본치와 예측치와의 차(차동신호가 +이면, "1"로 부호화하고, ─이면 "0"으로 부호화)를 1bit로 하여 전송하는 DPCM의 특별한 경우의 변조방식이다. 즉, 표본화순간의 값을 바로 직전의 표본화 순간의 값과 비교해서 변조하는 방식을 말한다.

② 델타변조기에 대한 파형을 고려하면 아날로그 파형이 급격하게 변화하는 경우 그 변화를 추적할 수 없을 때 경사 과부하 잡음(slope over load noise)이 발생하고 반대로 완만하게 변화할 경우 (그래뉴러) Granular 잡음이 발생한다.

③ DM의 특징
　　㉠ 정보량이 적고 회로 구성이 간단하여 신뢰성이 높으며 표본화 주파수는 Nyquist Rate의 1 ~ 4배이다(대역폭이 크다).

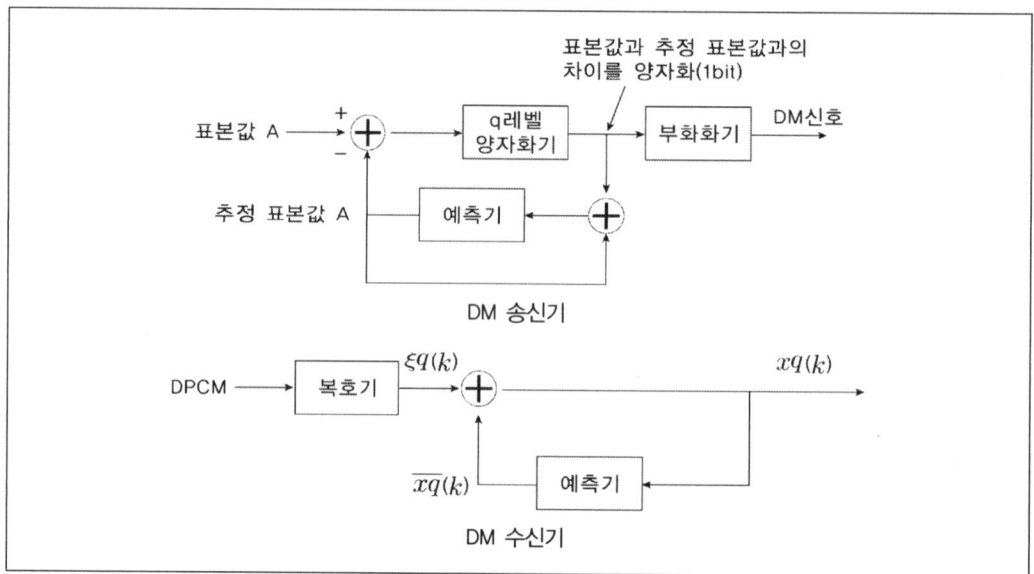

　　㉡ 채널상의 전송 임펄스 에러에 강하다.
　　㉢ 표본화 주파수를 2배로 증가시키면 S/Nq이 9[dB] 개선된다.
　　㉣ 업 다운 카운터(up-down counter)가 필요하다.
　　㉤ 대역폭의 보존은 DM의 경우가 더 우수하다.

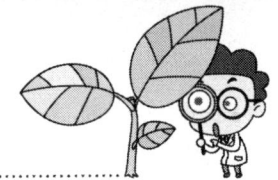

③ ADM(Adaptive Delta Modulation : 적응 델타변조)

양자화기의 스텝크기를 입력 신호에 따라 적응시키는 즉 입력 신호의 기울기가 급격하게 변화하면 양자화 계단의 크기를 증가시켜 Slope Overload 잡음을 감소시키고, 입력 신호가 완만하게 변화할 경우 양자화 계단의 크기를 감소시켜 Granular 잡음을 감소시키는 변조 방식이다.

① **CVSD**(Continuously Variable Delta Modulation) ⋯ 음절압신방법은 양자화기의 스텝크기를 입력 신호의 진폭변화에 따라 천천히 변화 시키는 방법으로 많이 이용한다.

② **CFDM**(Constant Factor Delta Modulation) ⋯ 순시적 압신방법으로 매 표본시간마다 순간적으로 압신하는 방법을 말한다.

③ **HCDM**(Hybrid Commanding Delta Modulation) ⋯ 혼합압신방식으로 CVSD와 CFDM을 적합하게 혼합한 방식을 말한다.

♟ 표 2-7 DM에서 발생하는 잡음 형태 ♟

형태	내용
구배과부하 잡음	입력 신호의 기울기 $> \dfrac{\triangle}{T}$ (계단의 기울기) (즉, $\triangle$를 작게 하면 구배과부하의 원인이 된다.)
양자화 잡음(granular)	입력 신호의 기울기 $< \dfrac{\triangle}{T}$

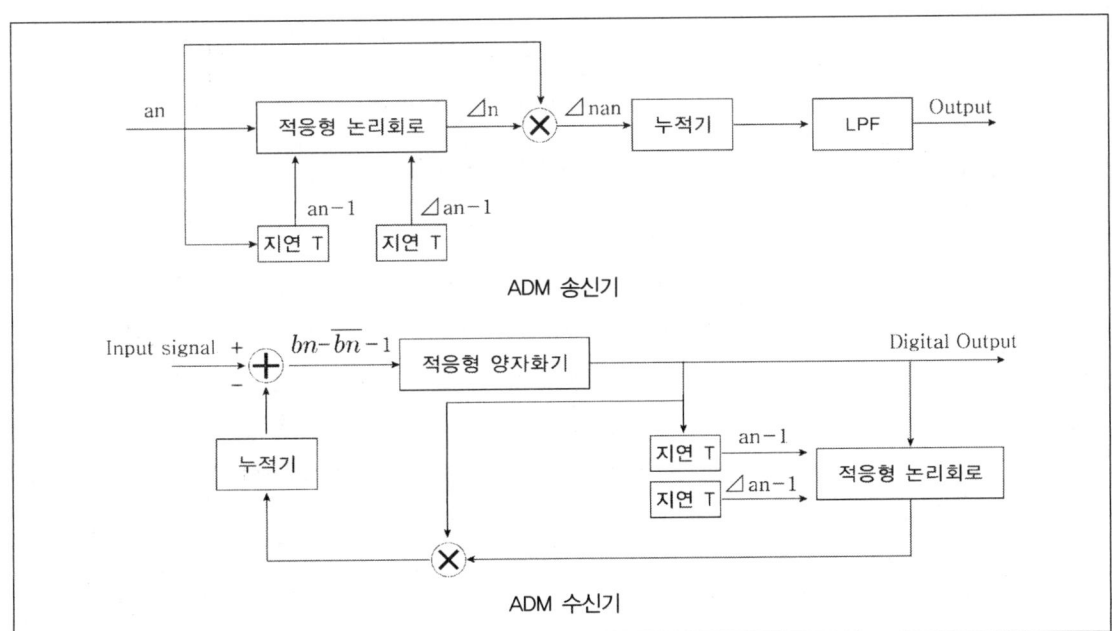

ADM 송신기

ADM 수신기

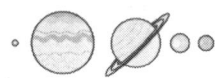

④ ADPCM(Adaptive Differential Pulse Code Modulation : 적응 차분펄스부호변조)

① ADM 방식은 양자화기의 스텝 크기를 적응적으로 변화시키는 적응 양자화 방법을 사용하고 있으며, ADPCM에서는 예측기를 사용한 예측 부호화 방법을 사용하므로 이들의 기본적인 개념을 조합하여 적응 양자화와 적응 부호화 개념을 동시에 사용하는 부호화방식을 적응 차분 펄스변조라고 한다.

② ADPCM의 특징

ㄱ 시스템 구현은 복잡하지만 파형부호화의 효율이 매우 높은 방식이다.

ㄴ ADPCM은 전송속도가 32[kbps]이지만 64[kbps] 속도를 갖는 PCM방식보다 2배 정도의 운반이 가능하다.

♟ 표 2-8 ADM과 ADPCM의 특성 비교 ♟

	ADPCM	ADM
표본화 주파수	8[KHz]	Nyquist rate의 2 ~ 4배(16 ~ 32[KHz])
PCM 단어	4[bit]	1[bit]
양자화 계단수	16	2
전송속도	32[kbps]	16[kbps], 32[kbps]
시스템 구성	복잡하다.	간단하다.
적용분야	군사용, 이동통신, 특수분야	일반 공중통신용
S/N비	35[kbps] 이상에서 양호	5[kbps] 이하에서 2, 3[dB] 양호

♟ 표 2-9 음성 부호화방식의 비교 ♟

부호화방식	샘플당 비트수	샘플링 레이트, [KHz]	비트 레이트, [kbps]
PCM	7 ~ 8	8	56 ~ 64
DPCM	4 ~ 6	8	32 ~ 48
ADPCM	3 ~ 4	8	24 ~ 32
DM	1	64 ~ 128	64 ~ 128
ADM	1	48 ~ 64	48 ~ 64
LPC	≈80	0.04 ~ 0.1	3 ~ 8

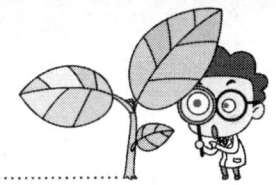

5 재생 중계기의 3R 기능 및 동기방식

① 펄스 재생 중계기의 구성

PCM 전송에서 전송 펄스는 펄스의 유무 또는, 정부(正負) 신호의 조합으로 전송로로 송출되며, 전송로 상에서 왜곡, 잡음 등에 의해 열화를 받게 된다. 따라서 파형이 심한 왜곡을 받기 전에 일정한 간격으로 중계기를 설치하여 펄스 파형을 정형화함으로써, 최초에 송출된 펄스와 같은 파형을 손상시키지 않고 전송할 수 있는 기능을 필요로 한다.

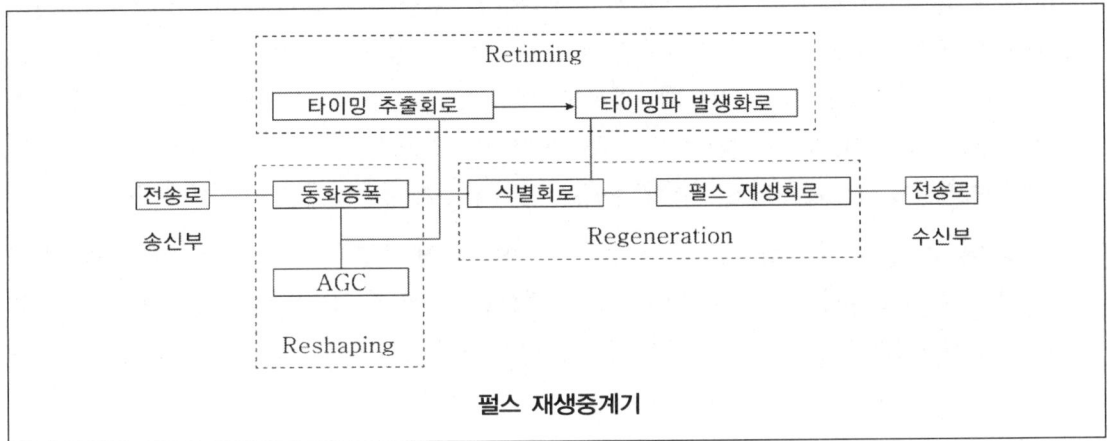

펄스 재생중계기

② 재생(3R) 기능

① **파형 재생**(Reshaping) ··· 잡음과 감쇠에 문제로 왜곡된 파형을 다시 재생시켜주는 기능

② **식별 재생**(Regeneration) ··· 송신된 Digital Pulse 신호를 식별하여 송신 신호와 같은 크기로 증폭하여 재생하는 기능

③ **타이밍 재생**(Retiming) ··· 디지털 신호로부터 clock을 추출한 후 다시 타이밍 파를 만들어 신호의 위상을 재생하는 위상재생, 신호의 동기가 맞지 않으면 타이밍이 맞지 않게 되고 이런 현상이 누적되면 펄스열의 왜곡으로 타이밍회로의 동조가 부정확하여 위상의 흐트러짐이 생겨 잡음이 발생하며 이를 타이밍 편차(Jitter잡음)라 한다.

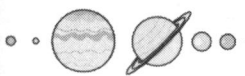

③ 동기방식(Synchronization)

0과 1을 이용하는 펄스통신방식에서는 시간축에서 정보를 일정한 주기로 배열하여 전송하기 때문에 수신측에서는 송신정보를 정확하게 수신하기 위해서는 어느 시간에 신호의 시점이 도착되었는가를 알아야 한다. 이와 같이 송수신 간에 전송 신호의 시간(펄스 주기 또는 펄스 주파수)을 일치시키는 동작을 동기방식이라고 한다. 즉, 송신측과 수신측 클록 신호의 위상차가 일정한 범위 내에 유지되도록 항상 제어하는 것을 동기라 한다. TDM에서 전체 채널이 한번씩 표본화되는데 소요되는 기간을 frame이라 하며, 전화망에서 사용되는 PCM의 경우 표본화 간격이 125[μsec]이므로 frame은 125[μsec]가 된다.

① **프레임 동기방식** … 송단에서 CH1이 전송로에 접속되어 있을 때, 수단에도 CH1이 연결되도록 1프레임의 끝에 동기용 펄스를 넣어 두는 방식으로, 이 동기용 1프레임의 시작과 종료를 맞추는 것이 프레임 동기이다. PCM−24 채널방식에서의 1프레임은 8bit×24CH = 192비트에 동기용 비트 1개를 추가하여 총 193개의 비트로 구성된다. 즉, TDM은 송수신기간의 클록동기가 정확하게 유지되어야 하므로 프레임 사이에 동기용 펄스를 추가하여 프레임 동기를 유지시킨다.

② **비트 동기방식**(digit 또는 clock 동기) … 입력 신호에서 빼낸 기본 주파수 성분의 주파수와 위상을 기준으로 하고 적당한 시간 위치에서 클록 펄스를 발생시켜, 송신단국과 중계전송로 및 수신단국의 정보처리에 있어서 속도와 위상을 일치시키는 방식이다.

④ 동기방식의 종류

① **독립동기방식** … 각 국에 정도가 높은 발진기를 설치하여 각국 고유의 클록에 동기시키는 방식으로 각 국의 클록 주파수가 일치하지 않기 때문에 일치하지 않는 주파수차를 허용하는 동기방식이다. 즉, 주파수차에 따른 slip을 허용해야하는 동기방식을 말한다.

② **상호동기방식** … 각 국에 발진기를 설치하고 이것들의 상호작용에 따라 각 상호 간의 클록을 동기시키는 방식을 말한다. 즉, 각 국이 자국으로 들어오는 모든 TDM 신호에서 클록 주파수를 추출하여 자국의 가변 주파수 발진기를 제어하며 망 내에 존재하는 각 국의 발진 주파수를 동기시키는 방식을 말한다. 상호동기방식은 slip이 발생하지 않는 장점은 있지만, 망 전체가 제어 루프를 구성하기 때문에 통신로가 불안정하다.

③ **종속동기방식** … 특정의 국을 주국으로 하고 그 곳을 망의 동일 클록원으로 정한 후, 고정도 발진기를 설치하여, 그 클록을 디지털 전송회선에 의해 전국의 종속국에 분배하여 동기시키는 방식을 말한다.

통신망 동기의 형태

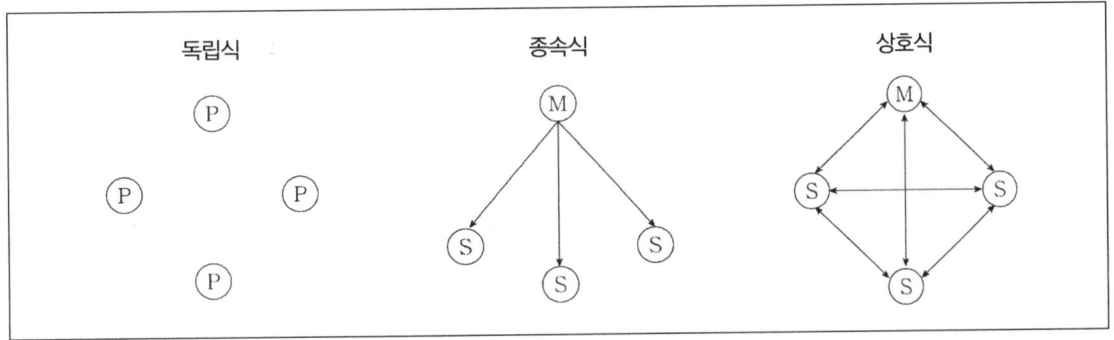

6 다중화(MUX, Multiplexer)

다중화란 많은 양의 데이터를 하나의 채널에 전송하고 이것을 수신측에서 원래의 형태로 나누어주는 것을 말한다.

① TDM(Time Division Multiplexing : 시분할 다중화)

한 개의 전송로에 여러 가입자의 신호를 동시에 전송 가능하도록 다중화를 취하는 방법으로 수용하고자 하는 가입자들에게 서로 다른 시간에 전송토록 함으로써 하나의 고속 전송로를 공유하는 방식으로 엄격한 의미에서 동시 전송보다는 짧은 시간내의 순간적인 전송이 일어난다.

① 한 전송로를 일정한 시간폭으로 나누어 사용한다.

② 신호들을 겹치지 않게 하기 위해서는 표본화 속도가 커야 한다.

③ 비트삽입식과 문자 삽입식이 있다.

④ 송수신 간의 동기를 맞추는 동기방식을 필요로 한다.

⑤ 통신망 형태를 PTP(point-to-point) 시스템에 사용한다.

⑥ 장거리 전화통신에 이용한다.

♟ 시분할 다중화 ♟

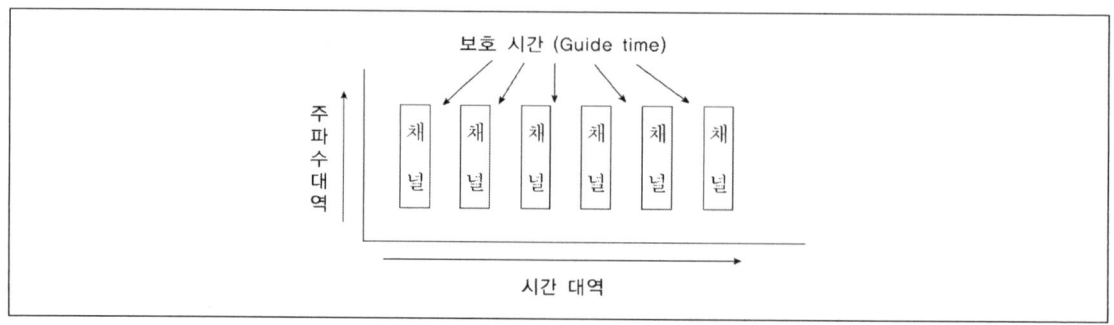

② **FDM(Frequency Division Multiplexing : 주파수 분할 다중화)**

음성 등의 연속적인 신호를 전송하는 경우 한 개의 전송로에 여러 가입자의 신호를 동시에 전송 가능토록 다중화를 취하는 방법으로 수용하고자 하는 가입자들에게 각기 상이한 주파수 대역을 할당하여 한 개의 광대역 전송로에 전송하는 방식이다.

FDM은 전송하려는 신호의 필요 대역폭보다 전송매체의 유효 대역이 클 경우에 사용한다. 또한 FDM에서는 전송에 필요한 통신망 형태는 Multipoint 방법을 이용하여 polling/selection을 이용하여 송수신 한다.

♟ 주파수 분할 다중화 ♟

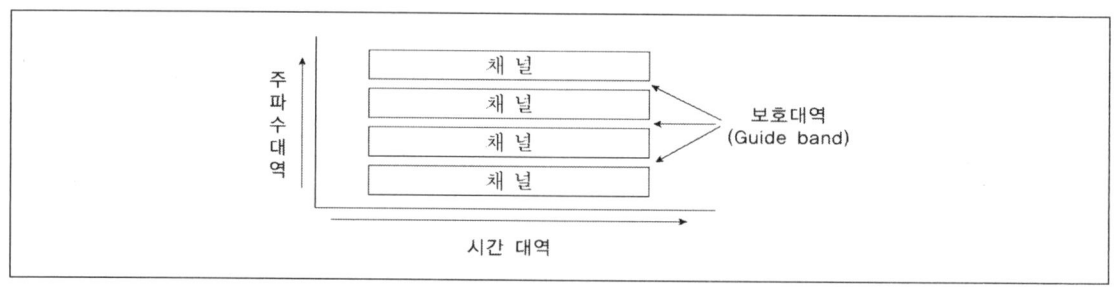

♟ 표 2-10 TDM과 FDM의 비교 ♟

TDM	FDM
• 지연의곡 및 누화가 작다.	• 간섭파의 영향에 강하다(누화가 많다).
• 통화회선이 적을 때 경제적이다.	• 광대역 전송이 가능하다.
• 통신속도가 높다.	• 초다중 신호의 전송에 적합하다.
• 통화로당 점유주파수 대역폭이 넓다.	• Fading에 의해 통화신호 레벨은 변동하지 않는다.
• 기존유선망과 간단히 접속할 수 없다.	• 다중화 되는 채널수에 비례하여 전송매체의 대역폭이
• 통화로의 구성 단가가 싸다.	증가한다.
• 동기가 필요하다.	• 동기가 필요 없다.

변조

출제예상문제

1 다음 중 디지털 변조가 아닌 것은?

① ASK
② FSK
③ FM
④ PSK

✎NOTE| 디지털 변조의 종류
㉠ ASK(진폭 편이 변조) : 디지털 신호의 정보에 따라 반송파의 진폭을 변화시키는 방식이다.
㉡ FSK(주파수 편이 변조) : 디지털 신호의 정보에 따라 반송파의 주파수를 변화시키는 방식이다.
㉢ PSK(위상 편이 변조) : 디지털 신호의 정보에 따라 반송파의 위상을 변화시키는 방식이다.
㉣ QAM(직교 진폭 변조) : 디지털 신호의 정보에 따라 반송파의 진폭과 위상을 동시에 변화시키는 방식이다.

2 변조를 하지 않고 가청 주파 신호를 그대로 전송할 경우 발생할 수 있는 문제점으로 옳지 않은 것은?

① 통신용량 중 일부만 사용하므로 비효율적이다.
② 가청 주파수 범위와 동일하므로 혼신이 심하다.
③ 장비의 사용제한을 극복할 수 없다.
④ 회절 현상이 없다.

✎NOTE| 변조의 효과
㉠ 잡음, 간섭의 감소로 전송 품질 및 효율이 향상된다.
㉡ 안테나에서의 복사가 용이하고 다중 통신이 가능하게 된다.
㉢ 안테나 길이가 축소되고 회로소자의 단순화 및 시스템이 소형화된다.

ANSWER | 1.③ 2.④

3 다음 중 비교적 구현이 간단하고 장거리 송신 신호의 전송에 가장 적합한 것은?

① ASK ② FSK

③ PSK ④ QAM

>✏️**NOTE**| FSK(Frequency Shift Keying) ⋯ 디지털 신호의 내용에 따라 반송파의 주파수를 변환시키는 디지털 변조의 한 방식으로 잡음에 강하고 구현이 용이하며 비교적 원거리 전송에 사용한다.

4 반송파 f_c와 신호파 f_s인 주신호를 링 변조시켰을 때 출력 주파수 성분은?

① $f_c \pm f_s$ ② $f_c + f_s$

③ $f_c - f_s$ ④ $2(f_c + f_s)$

>✏️**NOTE**| 링 변조 회로 ⋯ 피변조파 대에서 반송파를 제거하고 상측파대와 하측파대만을 얻는 회로이며, 평활 변조 회로라고도 한다. 단측파 통신에 이용하며 필터 회로를 필요로 한다.
> • $f_c + f_s$: 상측파대 성분
> • $f_c - f_s$: 하측파대 성분

5 신호파 $x(t) = A_m \cos \omega_c t$ 를 반송파 $x_c(t) = A_c \cos \omega_c t$ 를 이용해서 변조하는 경우 $A_m = A_c$일 때 변조 지수로 옳은 것은?

① 0 ② 0.1

③ 0.5 ④ 1

>✏️**NOTE**| AM파의 변조지수 ⋯ 변조지수(m)는 정현파의 진폭과 반송파의 진폭에 대한 비를 나타내는 것으로 $m = \dfrac{\text{신호파의 진폭}}{\text{반송파의 진폭}}$로 나타난다.
> ④ $A_m = A_c$이면 $m = 1$이 되므로 완전 변조 또는 100% 변조라고 한다.

ANSWER | 3.② 4.① 5.④

6 변조도가 40[%]인 진폭 변조 송신기가 있다. 반송파의 평균전력이 500[mW]일때 변조된 출력의 평균 전력은?

① 320

② 480

③ 540

④ 620

NOTE| $P_m = P_c\left(1 + \dfrac{m^2}{2}\right) = 500\left(1 + \dfrac{0.4^2}{2}\right) = 540[mW]$

7 다음 중 표본화 방식으로 옳지 않은 것은?

① Constantaneous sampling

② Instantaneous sampling

③ Flat−top sampling

④ Natural sampling

NOTE| 표본화에 이용되는 회로
ㄱ 순시 표본화(Instantaneous sampling)
ㄴ 자연 표본화(Natural sampling)
ㄷ 평탄 표본화(Flat−top sampling)

8 진폭 변조에서 대신호 검파와 관계없는 검파기는?

① 평균 검파

② 포락선 검파

③ 선형 검파

④ 제곱 검파

NOTE| 제곱 복조 회로(제곱 검파 회로)
ㄱ 비직선 소자의 제곱 특성을 이용한 복조 방식이다.
ㄴ 직선 검파기에 비해 검파능률이 낮고 일그러짐도 크기 때문에 특수한 경우에만 사용한다.

9 정현파의 $v(t) = 500\sin 600t$ 일 때 첨두 값은?

① 100

② 300

③ 500

④ 1,500

NOTE| 첨두 값은 최댓값으로 500sin 이므로 500이다.

ANSWER | 6.③ 7.① 8.④ 9.③

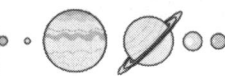

10 변조도가 40[%]인 진폭 변조 송신기가 있다. 반송파의 평균전력이 500[mW]일때 변조된 출력의 평균 전력은?

① 320

② 480

③ 540

④ 620

✎NOTE | $P_m = P_c\left(1 + \dfrac{m^2}{2}\right) = 500\left(1 + \dfrac{0.4^2}{2}\right) = 540[mW]$

11 아날로그 신호를 표본화하는 경우 결과로 얻을 수 있는 파형으로 옳은 것은?

① PWM

② PTM

③ PAM

④ PCM

✎NOTE | PAM(Pulse Amplitude Modulation, 펄스 진폭 변조) … 펄스열의 폭과 간격은 일정하게 하고 진폭의 크기만 변조 신호의 표본값에 의해 변조하게 되는 방식을 말한다.

12 주파수 변조 방식 중 간접 주파수 변조로 볼 수 없는 것은?

① 반사형 클라이스트론 관에 의한 방법

② 벡터 합성에 의한 방법

③ 이상법에 의한 방법

④ 펄스 위상 변조를 하는 방법

✎NOTE | 간접 FM 변조 방식 … 위상 변조에 의해 간접적으로 FM파를 만드는 방식으로 암스트롱 방식 (Vector 합성법), 세라소이드 방식(펄스 위치 변조)이 있다.

13 다음 중 양자화를 행하지 않는 것은?

① DPCM

② PCM

③ PPM

④ DM

✎NOTE | 양자화를 행하는 변조 방식 … DPCM(Differential PCM), PCM(Pulse Code Modulation), DM(Delta Modulation), ADM(Adaptive Delta Modulation) 등

ANSWER | 10.③ 11.③ 12.① 13.③

14 다음 중 디지털 신호를 전송하는 다중화는?

① FDM
② TDM
③ WDM
④ PAM

✎NOTE| TDM방식 … 시분할 다중화라고 하며, 디지털 방식인 전기적 신호를 사용하여 1매체당 1사람씩 1타이밍으로 배정하여 여러 사용자가 동시에 사용이 가능하도록 시간을 배분하여 전송하는 방식이다.

15 진폭 변조에서 100% 변조도일 때 상하측파대가 점유하고 있는 전력은?

① 1
② $\frac{1}{2}$
③ $\frac{1}{3}$
④ $\frac{2}{3}$

✎NOTE| 100[%] 변조일 때 반송파가 점하는 전력은 전 전력의 2/3이며 나머지 1/3전력이 상하측파대가 점유하고 있는 전력이다.

16 다중화에 대한 특징 중 TDM과 관련된 내용으로 볼 수 없는 것은?

① PTP
② 비트 삽입식
③ 보호대역
④ 문자 삽입식

✎NOTE| 보호대역은 FDM의 가드밴드를 말한다.

17 다음 중 아날로그 신호를 디지털 신호로 전송하기 위해 필요로 하는 필수적 과정에 해당하지 않는 것은?

① 표본화
② 양자화
③ 부호화
④ 정보화

✎NOTE| PCM 과정 … 음성→표본화→양자화→부호화→복호화

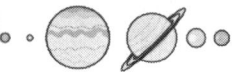

18 다음 중 변조에 대한 설명으로 옳지 않은 것은?

① 장거리 전송을 하기 위해서 변조를 수행한다.

② 시분할 다중 통신을 행하기 위해 필요하다.

③ 변조 신호에 따라 반송파의 진폭, 주파수 및 위상을 변화시켜 전송하는 것이다.

④ 변조 신호의 스펙트럼을 높은 쪽으로 옮기는 조작을 의미한다.

> **NOTE** | 변조의 목적
> ㉠ 장거리 전송을 위해 실시한다.
> ㉡ 주파수 분할 다중화를 위해 실시한다.
> ㉢ 안테나 제작 문제 해결을 위해 실시한다.
> ㉣ 간섭에 대한 면역성 증가를 위해 실시한다.

19 정보 신호 4비트를 이용해서 양자화하는 경우 양자화 스텝의 수로 옳은 것은?

① 8

② 16

③ 32

④ 64

> **NOTE** | 2진 부호 x의 양자화는 2^x로 나타내므로 4비트를 대입하면 $2^4 = 16$

20 8비트 PCM 신호를 24채널로 다중화시켰을 때 펄스 반복 주파수로 옳은 것은?

① 1.544MHz

② 2.544MHz

③ 1.544GHz

④ 2.544GHz

> **NOTE** | 한 프레임당 총 비트수 = 193개(24채널×8비트 + 프레임 동기 비트 1비트)×8kHz(표본화 주파수)이므로 1,544kHz = 1.544MHz이다.

21 유럽 방식의 32채널 PCM에 대한 설명으로 옳지 않은 것은?

① 압신특성은 $u = 255$, 15절선식이다.

② 전송속도는 2.048Mbps이다.

③ 다중화 프레임수는 12이다.

④ 프레임당 비트수는 256이다.

✎NOTE│ 유럽 방식(CEDT 방식) : 2,048Mbps의 전송로에 30개 채널의 신호를 다중화하는 방식이며 총 비트수 256개(32채널×8비트)이고, 다중화 프레임수는 16개이다.

22 다음 중 양자화 잡음을 나타내는 변조 방식으로 옳지 않은 것은?

① PCM
② ADPCM
③ SSB
④ DM

✎NOTE│ 양자화 잡음은 PCM, DPCM, DM, ADM, ADPCM 등과 같이 양자화를 사용하는 변조 방식에서만 나타난다.

23 양자화 비트수를 한 개씩 증가시키는 경우 신호대 잡음비의 결과로 옳은 것은?

① 2dB 개선된다.
② 4dB 개선된다.
③ 6dB 개선된다
④ 8dB 개선된다.

✎NOTE│ 1비트 증가할 때마다 신호대 잡음비는 6dB만큼 개선된다.
$$\frac{S}{N_q} = 10\log_{10}\frac{S}{N_q} = \frac{3}{2}(2^n)^2 = 6N + 1.8\text{dB} \ (n : \text{정보 비트수})$$

ANSWER│ 21.③ 22.③ 23.③

24 PCM 방식에서 양자화 잡음을 줄이기 위하여 사용하는 장치로 옳은 것은?

① 여파기

② 등화기

③ 압신기

④ 중계기

> NOTE | 압신기 … 전송 시 레벨 범위를 좁게 함으로서 잡음이나 누화를 경감하기 위해 사용한다. 압축기에서는 송신측 출력 신호의 레벨 변화(신호를 비선형 함수로 변형)를 압축하며, 신장기에서는 수신측 입력 신호의 레벨 변화를 신장하여 신호를 본래대로 되돌리는 작용(수신기의 역동작)을 한다.

25 반송파의 진폭 및 위상을 상호변환하여 정보를 싣는 변조 방식으로 옳은 것은?

① QAM

② PSK

③ ASK

④ DM

> NOTE | 변조방식
> ㉠ QAM : 반송파의 진폭 및 위상을 상호 변환하여 정보를 싣는 변조 방식을 말한다.
> ㉡ PSK : 변조 신호에 따라 반송파의 위상을 변화시켜 전송하는 방식이다.
> ㉢ ASK : 변조 신호에 따라 반송파의 진폭을 변화시켜 전송하는 방식이다.
> ㉣ DM : 변조 신호에 따라 표본화 주파수가 Nyquist 주파수보다 높은 경우 표본값과 예측값의 차를 1bit로 변화시켜 전송하는 방식이다.

26 PCM 전송 과정에서 발생하는 지터(jitter)에 대한 설명으로 옳지 않은 것은?

① 갑자기 위상이 단절되는 현상을 말한다.

② 백색잡음이라 불리며 펄스가 흔들리는 현상을 말한다.

③ 타이밍 회로의 동조가 부정확한 것에 의해 발생한다.

④ 일정한 구간마다의 재생 중계기에 의해 제거가 가능하므로 누적되지 않는 잡음이다.

> NOTE | 지터(Jitter) 잡음 … PCM 펄스를 재생 중계하는 경우 전송로의 잡음, 누화, 타이밍 회로의 동조의 부정확성에 의해 타이밍 펄스가 흔들려 재생 PCM 펄스를 올바른 위치에서 벗어나게 해 오부호를 일으키게 하는 잡음 및 시간측상에서 전송펄스를 흔들리게 하는 잡음을 의미하며, 타이밍 잡음이라고도 한다.

ANSWER | 24.③ 25.① 26.④

27 PCM−24 방식에서 PCM 부호 1펄스의 점유시간으로 옳은 것은?

① $0.125\mu s$　　　　　　　　　② $0.32\mu s$

③ $0.57\mu s$　　　　　　　　　④ $0.65\mu s$

> **NOTE** PCM−24의 특성
> ㉠ 1펄스당 점유시간 : $0.65\mu s$
> ㉡ 1채널당 주기 : $5.2\mu s$
> ㉢ 표본화 주기 : $125\mu s$
> ㉣ 1frame당 펄스수 : 193개
> ㉤ 클록 펄스 주파수 : 1.544MHz

28 8진 PSK는 2진 PSK에 비해 오류확률이 몇 배가 되는가?

① 2배　　　　　　　　　② 3배

③ 5배　　　　　　　　　④ 6배

> **NOTE** M진 오류확률$\times \log_2 M$
> 2진 오류확률$\times \log_2 8$ 이므로 3배

29 다음 중 아날로그 신호를 전송하는 다중화에 해당하는 것은?

① FDM　　　　　　　　　② TDM

③ ADM　　　　　　　　　④ DPCM

> **NOTE** FDM … 주파수 분할 다중화라 하며, 각 통화로의 반송파를 각각 변조하여 변조파 중 한쪽 측파대만을 사용하여 일정 간격의 주파수대로 배열하여 신호를 전송하는 방식이다. 주파수를 사용하는 데이터에는 주로 아날로그 방식의 음성 데이터를 사용하므로 아날로그에 적합하다.

03 아날로그 변조

1 아날로그의 진폭변조

✿ 변조구분 ✿

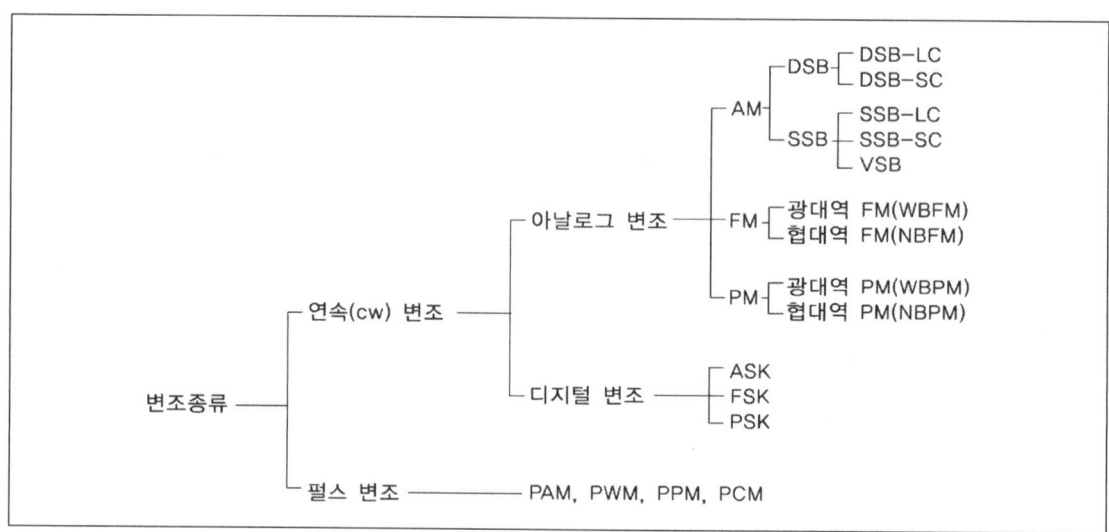

① 반송파의 종류에 따른 변조의 종류

변조는 반송파의 종류에 따라 크게 두 가지로 나눌 수 있다. 그 중에서 첫 번째가 반송파가 단순히 여현파(Cosine wave)인 연속파(Continuous wave ; CV)변조이고, 다른 하나는 반송파가 주기적인 펄스인 펄스변조(Pulse modulation)이다. 펄스변조는 펄스가 구별되는 일정한 시간 간격에만 나타난다는 의미에서 불연속 또는 이산과정(Discrete process)이다. 따라서 펄스변조는 불연속적인 메시지에 적합하다.

① 연속파 변조의 특징

    ㉠ 시간에 따라 계속적으로 변하는 신호에 적합하다.

    ㉡ 정현 반송파는 변조신호에 포함된 어떤 주파수 성분보다, 더 높은 주파수를 사용한다.

    ㉢ 변조과정은 주파수 천이의 특징이 있다. 다시 말해서 메시지 스펙트럼이 새로운 고주파 대역으로 천이가 된다.

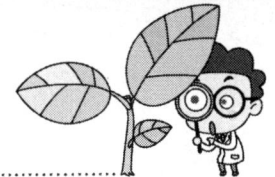

② **연속파 변조의 구분**

　㉠ 아날로그 변조 : 변조가 된 파라미터는 변조신호에 직접 비례한다.

　㉡ 디지털 변조 : 디지털로의 변환은 메시지가 원래 연속적 시간함수라면 인코딩(Encoding ; 부호화)이 되기 전에 표본화(Sampling)와 양자화(Quantization)가 되어 있어야만 한다.

　• 표본화(Sampling) : 연속신호로부터 이산신호를 얻어내는 과정

　• 양자화(Quantization) : 이산신호로부터 디지털 신호로 바꾸는 과정. 아래 그림 (b)의 이산신호에 대하여 Y축(크기축)을 일정한 간격으로 나누고 각 신호점을 가장 근접한 수준(Level : 0, 1, 2, 3, 4, 5, 6)으로 근사화 하면 아래 그림 (c)와 같은 모양을 얻게 된다. 이 신호는 임의의 순시점에 대한 신호의 크기를 정수로 표시할 수 있고, 이와 같은 신호를 디지털신호라고 한다.

　• 2진 코딩 : 아래 그림 (c)와 같이 여러 개의 Level로 이루어지는 디지털 신호를 변환하는 과정을 2진 코딩이라고 하며, 이 2진 코딩과정을 거치게 되면 신호는 오직 "0" 또는 "1"의 두 가지 Level만 갖게 된다.

♟ A/D변환 (표본화, 양자화, 코딩) ♟

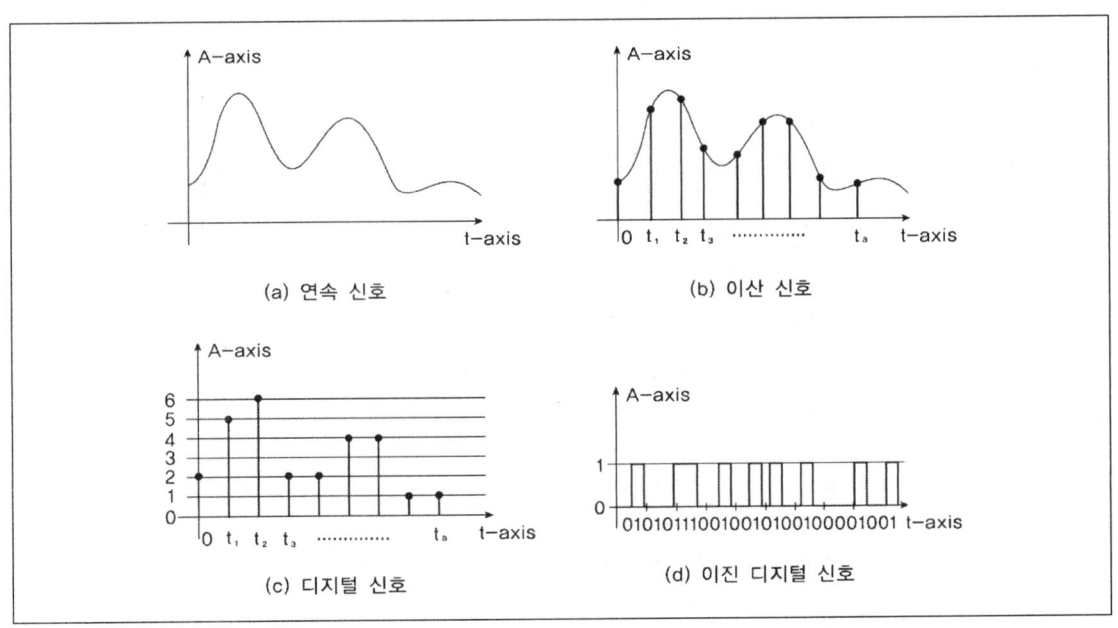

② 반송파를 가진 진폭변조(DSB-LC = DSB-Large Carrier)

① DSB-LC와 시간영역 및 주파수 영역표시

진폭변조란 변조 신호파를 가지고서 반송파의 진폭을 변화시킨 변조방식으로써 AM파 또는 DSB-LC 로 나타낸다. 즉 진폭변조는 보내고자 하는 정보신호(신호파, 변조신호) $s(t) = A_m \cos 2\pi f_m t$ 로서 반송파(Carrier) $c(t) = A_c \cos 2\pi f_c t$의 진폭 A_c을 변화시킨 것으로써 두 개의 곱인 피변조파를 $g_{AM}(t)$또는 $g_{DSB-LC}(t)$라고 한 경우 시간영역에 의한 $g_{DSB-LC}(t)$는 다음과 같다.

$$g_{DSB-LC}(t) = s(t) \cdot c(t) \quad \cdots\cdots\cdots\cdots(3.1)$$

$$= \left[A_c + s(t)\right] \cos 2\pi f_c t$$

※ $s(t)$를 반송파의 진폭 $A_{\{c\}}$에 더해준다는 것은 진폭변조는 정보신호로 반송파의 진폭을 변화시키기 때문이다.

상기의 식에서 $s(t) = A_m \cos 2\pi f_m t = \left[A_c + A_m \cos\right]$를 대입한다.

$$= \left[A_c + A_m \cos 2\pi f_m t\right] \cos 2\pi f_c t$$

$$= A_c \left[1 + \frac{A_m}{A_c} \cos 2\pi f m t\right] \cos 2\pi f c t$$

상기의 식에서 $\dfrac{A_m}{A_c} = m_a$라고 하면 다음과 같이 쓸 수 있다.

$$= A_c \left[1 + m_a \cos 2\pi f_m t\right] \cos 2\pi f_c t \quad \cdots\cdots\cdots\cdots(3.2)$$

상기의 식은 시간 t에 따라서 변하는 정보신호성분(상하측파대 성분)이다.

괄호를 풀어서 정리를 해보자.

$$= A_c \cos 2\pi f_c t + A_c m_a \cos 2\pi f_m t \cdot \cos 2\pi f_c t \quad \cdots\cdots\cdots\cdots(3.3)$$

상기의 식을 다음의 3각함수 공식을 이용하여 정리한다.

$$\cos A \cdot \cos B = \frac{1}{2}\{\cos(A+B) + \cos(A-B)\}$$

$$= A_c \cos 2\pi f_c t + A_c m_a \cos 2\pi f_m t \cdot \frac{1}{2}\{\cos(2\pi f_m t + 2\pi f_c t\} + \cos(2\pi f_m t - 2\pi f_c t)$$

상기식을 정리해 보면

$$= A_c \cos 2\pi f_c t + \frac{A_c m_a}{2} \cos 2\pi (f_c + f_m)t + \frac{A_c m_a}{2} \cos 2\pi (f_c - f_m)t$$

$$\therefore g_{DSB-LC}(t) = A_c \cos 2\pi f_c t + \frac{A_c m_a}{2} \cos 2\pi (f_c + f_m)t + \frac{A_c m_a}{2} \cos 2\pi (f_c - f_m)t \quad \cdots\cdots(3.4)$$

상기의 식 (3.4)에서 반송파 주파수 f_c 보다 변조신호파 f_m 만큼 높기 때문에 (+fm) 상하측파대(USB-upper side band) 라 하며, 또 under-line ③항은 반송파 주파수 f_c 보다 변조신호

파 f_m 만큼 낮기 때문에 $(-f_m)$ 하측파대(LSB −Lower side band) 또는 바로 측파대(정보신호성분)라고 한다.

또 식 (3.4)의 양쪽 성분을 합하여 양측파대 (BSB −Both side band) 또는 바로 측파대(정보신호성분)라고 한다.

또 $ma = \dfrac{Am}{Ac}$ 을 진폭변조의 변조지수(Modulation index)라고 하며, 정보신호 $s(t)$는 변조신호로써 반드시 $|s(t)| \leq A_c$ 가 되도록 하여야 한다.

변조지수 m_a는 반드시 1이하가 되어야 하며, $m_a = 1$ 일 때를 100[%]변조라고 하며, $m_a = 0.5$ 일때는 50[%] 변조라고 한다.

일반적으로 $m_a \leq 1$ 이지만, $m_a > 1$인 경우는 과변조(Over Modulation)라고 한다.

변조지수 m_a의 변화에 따른 파형은 변조지수 m_a의 변화에 따른 파형과 같다.

❥ 변조지수 m_a의 변화에 따른 파형 ❥

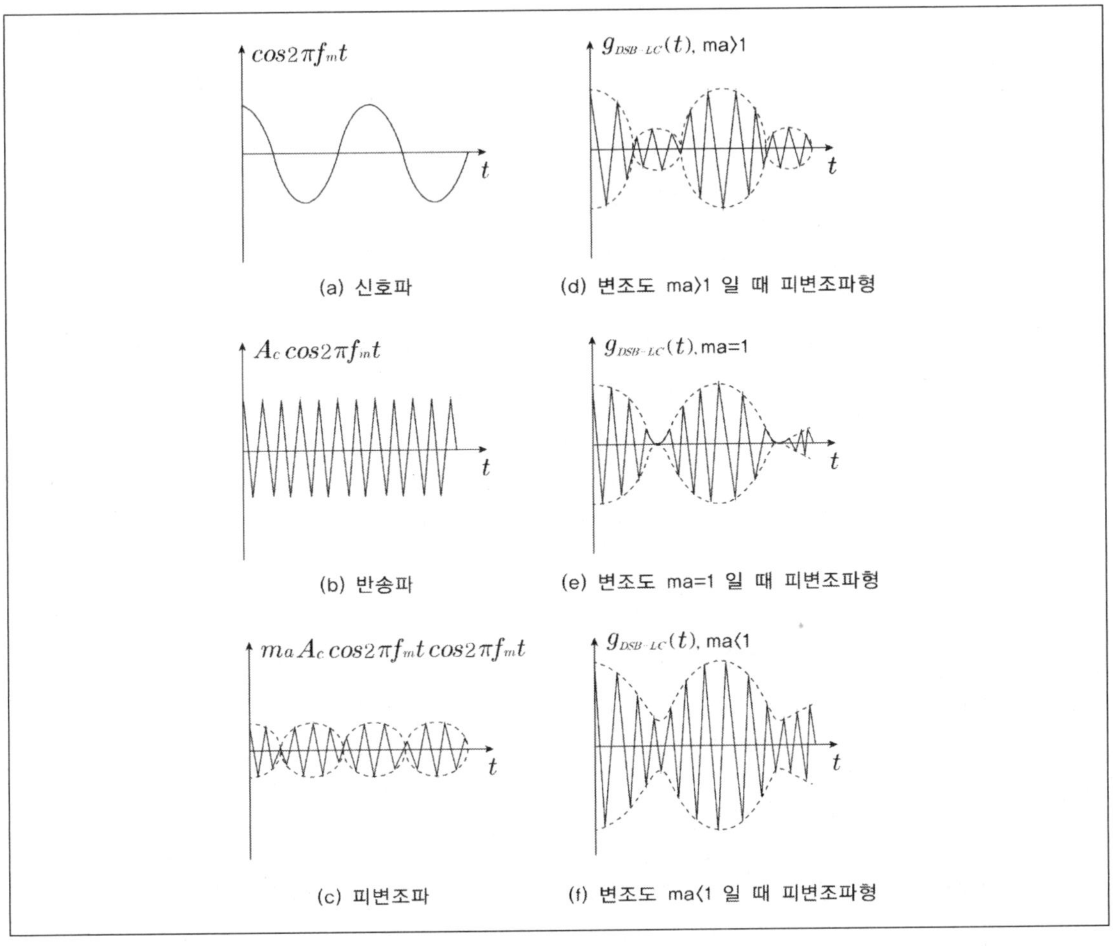

$\cos 2\pi f_m t$	$g_{DSB-LC}(t)$, ma>1
(a) 신호파	(d) 변조도 ma>1 일 때 피변조파형
$A_c \cos 2\pi f_m t$	$g_{DSB-LC}(t)$, ma=1
(b) 반송파	(e) 변조도 ma=1 일 때 피변조파형
$m_a A_c \cos 2\pi f_m t \cos 2\pi f_m t$	$g_{DSB-LC}(t)$, ma<1
(c) 피변조파	(f) 변조도 ma<1 일 때 피변조파형

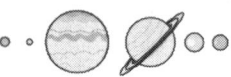

식 (3.4)의 시간영역을 주파수 영영으로 나타내면 아래의 그림과 같이 단일 여현파 주파수 스펙트럼을 얻을 수 있다.

♟ 진폭 변조 피변조파(시간영역)와 주파수 스펙트럼 ♟

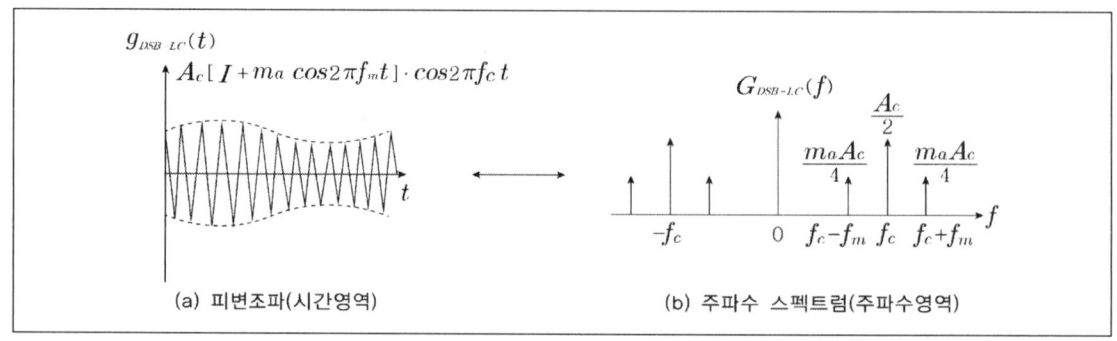

(a) 피변조파(시간영역)

(b) 주파수 스펙트럼(주파수영역)

♟ 일반진폭변조파의 주파수 스펙트럼 ♟

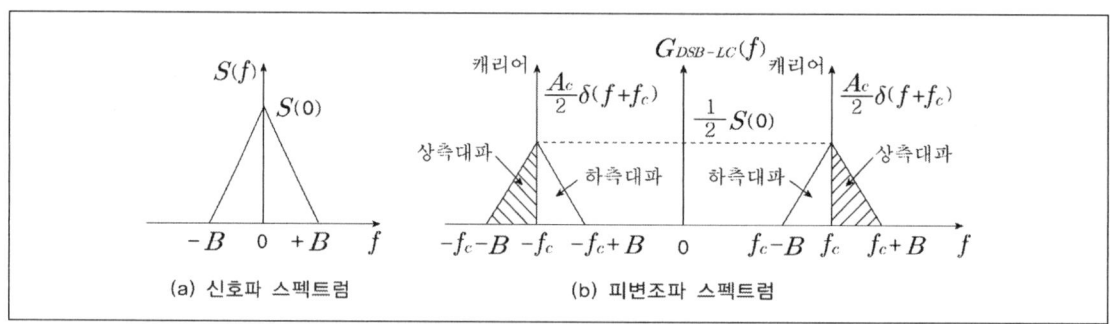

(a) 신호파 스펙트럼

(b) 피변조파 스펙트럼

진폭 변조 피변조파(시간영역)와 주파수 스펙트럼을 일반화 하여 나타내면 그림 반진폭변조파의 주파수 스펙트럼과 같으며, 이것을 Fourier 변환을 하여 주파수 영역 $g_{DSB-LC}(f)$로 나타내면 다음과 같다.

$$g_{DSB-LC}(f) = \frac{A_c}{2}\left[\delta(f-f_c)+\delta(f+f_c)\right]+\frac{A_c}{2}\left[s(f-f_c)+s(f+f_c)\right] \quad \cdots\cdots\cdots\cdots(3.5)$$

즉 식 (3.5)은 식 (3.3)의 단일 여현파의 변조신호를 일반적인 신호 $s(t)$로 대치한 경우에 해당한다.

실제적으로 거의 모든 실용적 응용면 에서는 $f_c \gg f_m$ 이므로 스펙트럼 간의 상호 간섭은 없으며, 대역통과필터(Band pass Filter : BPF)를 사용하면 반송파와 두 개의 측파대(상측파대와 하측파대)로 이루어진 변조파만 전송이 가능하고, 나머지의 주파수 성분은 제거가 된다.

② **DSB-LC의 복사전력 = 송신전력 = 방사전력**

복사전력 P_T는 $P_T = \dfrac{V^2}{R}$ 또는 $I^2 R$ 중에서 $P_T = \dfrac{V^2}{R}[watt]$ 을 택하면 다음과 같다.

$P_T = \dfrac{V^2}{R}[watt]$ 에서 $R = 1[\Omega]$의 단위저항인 경우 P_T는 다음과 같이 된다.

$$P_T = \frac{V^2}{R} = \frac{V^2}{1} = \frac{V^2(t)}{1} = V^2(t)$$

$V^2(t)$가 전압으로써 식 (1.9)과 같다면, 즉 $V^2(t) = g_{AM}(t)$는 다음과 같이 된다.

$$= g_{AM}(t)^2 = A_c^2 + \left(\frac{m_a}{2}A_c\right)^2 + \left(\frac{m_a}{2}A_c\right)^2 = A_c^2 + \frac{m_a^2}{4}A_c^2 + \frac{m_a^2}{4}A_c^2$$

$$= A_c^2\left(1 + \frac{m_a^2}{4} + \frac{m_a^2}{4}\right) = V_c\left(1 + \frac{m_a^2}{2}\right)$$

A_c^2은 반송파 전력 P_c 이므로 다음과 같이 쓸 수 있다.

$$= P_c\left(1 + \frac{m_a^2}{2}\right)$$

$$\therefore P_T = P_c\left(1 + \frac{m_a^2}{2}\right) : \text{반송파와 측파대 전력의 경우} \quad \cdots\cdots\cdots(3.6)$$

$$\therefore P_T = P_c\left(1 + \frac{m_a^2}{4} + \frac{m_a^2}{4}\right) : \text{반송파와 상측파대, 하측파대 전력의 경우} \quad \cdots\cdots\cdots(3.7)$$

$$\therefore \text{변조도 } m_a = \sqrt{2}\sqrt{\frac{P_T}{P_C} - 1} \quad \cdots\cdots\cdots(3.8)$$

③ **반송파를 갖는 진폭변조기** ··· 반송파를 갖는 진폭변조(DSB−LC) 파는 초퍼형 변조기나 비선형 소자를 사용한 변조기로 발생 시킬 수 있다.

2 초퍼형 변조기

① 초퍼형(Chopper) 변조기

① 직류신호를 단속하여 교류신호로 변환한 것으로써 기계적인 것과 전자회로적인 것이 있는데, 전자회로적인 것으로는 다이오드나 트랜지스터를 사용한 반도체 초퍼가 널리 사용되고 있다 (최근에는 MOS형 전계형 트랜지스터가 많이 사용되고 있다).

♟ 초퍼형 변조기 ♟

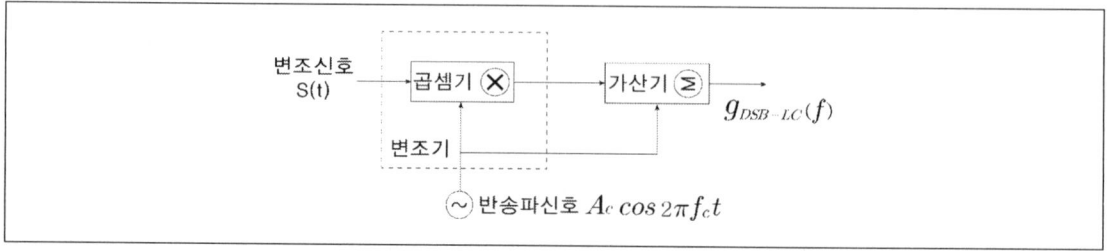

♟ 초퍼형 변조기 추력, 진폭변조파의 주파수 스펙트럼 ♟

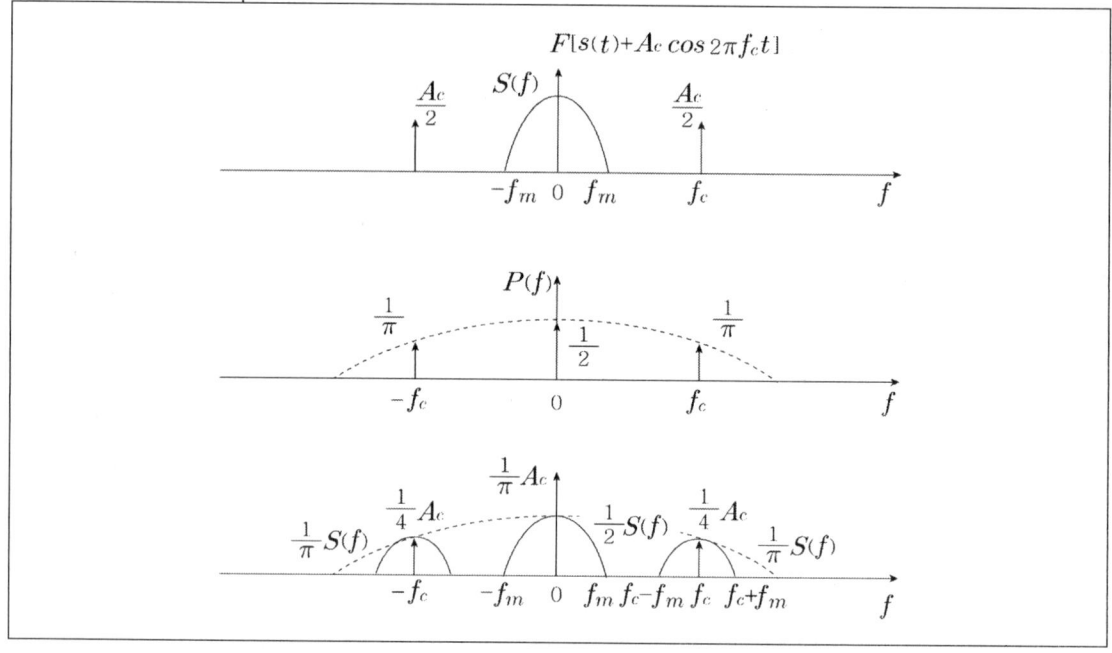

② 반송파를 갖는 진폭변조기 중에서 초퍼형 변조기는 그림 초퍼형 변조기 추력, 진폭변조파의 주파수 스펙트럼과 같다.

③ 초퍼 변조기는 게이트(gate)변조기, 또는 스위칭(Switching)변조기라고도 한다.

④ 초퍼형 변조기에 높은 주파수의 반송파 $A_c \cos 2\pi f_c t$ 를 낮은 주파수의 변조신호 $s(t)$ 에 직렬로 가하면, 변조파의 스펙트럼은 $[s(t) + A_c \cos 2\pi f_c t]$ 의 스펙트럼을 콘벌루션(Convolution)하여 생긴 스펙트럼은 $\pm f_c$ 을 중심으로 하여 분포된 스펙트럼과 $f = 0, \pm 3f_c, \pm 5f_c, \cdots$ 등의 주파수를 중심으로 하여 분포된 기타의 스펙트럼으로 구성이 되지만 중심 주파수가 f_c 인 대역통과필터(BPF)를 사용하면 기타의 스펙트럼은 제거가 된다.

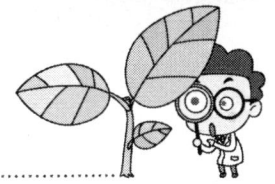

② 비선형 변조기(자승변조기)

♟ 비선형 소자를 사용한 진폭변조기와 그 특성곡선 ♟

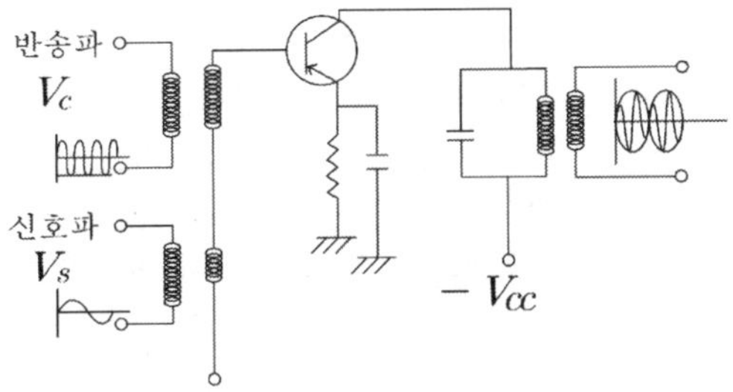

반송파 V_c

신호파 V_s

$- V_{CC}$

(a) 트랜지스터를 사용한 진폭변조기
(베이스 변조기)

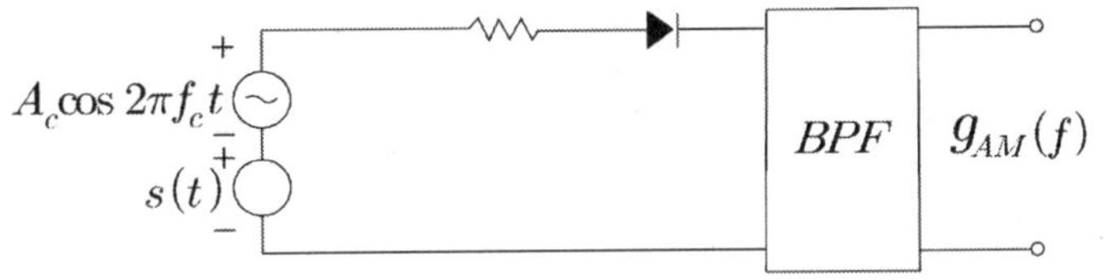

$A_c \cos 2\pi f_c t$

$s(t)$

BPF $g_{AM}(f)$

(b) 다이오드를 사용한 진폭변조기

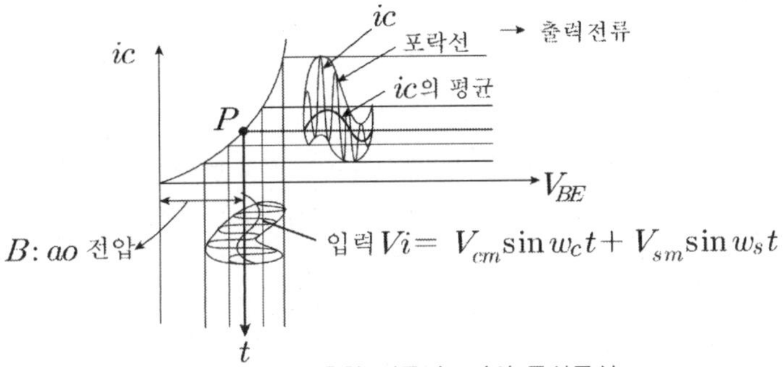

ic

ic 포락선 → 출력전류

ic의 평균

P

V_{BE}

$B : ao$ 전압

입력 $Vi = V_{cm} \sin w_c t + V_{sm} \sin w_s t$

t

(c) 비선형 소자를 사용한 진폭변조기의 특성곡선

① 비선형 변조는 제곱변조, 자승변조, 2승변조라고도 한다.

② 이 변조기는 진폭변조 회로의 일종으로써 변조출력이 변조입력의 제곱에 비례하는 것이다.

③ 베이스 변조에 있어서 동작점을 특성곡선의 제일 많이 굽은 곳에 주어서 변조를 한다. 변조는 간단히 할 수 있으니, 변조 효율은 낮고 찌그러짐이 많기 때문에 큰 변조도는 얻을 수가 없다.

④ 반송 전화 등 출력이 비교적 작은 것에 사용되며, 무선통신에서는 사용되지 않는다.

⑤ **반송파와 신호파를 에미터－베이스 사이에 가한 베이스변조기**

입력전압 v_i 출력전류 i_c에서 입·출력 특성의 급수식 i_c는 다음과 같다.

단 $k_o + k_1 v_i + k_2 v_i^2 + k_3 v_i^3 + \cdots\cdots k_n v_i^n$

$$i_c = k_o + \sum_{n=1}^{\infty} k_n v_i^n \quad \cdots\cdots\cdots(3.9)$$

단 $k_o, k_1, k_2, k_3 \cdots\cdots k_n$은 비례상수이다.

동작점이 P가 되도록 바이어스(Bias)전압을 설정하여 에미터와 베이스 사이에 입력전압$(V_c + V_s)$를 가한 경우 출력 i_c는 다음과 같다.

$$= k_o + k_1 v_i + k_2 v_i^2 + k_3 v_i^3 + \cdots\cdots k_n v_i^n$$

상기의 식에서 $v_i = v_{cm} \sin w_c t + v_{sm} \sin w_s t$라고 한다면 다음과 같이 쓸 수 있다.

$$= k_o + k_1 \left(V_{cm} \sin w_c t + V_{sm} \sin w_s t \right) + k_2 \left(V_{cm} \sin w_c t + V_{sm} \sin w_s t \right)^2$$

$$+ \cdots\cdots k_n \left(V_{cm} \sin w_c t + V_{sm} \sin w_s t \right)^n$$

$$= k_o + k_1 V_{cm} \sin w_c t + k_1 V_{sm} \sin w_s t$$

$$+ k_2 \left[\left(V_{cm} \sin w_c t \right)^2 + \left(V_{cm} \sin w_c t \cdot V_{sm} \sin w_s t \right) + \left(V_{sm} \sin w_s t \right)^2 \right]$$

$$+ \cdots\cdots k_n (\qquad)$$

$$= k_o + k_1 V_{cm} \sin w_c t + k_1 V_{sm} \sin w_s t$$

$$+ k_2 \left[V_{cm}^2 \sin^2 w_c t + V_{sm}^2 \sin^2 w_s t + 2 \left(V_{cm} \sin w_c t + V_{sm} \sin w_s t \right) \right]$$

$$+ \cdots\cdots k_n (\qquad)$$

상기 식을 $\sin^2 x = \dfrac{1}{2}(1 - \cos 2x)$의 공식을 이용하여 정리한다.

$$= k_o + k_1 V_{cm} \sin w_c t + k_1 V_{sm} \sin w_s t$$

$$+ k_2 \left[V_{cm}^2 \cdot \frac{1}{2}(1 - \cos 2w_c t) + V_{sm}^2 \frac{1}{2}(1 - \cos 2w_c t) + 2 \left(V_{cm} \sin w_c t \cdot V_{sm} \sin w_s t \right) \right]$$

$$+ \cdots\cdots k_n (\qquad)$$

$$= k_o + k_1 V_{cm}\sin w_c t + k_1 V_{sm}\sin w_s t$$

$$+ k_2 \left[\frac{V_{cm}^2}{2} - \frac{V_{cm}^2}{2}cos2w_c t + \frac{V_{sm}^2}{2} - \frac{V_{sm}^2}{2}cos2w_s t + 2\left(V_{cm}\sin w_c t \cdot V_{sm}\sin w_s t\right) \right]$$

$$+ \cdots\cdots k_n (\qquad)$$

$$= k_o + k_1 V_{cm}\sin w_c t + k_1 V_{sm}\sin w_s t$$

$$+ k_2 \left[\left(\frac{V_{cm}^2}{2} - \frac{V_{cm}^2}{2}\right) - \frac{V_{cm}^2}{2}cos2w_c t + \frac{V_{sm}^2}{2}cos2w_s t + 2\left(V_{cm} \cdot V_{sm}\sin w_c t \cdot \sin w_s t\right) \right]$$

$$+ \cdots\cdots k_n (\qquad)$$

$$= k_o + k_1 V_{cm}\sin w_c t + k_1 V_{sm}\sin w_s t$$

$$+ k_2 \left[\left(\frac{V_{cm}^2}{2} + \frac{V_{sm}^2}{2}\right) - k_2\frac{V_{cm}^2}{2}cos2w_c t - k_2\frac{V_{sm}^2}{2}cos2w_s t + 2k_2\left(V_{cm} \cdot V_{sm}\sin w_c t \cdot \sin w_s t\right) \right]$$

$$+ \cdots\cdots k_n (\qquad)$$

$$= k_o + k_2\left(\frac{V_{cm}^2}{2} + \frac{V_{sm}^2}{2}\right) + k_1 V_{sm}\sin w_s t + k_1 V_{cm}\sin w_c t + 2k_2 V_{cm} V_{sm} \cdots\cdots\cdots\cdots(3.10)$$

$$\sin w_s t \cdot k_2\frac{V_{cm}^2}{2}cos2w_c t - k_2\frac{V_{sm}^2}{2}cos2w_s t + \cdots\cdots$$

상기의 식 (3.10)을 대역통과필터(BPF)를 통과 시키면 필요로 한 측파대를 추출해 낼 수 있다.

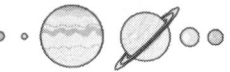

③ 반송파를 갖는 진폭변조파의 검파(복조)

반송파를 갖는 진폭변조의 신호(피변조파)는 $s(t)\cos 2\pi f_c t$ 와 큰전력의 반송파로 구성이 되어 있으므로, 이 포락선은 변조신호(정보신호, 원래신호)와 강일하기 때문에 더 간단한 방식을 사용할 수 있다. 이와 같은 방식을 비동기 검파(incoherent detection)라 하며, 여기서는 포락선 검파기 (Envelope detection)와 정류검파기 (Rectifier detection)가 있다.

① **포락선 검파기**(Envelope detection)

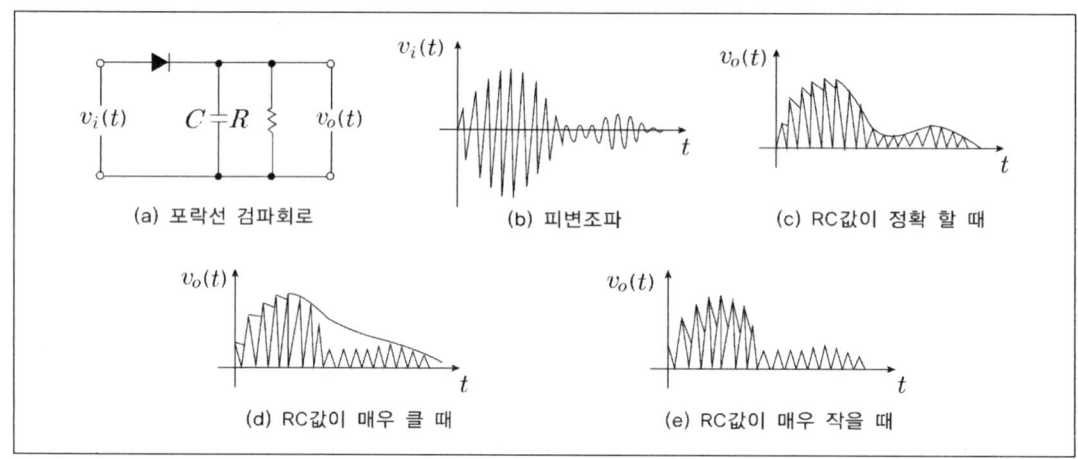

(a) 포락선 검파회로   (b) 피변조파   (c) RC값이 정확 할 때

(d) RC값이 매우 클 때   (e) RC값이 매우 작을 때

㉠ 포락선 검파기는 간단한 다이오드를 사용하여 다이오드가 동작(On)을 하면 다이오드의 순방향 저항의 값은 매우 작아지고, 또 반대로 다이오드가 동작을 하지 않으면 (Off) 역방향 저항의 값은 매우 커지므로, 그림 포락선 검파기 회로는 반송파를 갖는 진폭변조파의 $(+)$, $(-)$의 값에 따라 빠른 충전시간과 느린 방전시간을 갖게 된다.

㉡ 방전시간은 캐패시터와 병렬로 연결된 저항 R에 의해서 결정이 되므로, 시정수 $\tau = RC$에 따라서 포락선의 모양이 결정되므로 복조를 하고자 하는 신호에 알맞은 시정수 τ를 선택하는 것은 매우 중요하다(그림 (c), (d), (e) 참조).

㉢ 이렇게 검파된 팔형을 저역필터(LPF)에 통과 시켜 고주파성분을 제거하고, 또 검파출력에 포함된 결합 콘덴서(Coupling Condenser)를 사용하여 제거를 시키면 자기가 원하는 변조신호 $s(t)$를 복원할 수가 있다.

㉣ 포락선 검파기는 간단하고, 효율이 좋으며, 가격이 저렴하여 반송파를 갖는 AM 신호를 검파하는 데 널리 사용된다.

㉤ 포락선 검파기는 반송파가 억압된 진폭변조(억압반송파 진폭변조)신호의 복조에는 바로 사용할 수 없다. 왜냐하면 반송파가 억압된 진폭변조의 신호에는 반송파가 없기 때문에, 수신기에서 반송파를 재생하여 반송파 억압진폭변조 신호에 주입을 시켜야 하는데 이러한 형태의 수신기를 반송파 주입(Injected Carrier)수신기라고 한다.

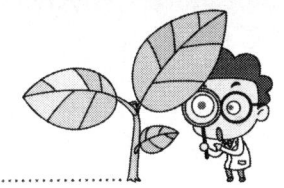

② **정류검파기**(Rectifier detection) … 정류검파기는 동기 검파기의 원리를 이용한 것이다. 다이오드를 아래 그림과 같이 저항 R을 통하여 접지 시키면 다이오드는 반송파의 주파수에 따라 스위치와 같이 동작을 하여 변조가 된 피변조파를 정류하므로 이러한 검파기를 정류 검파기라고 부른다. 정류가 된 반송파를 그림 1-18과 같이 주기적인 구형 펄스파로 생각하면, 그 동작원리는 동기검파의 경우와 같다. 정류 검파기는 그림 정류검파기와 같이 송신측에서 변조가 된 피변조파는 다이오드 D에서 정류가 된 후 (상하측파대 중에서 한측파대만 나타남. 여기서는 상측파대를 이용한 것으로 함)고주파 성분은 저역필터 (LPF)를 사용하여 제거하고, 검파 출력에 포함된 DC 성분은 다시 결합 콘덴서 C_c를 사용하여 제거시킴으로써 원래의 신호를 재생할 수 있다. 그러나 정류 검파기는 포락선 검파기 보다 효율적인 면에서 더 우수하지 않기 때문에 상업방송에서 거의 사용하지 않는다.

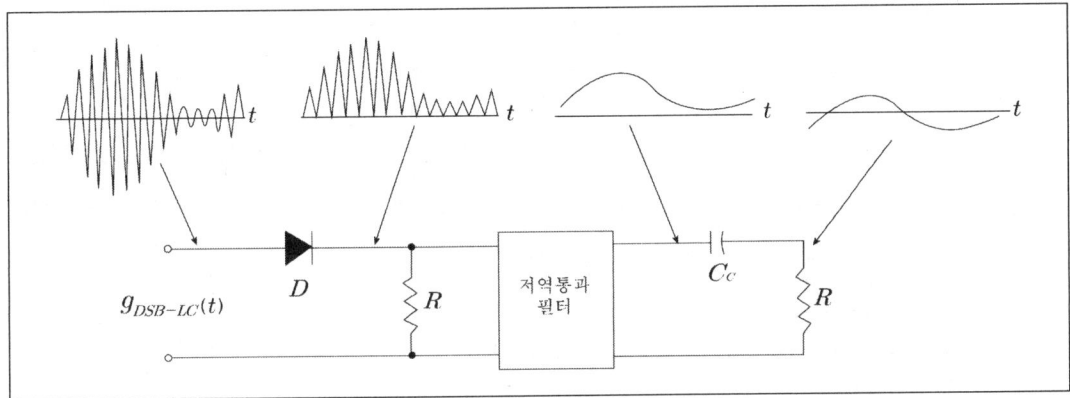

(참고) **동기검파**((Synchronous detection 또는 Coherent)
수신기에 들어온 반송파 억압진폭변조파 $g_{DSB-SC}(t)$에 반송파 $\cos 2\pi f_c t$를 곱하면 변조시에 이동 시킨 주파수 스펙트럼을 원래의 위치로 다시 이동을 시키게 되므로 변조신호(또는 원래신호)를 얻을 수 있다.
이러한 검파 방식을(Synchronous detection)또는 승적검파(Product detection)라고 하며, 이 경우 수신기에서는 반드시 송신기의 반송파와 똑같은 주파수 위상을 갖는 국부 발진신호(기준 반송파)를 발생시켜야 한다.
지금 수신기에 들어온 입력신호(송신측의 피변조파)가 $g_{DSB-SC}(t)$인 경우 $g_{DSB-SC}(t) = A_c s(t)\cos 2\pi f_c t$ 라 하고, 이 신호에 국부발진신호인 $c(t)$ 즉, 반송파 $A_c s(t)\cos 2\pi f_c t$를 곱하면 다음과 같이 된다.

$g_{DSB-SC}(t) \cdot c(t) = A_c s(t)\cos 2\pi f_c t \cdot A_c \cos 2\pi f_c t$

$= A_c^2 s(t)\cos 2\pi f_c t \cdot \cos 2\pi f_c t$

상기의 under line부분에 $\cos A \cos B = \dfrac{1}{2}\{\cos(A+b) + \cos(A-B)\}$

$= A_c^2 s(t) \cdot \dfrac{1}{2}\{\cos(2\pi f_c t + 2\pi f_c t) + \cos(2\pi f_c t - 2\pi f_c t)\}$

$= A_c^2 s(t) \cdot \dfrac{1}{2}\{\cos 4\pi f_c t + \cos 0^o\}$

$\cos 0^0 = 1$

$= A_c^2 s(t) \cdot \dfrac{1}{2} \{\cos 4\pi f_c t + 1\}$

$= A_c^2 s(t) \cdot \dfrac{1}{2} \cos 4\pi f_c t + A_c^2 s(t) \cdot \dfrac{1}{2}$

$= \dfrac{A_c^2}{2} [s(t) \cdot \cos 4\pi f_c t + s(t)]$

$= \dfrac{A_c^2}{2} [s(t) \cdot c(t) \cos 4\pi f_c t]$

$\therefore g_{DSC-SC}(t) \cdot C(t) = \dfrac{A_c^2}{2} [s(t) + s(t)\cos 4\pi fct] \quad \cdots\cdots\cdots\cdots (3.11)$

송신측의
피변조파 ─── 승산기 ── LPF ──→ $A^2_c s(t)/2$
$g_{DSB-SC}(t)$

$C(t) = A_c \cos 2\pi f_c t$

동기식 검파방식

상기의 식(115)에서 원하는 신호는 식 (1.15)의 under-line부분인 $\dfrac{A_c^2}{2} s(t)$ 항이므로 $\therefore g_{DSC-SC}(t) \cdot C(t)$

를 저역필터(Low pass Filter : LSB)를 통과 시켜서 원래의 신호 $s(t)$를 복조해 낼 수 있다.

즉 $\therefore g_{DSC-SC}(t) \cdot C(t) = \dfrac{A_c^2}{2} [s(t) + s(t)\cos 4\pi f_c t]$

LPF 를 통과 시키면 반송파 부분인 $s(t)\cos 4\pi f_c t$가 필터가 된다.

$LPF[g_{DSB-sc}(t) \cdot c(t)] \cong \dfrac{A_c^2}{2} s(t) \quad \cdots\cdots\cdots\cdots (3.12)$

이에 대한 동작원리는 그림 동기식 검파 방식과 같다.

지금까지 설명을 한 경우는 수신기의 국부발진기 반송파(기준 반송파)의 주파수와 위상이 송신측의 주파수와 위상이 일치한 경우이다.

이렇게 일치가 되지 않을 때는 원하지 않는 찌그러짐이 발생한다.

따라서 반송파 억압진폭변조파로부터 원래의 신호를 제대로 복조를 하기 위해서는 송신측 반송파의 주파수와 위상이 일치하는 수신기 측의 국부발진기 반송파(기준반송파)를 반송파 억압진폭변조파 $g_{DSB-sc}(t)$에 곱해야 한다. 이것을 동기검파라고 한다.

3 반송파를 억압하는 진폭변조(DSB-SC)

① DSB-SC와 시간영역 및 주파수 영역 표시

지금 보내고자 하는 정보신호(변조신호 또는 바로 신호파라고 한다)를 $s(t) = A_m \cos 2\pi f_c t$, 또 이 정보신호를 멀리까지 보내주는 반송파(Carrier)를 $c(t)$라고 하고, 이 파를 곱한 피변조파를 $g_{DSB-sc}(t)$라고 한 경우 시간영역(t)은 다음과 같다.

$$g_{DSB-sc}(t) = s(t) \cdot c(t)$$

상기의 식에서 반송파 $c(t) = A_c \cos 2\pi f_c t$ 이다. 진폭변조 이므로 신호파 $s(t)$를 반송파 $c(t)$의 진폭 A_c에 곱해주면 다음과 같이 된다.

$$A(t)s(t)\cos 2\pi f_c t \quad -\cdots\cdots\cdots\cdots(3.13)$$

상기의 식에서 신호파 $s(t) = A_c \cos 2\pi f_m t$ 이다. 이것을 대입해 보자.

$$A_c A_m \cos 2\pi f_m t \cdot \cos 2\pi f_c t$$

상기의 식에서 반송파 $A_c A_m = A_o$라고 하고, 또 under-line부분의

$$\cos 2\pi f_m t \cdot \cos 2\pi f_c t = \cos A \cdot \cos B = \frac{1}{2}\{\cos(A+B) + \cos(A-B)\}$$

라고 한 경우 상기식은 다음과 같이 쓸 수 있다.

$$= A_o \cdot \frac{1}{2}\{\cos(A+B) + \cos(A-B)\}$$

$$= A_o \cdot \frac{1}{2}\{\cos(2\pi f_m t + 2\pi f_c t) + \cos(2\pi f_m t - 2\pi f_c t)\}$$

$$= A_o \cdot \frac{1}{2}\{\cos 2\pi(f_m + f_c)t + \cos 2\pi(f_m - f_c)t\}$$

f_m은 신호파로써 낮은 주파수이고, f_c는 반송파로써 높은 주파수이므로 서로 위치를 바꾸어쓴다.

$$= \frac{1}{2}A_o\{\cos 2\pi(f_c + f_m)t + \cos 2\pi(f_c - f_m)t\}$$

$$\therefore g_{DSB-SC}(t) = \frac{1}{2}A_o\{\cos 2\pi(f_m + f_c)t + \cos 2\pi(f_m - f_c)t\} \quad \cdots\cdots\cdots\cdots(3.14)$$

상기와 같은 형식의 전송방식을 반송파 억압진폭변조[DSB−SC(Double−sideband with suppressed carrier) 또는 AM−SC(Amplitude modulation with suppressed carrier)]라고 한다. 식 (1.17)을 Fourier변환을 하여 주파수 영역으로 나타내면 그림 반송파가 억압된 진폭변조와 같다.

그림 반송파가 억압된 진폭변조의 (a)는 구성도 이며 $s(t)$는 정보신호(변조신호 또는 원래신호) 이며, $c(t)$, 즉 $c(t) = A_c\cos2\pi f_c t$는 반송파 신호이고 $g_{DSB-sc}(t)$는 변조가 된 피변조파 신호이다. 또 그림 (b)는 정보신호, 반송파, 피변조파의 시간영역 신호이다.

♟ 반송파가 억압된 진폭변조 ♟

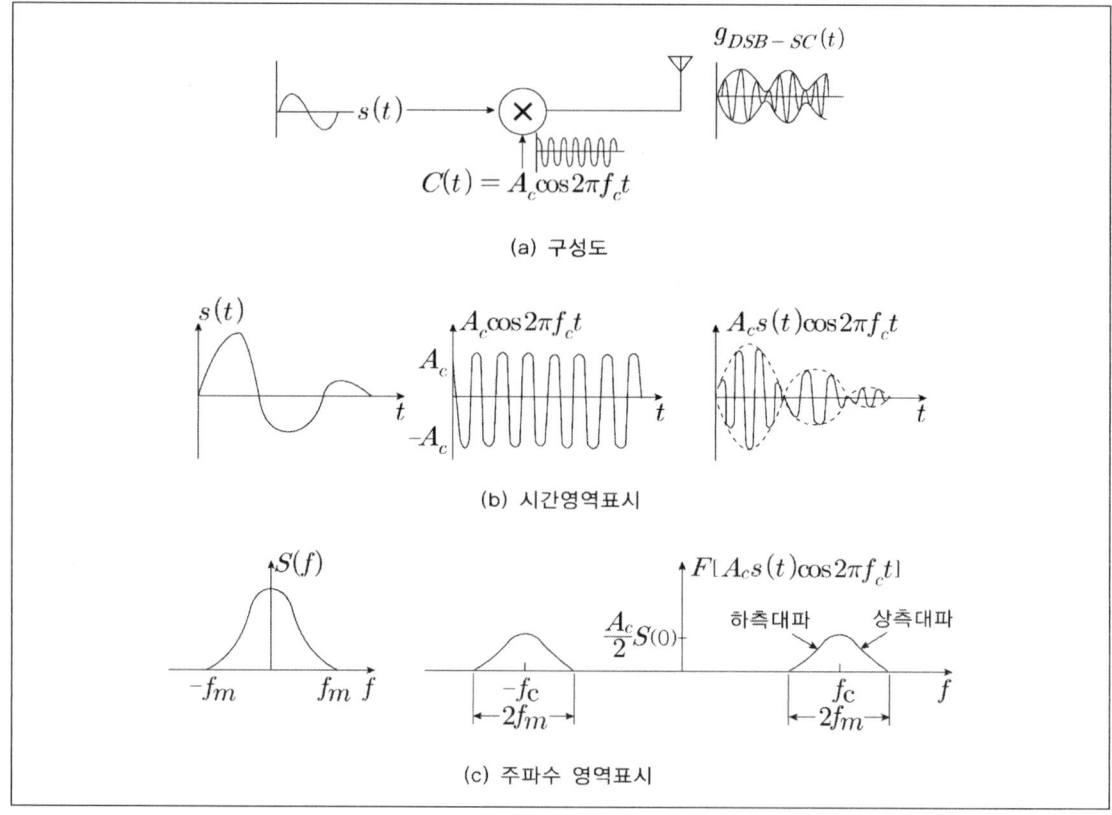

또 반송파가 억압된 진폭변조의 (c)는 주파수 영역표시로써 그림 (b)를 Fourier 변환한 것이다.

다음은 식 (1.17)을 Fourier 변환식에 의해서 주파수영역(f)을 구해보면 다음과 같다.

$$F(f) = \mathcal{F}[f(t)] = \int_{-\infty}^{\infty} f(t)e^{-j2\pi ft}dt$$

$$G_{DSB-SC}(f) = \mathscr{F}\left[g_{DSB-SC}(t)\right]$$

$$= \mathscr{F}\left[s(t)\cdot c(t)\right] = \mathscr{F}\left[A_c s(t)\cos 2\pi f_c t\right]$$

$$= \int_{-\infty}^{\infty}\left[A_c\cdot s(t)\cos 2\pi f_c t\right]e^{j2\pi f_c t}dt$$

$$= A_c\int_{-\infty}^{\infty} s(t)\cos 2\pi f_c t\cdot e^{j2\pi f_c t}dt$$

오일러 정리 $e^{j\theta}=\cos\theta+j\sin\theta$ 에서 $\cos\theta=\dfrac{1}{2}(e^{j\theta}+e^{-j\theta})$를 이용한다.

$$\cos 2\pi f_c t = \frac{1}{2}(e^{j2\pi f_c t}+e^{-j2\pi f_c t})$$

$$= A_c\int_{-\infty}^{\infty} s(t)\left[\frac{1}{2}(e^{j2\pi f_c t}+e^{-j2\pi f_c t})\right]\cdot e^{-j2\pi f_c t}dt$$

$$= \frac{A_c}{2}\left[\int_{-\infty}^{\infty} s(t)e^{-j2\pi(f-f_c)t}dt+\cdot\int_{-\infty}^{\infty} s(t)e^{-j2\pi(f+f_c)t}dt\right]$$

상기식에서 앞쪽 공식은 Fourier 변환식인 $\displaystyle\int_{-\infty}^{\infty} s(t)e^{-j2\pi(f-f_c)t}dt=F_1(f)$ 라 하고 뒤쪽 공식은

의 Fourier 변환식은 $\displaystyle\int_{-\infty}^{\infty} s(t)e^{-j2\pi(f+f_c)t}dt=F_2(f)$ 라고 하면 다음과 같이 쓸 수 있다.

$$= \frac{A_c}{2}[F_1(f)+F_2(f)]$$

상기의 식 $F_1(t)$ 또 under-line ①의 식에서 $F_1(t)=s(f-f_c)$ 라 하고, 또 식 식 $F_2(t)$ 식에서 $F_1(t)=s(f+f_c)$ 라 하면 다음과 같이 쓸 수 있다.

$$= \frac{A_c}{2}[s(f-f_c)+s(f+f_c)]$$

$$\therefore G_{DSB-SC}(f) = \mathscr{F}\left[A_c S(t)\cos 2\pi f_c t\right]=\int_{-\infty}^{\infty}\left[A_c\cdot s(t)\cos 2\pi f_c t\right]e^{-j2\pi ft}dt$$

$$= \frac{A_c}{2}[s(f-f_c)+s(f+f_c)]\qquad\cdots\cdots\cdots\cdots(3.15)$$

그림 (c)을 통하여 반송파 억압 진폭변조파의 주파수 스펙트럼 성분들 중에 반송파 $\cos 2\pi f_c t$ 성분이 포함되어 있지 않다는 것을 알 수가 있다.

식 (3.15)에 반송파를 추가한 방식을 단순히 진폭변조(AM 또는 DSB)라고 하며, 이 진폭변조방식은 반송파 억압진폭변조 방식보다도 검파방식이 매우 간단하기 때문에 널리 사용되고 있다.

AM 또는 DSB

구분	종류	스펙트럼 구성성분	이용분야
DSB[Double side Band] : 양측파대	DSB−LC[Double side Band−Lage Carrier]	반송파(Carrier) 상측파대(USB) 하측파대(LSB)	표준AM 라디오 방송
	DSB−SC[Double side Band−Suppressed Carrier]	상측파대(USB) 하측파대(LSB)	실제로는 사용되지 않는다.

이미 앞서는 논한 "초퍼용 변조기"가 실례이다.
AM또는 DSB란 반송파 억압 진폭변조(DSB−SC)의 시간영역의 다음의 식에 반송파를 추가한 방식을 말한다.

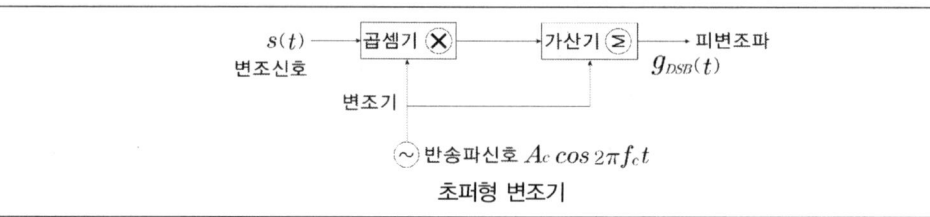

$g_{DSB}(t) = g_{DSB}(t) + 반송파$
$g_{DSB}(t)$는 식 (1.17)이다.
$= A_c s(t)\cos 2\pi f_c t + A_c \cos 2\pi f_c t$
$\therefore g_{DSB}(t) = A_c s(t)\cos 2\pi f_c t + A_c \cos 2\pi f_c t$ 또는

$s(t)\cos 2\pi f_c t + A_c \cos 2\pi f_c t$ ··············(3.16)

다음은 상기의 식 (1.20)을 Fourier변환식에 의해서 주파수영역(f)을 구해보면 다음과 같다.

$G_{DSB}(f) = \mathcal{F}[g_{DSB}(t)] = \int_{-\infty}^{\infty} g_{DSB}(t)e^{-j2\pi f_c t}dt$

상기의 식에서 under−line의 적분식은 생략하고 바로Fourier변환공식에 의해서 풀어보자.
$= \mathcal{F}[s(t)A_c \cos 2\pi f_c t + A_c \cos 2\pi f_c t]$

상기의 식에서 under−line 부분에 오일러 정리 $e^{j\theta} = \cos\theta + j\cos\theta$ 에서 $\cos\theta = \frac{1}{2}(e^{j\theta} + e^{-j\theta})$ 를 이용하면 under−line 부분은 $\cos 2\pi f_c t = \frac{1}{2}(e^{2\pi f_c t} + e^{-2\pi f_c t})$ 가된다.

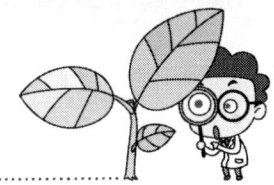

$$= \mathcal{F}\left[s(t)A_c \left[\frac{1}{2}\left(e^{2\pi f_c t} + e^{-2\pi f_c t}\right)\right] + A_c\left[\frac{1}{2}\left(e^{2\pi f_c t} + e^{-2\pi f_c t}\right)\right]\right]$$

$$= \mathcal{F}\left[\frac{1}{2}s(t)A_c e^{j2\pi f_c t} + \frac{1}{2}s(t)A_c e^{-j2\pi f_c t} + \frac{1}{2}A_c e^{j2\pi f_c t} + \frac{1}{2}A_c e^{-j2\pi f_c t}\right]$$

$$= \mathcal{F}\left[\frac{A_c}{2}s(t)e^{j2\pi f_c t} + \frac{A_c}{2}s(t)e^{-j2\pi f_c t} + \frac{A_c}{2}e^{j2\pi f_c t} + \frac{A_c}{2}e^{-j2\pi f_c t}\right]$$

상기식의 under$-$line부분에 주파수 천이정리 $\mathcal{F}\left[f(t)e^{\pm jw_c t}\right] = F(w \mp w_c)$ 과

e의 지수정리 $\mathcal{F}\left[e^{\pm jw_c t}\right] = 2\pi\delta(w \mp w_c)$ 를 적용하면 다음과 같다.

$$= \frac{A_c}{2}F(w-w_c) + \frac{A_c}{2}F(w+w_c) + \frac{A_c}{2}2\pi\delta(w-w_c) + \frac{A_c}{2}2\pi\delta(w+w_c)$$

$$= \frac{A_c}{2}F(w-w_c) + \frac{A_c}{2}F(w+w_c) + A_c\pi\delta(w-w_c) + A_c\pi\delta(w+w$$

$$\therefore G_{DSB}(f) = \frac{A_c}{2}F(w-w_c) + \frac{A_c}{2}F(w+w_c) + A_c\pi\delta(w-w_c) + A_c\pi\delta(w+w \quad \cdots\cdots\cdots(3.17)$$

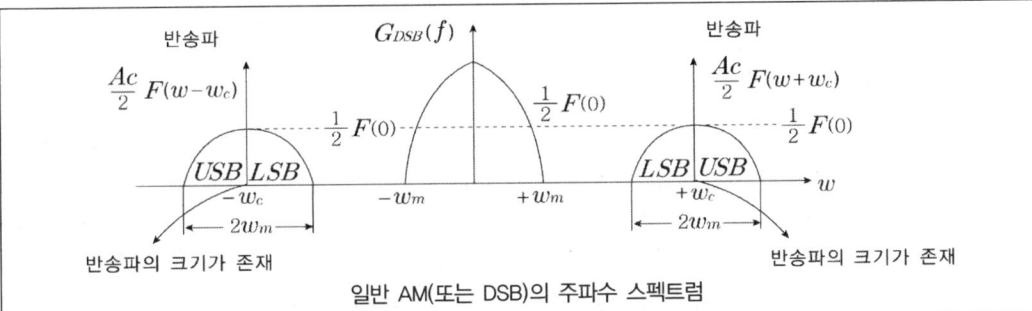

일반 AM(또는 DSB)의 주파수 스펙트럼

상기 식 (3.17)을 그림으로 나타내면 그림 일반 AM(또는 DSB)의 주파수 스펙트럼과 같이 된다.
피변조파의 전송 대역폭 B는 변조 신호의 최고 주파수의 2배에 해당되는 대역을 점유한다($B = 2w_m$).

② 반송파를 억압하는 진폭변조기

반송파를 억압하는 진폭변조기는 초퍼변조기와 비선형 소자를 이용한 변조기의 두 가지를 설명하고
자 한다.

① **초퍼변조기**(또는 정류형 변조기 chopper modulation)

    ㉠ 초퍼변조기는 게이트(Gate)변조기 또는 스위칭(Switching)변조기라고도 한다. 이러한 형태에
서 가장 유용한 변조기는 그림 초퍼 변조기와 같은 링(Ring)변조기이다. $s(t)$는 입력신호인
신호파(또는 변조파)이며, $p(t) = \cos 2\pi f_c t$ 는 구형파인 반송파이며 $g_{AMSC}(t)$는 변조가 되
는 피변조파 이다.

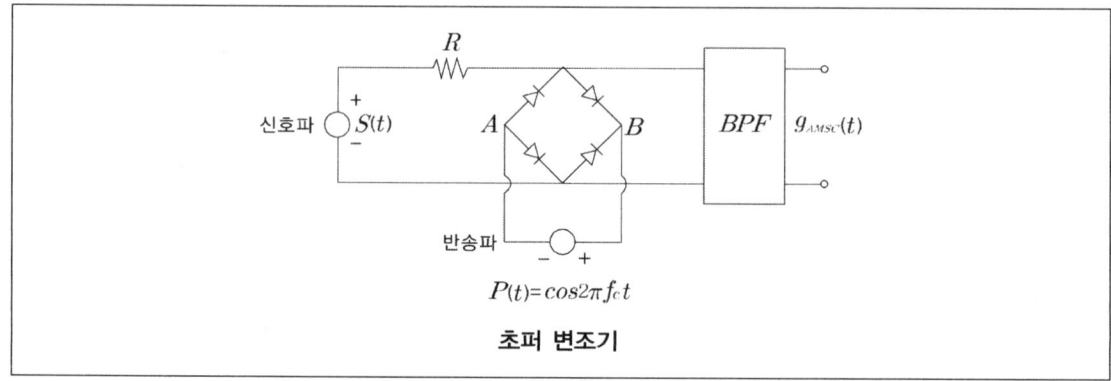

초퍼 변조기

    ㉡ 그림 초퍼 변조기에서 반송파가 $\cos 2\pi f_c t > 0$ 일때는 점 A가 점 B보다 전위가 높기 때문에
4개의 다이오드는 열린 상태로써 개회로가 되며, 또 반송파가 $\cos 2\pi f_c t < 0$ 일 때는 점 A가
점 B보다 전위가 높기 때문에 4개의 다이오드는 닫힌 상태로써 폐회로가 되므로 4개의 다이
오드는 스위칭 작용을 하는데 이와 같은 스위칭 작용을 초퍼(Chopper)라고 한다. 이것은 초
퍼주파수 f_c와 같은 주파수를 갖는 그림초퍼 변조기의 설명도에 보인 구형파 $p(t)$와 입력신
호 $s(t)$을 곱한 것과 같은 결과를 얻는다.

> 🔺TIP | **초퍼**(Chopper) … 직류신호를 단속하여 교류신호로 변환하는 것으로, 많은 종류가 있다. 기
> 계적으로 접점을 단속시키는 것으로는 바이브레이터식과 캠식이 있고, 전자회로에 의한 것
> 으로는 다이오드나 트랜지스터를 사용한 반도체 초퍼가 널리 실용되고 있다. 이것은 변조형
> 직류증폭기에 널리 사용되고 있다.

♟ 초퍼 변조기의 설명도 ♟

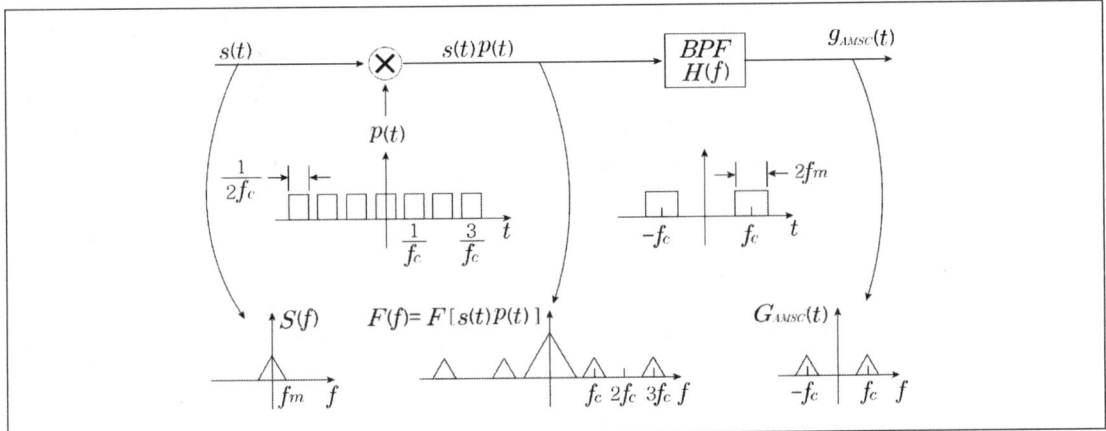

ⓒ 그림 초퍼 변조기의 설명도는 그림 초퍼 변조기의 동작원리를 이해하기 쉽게 설명한 그림이다. 즉 입력신호 $s(t)$에 표본화 펄스함수 $p(t)$를 곱하면 다음과 같은 결과식을 얻을 수 있다.

$$s(t)p(t0 = s(t)\left[\frac{1}{2} + \frac{2}{\pi}cos2\pi f_c t - \frac{2}{3\pi}cos6\pi f_c t + \cdots\cdots\right] \cdots\cdots\cdots(3.18)$$

상기의 식에서 $p(t)$는 Fourier급수로 전개된 식이다.

상기의 식을 정리하면 각항은 $B_n s(t)cos2\pi f_c t$ [※ $B_n = Fourier$ 계수]와 같은 형태를 갖는다. 이는 반송주파수가 nf_c (여기서 n = 1, 2, 3, …)인 반송파가 억압된 진폭변조파(AMSC파) 이다.

♟ 게이트 회로 ♟

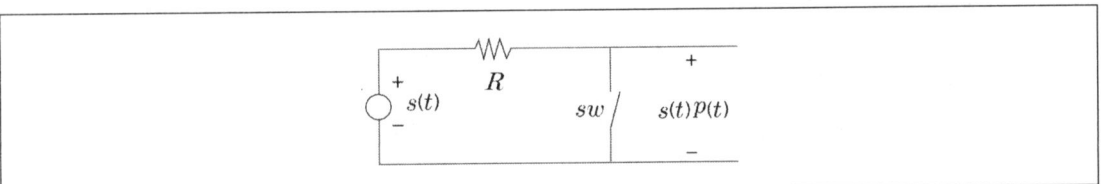

ⓓ 그림 초퍼 변조기의 설명도에서 주파수스펙트럼이 서로 겹치지 않도록 하기 위해서는 반드시 $f_c > 2f_m$ (표본화 정리)이어야 한다. 상기와 같은 $s(t)p(t)$의 결과는 그림 게이트 회로와 같이 스위치를 주기적으로(또는 주파수 f_c로) 개폐를 함으로써 얻을 수 있다.

② 비선형 소자를 이용한 변조기

비선형(Non-linear)이란 선형에 대응하여 사용되며, 회로에서 전압과 전류가 비례하지 않는 경우를 나타낸다.

따라서 비선형 소자(자승소자)란 적절하게 바이어스 시킨 반도체 다이오드를 말한다. 이러한 비선형 소자를 이용하면 다음과 같은 입력과 출력 간에 비선형 소자의 기본특성을 알 수 있다.

$$i(t) = \sum_{n=-\infty}^{\infty} a_m e^n(t) \cong a_1 e^1(t) + a_2 e^2(t) \ \text{—}\cdots\cdots\cdots(3.19)$$

🔱 비선형 소자를 이용한 반송파 억압 진폭 변조기 🔱

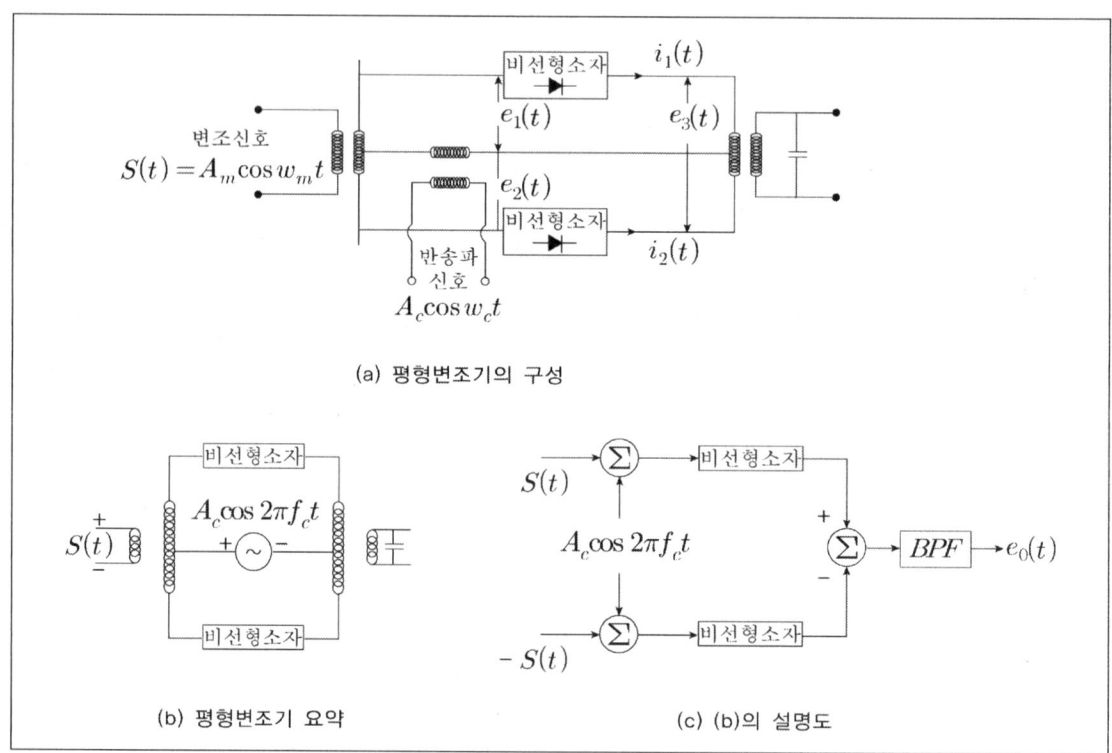

(a) 평형변조기의 구성

(b) 평형변조기 요약

(c) (b)의 설명도

상기의 식 (3.19)에서 $a_1 e^1(t) =$ 기본계수, $a_2 e^2(t) =$ 특성곡선의 곡도. 특히 여기서 $e^2(t)$는 입력의 출력을 얻는 것이다. 즉 자승법칙의 출력이 얻어진다.

지금 그림 비선형 소자를 이용한 반송파 억압 진폭 변조기와 같이 비선형소자에 서로 다른 극성을 갖는 변조신호 $\pm s(t) = A_m \cos w_m t$와 반송파 $A_c \cos w_m t$를 가하면 두 소자에 의한 전류 $i(t)$와 $i_2(t)$는 다음과 같다.

$$i_1(t) = a_1 [+s(t) + A_c \cos w_c t]^1 + a_2 [+s(t) + A_c \cos w_c t]^2$$

$+\, s(t) = A_m \cos w_c t$를 대입한다.

$= a_1 \big[A_m \cos w_m t + A_c \cos w_c t \big]^1 + a_2 \big[A_m \cos w_m t + A_c \cos w_c t \big]^2$

$= a_1 A_m \cos w_m t + A_c \cos w_c t + a_2 \big[A_m^2 \cos^2 w_m t + 2 A_m \cos w_m t A_c \cos w_m t + A_c^2 \cos^2 w_c t \big]$

$= a_1 A_m \cos w_m t + a_1 A_c \cos w_c t + a_2 A_m^2 \cos^2 w_m t + a_2 2 A_m A_c \cos w_m t \cos w_c t + a_2 A_c^2 \cos w_c t$

$i_2(t) = a_1 \big[-s(t) + A_c \cos w_c t \big]^1 + a_2 \big[-s(t) + A_c \cos w_c t \big]^2$

$= a_1 \big[A_c \cos w_c t + s(t) \big]^1 + a_2 \big[A_c \cos w_c t - s(t) \big]^2$

$s(t) = A_m \cos w_m t$를 대입한다.

$= a_1 \big[A_c \cos w_c t - A_m \cos w_m t \big]^1 + a_2 \big[A_c \cos w_c t - A_m \cos w_m t \big]^2$

$= a_1 A_c \cos w_c t + A_c A_m \cos w_m t + a_2 \big[A_c^2 \cos^2 w_c t - 2 A_c \cos w_c t A_m \cos w_m t + A_m^2 \cos^2 w_m t \big]$

$= a_1 A_c \cos w_c t + a_1 A_m \cos w_m t + a_2 A_c^2 \cos^2 w_c t - a_2 2 A_c \cos w_c t A_m \cos w_m t \cdot + \cos w_m t$

$\quad + a_2 A_m^2 \cos^2 w_m t$

다음은 $i_1(t)$와 $i_2(t)$의 각 소자에 의한 출력의 차 $e_3(t)$는 다음과 같다.

ohm의 법칙 $e = iR$에 의하여 두 전류의 차에 의한 전압 $e_3(t)$는 다음과 같다.

$e^3(t) = \big[i_1(t) - i_2(t) \big] R$

$= \big[(a_1 A_m \cos w_m t + a_1 A_c \cos w_c t + a_2 A_m^2 \cos^2 w_m t + a_2 A_m^2 \cos^2 w_m t + a_2 2 A_m A_c \cos w_c t)$

$\quad - (a_1 A_c \cos w_c t - a_1 A_m \cos w_m t + a_2 A_c^2 \cos^2 w_c t - a_2 2 A_m \cos w_m t \cdot \cos w_c t \cdot + a_2 A_m^2 \cos^2 w_m t) \big] R$

$= \big[(a_1 A_m \cos w_m t + a_1 A_c \cos w_c t + a_2 A_m^2 \cos^2 w_m t + a_2 A_m^2 \cos^2 w_m t + a_2 2 A_c^2 \cos w_c t)$

$\quad - (a_1 A_c \cos w_c t - a_1 A_m \cos w_m t + a_2 A_c^2 \cos^2 w_c t - a_2 2 A_m \cos w_m t \cdot \cos w_c t \cdot + a_2 A_m^2 \cos^2 w_m t) \big] R$

$= \big[a_1 A_m \cos w_m t + a_2 2 A_m^2 A_c \cos^2 w_m t \cdot \cos w_c t + a_1 A_m \cos w_m t + a_2 2 A_m^2 A_c \cos w_c t \cdot \cos w_c t) \big] R$

$= \big[2 a_1 \cos w_m t + 4 a_2 2 A_m A_c \cos w_m t \cdot \cos w_c t \big] R$

$w_m t = A$로, $w_c t = B$로 놓고 3각함수 공식 $\cos A \cdot \cos B = \dfrac{1}{2} \big[\cos(A+B) + \cos(A-B) \big]$를 이용한다.

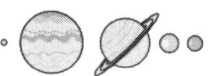

$$= 2a_1 A_m R \cos w_m t + 4a_2 A_m A_c \cdot \frac{1}{2} \left[\cos (w_m + w_c)t + \cos (w_m - w_c)t \right] R$$

$$= 2a_1 A_m R \cos w_m t + 2a_2 A_m A_c R \cos (w_m + w_c)t + 2a_2 A_m A_c R \cos (w_m - w_c)t$$

$$= 2a_1 A_m R \cos w_m t + 2a_2 A_m A_c R \cos (w_c + w_m)t + 2a_2 A_m A_c R \cos (w_c - w_m)t$$

$$\therefore e_3(t) = 2a_1 A_m R \cos w_m t + 2a_2 A_m A_c R \cos (w_c + w_m)t + 2a_2 A_m A_c R \cos (w_c - w_m)t$$
$$\cdots\cdots\cdots\cdots(3.20)$$

상기의 식 (3.20)의 신호를 그림 비선형 소자를 이용한 반송파 억압 진폭 변조기 의 (c)의 BPF를 통과 시키면 식 (3.20)의 $2a_1 A m R \cos w_m t$는 나타나지 않고 다음의 신호만 나타난다. $2a_1 A m R \cos w_m t$는 신호파 성분이며, 따라서 출력 $e_o(t)$는 다음과 같다.

$$e_o(t) = 2a_2 A_m A_c R \cos (w_c + w_m)t + 2a_2 A_m A_c R \cos (w_c - w_m)t$$

$$= 2a_2 A_m A_c R \left[\cos (w_c + w_m)t + \cos (w_c - w_m)t \right]$$

$$\therefore e_o(t) = 2a_2 A_m A_c R \left[\cos (w_c + w_m)t + \cos (w_c - w_m)t \right] \cdots\cdots\cdots(3.21)$$

상기의 결과에서 알 수 있는 바와 같이 비선형 소자를 이용한 평형변조기 출력의 주파수 성분은 $(w_c + w_m)$의 상측파대와 $(w_c - w_m)$의 하측파대만 포함이 되고, 반송파의 주파수 성분 w_c는 제거가 되므로, 출력측 반송파 전압이 "0" 인 반송파 억압 진폭변조파를 얻을 수 있다.

이상에서 설명한 두 개의 변조기는 반송파에 대하여 평형이 되므로 평형변조기(Balanced modulator)라고 한다.

비선형 소자의 특성을 Fourier급수(다음에 나오는 "반송파를 억압한 진폭변조파의 복조"의 Fourier급수 참조)로 근사화 시킬 수 있으나 실제는 2차만으로 충분하기 때문에 비선형소자를 2차 특성소자로 널리 이용하고 있다.

③ 반송파를 억압한 진폭변조파의 복조

동기검파 (또는 승적검파) 수신기에 들어온 반송파 억압 진폭변조파 $g_{DSB-SC}(t)$인 경우, 이 $g_{DSB-SC}(t) = A_c S(t) \cos 2\pi f_c t$를 곱하면 다음과 같이 된다.

$$g_{DSB-SC}(t) \cdot c(t) = A_c S(t) \cos 2\pi f_c t \cdot A_c \cos 2\pi f_c t$$

$$= A_c^2 S(t) \cos 2\pi f_c t \cdot \cos 2\pi f_c t$$

상기의 under$-$line부분에 $\cos A \cos B = \dfrac{1}{2}\{\cos(A+B)+\cos(A-B)\}$를 이용

$$= A_c^2 S(t) \cdot \frac{1}{2}\{\cos(2\pi f_c t + 2\pi f_c t) + \cos(2\pi f_c t - 2\pi f_c t)\}$$

$$= A_c^2 S(t) \cdot \frac{1}{2}\{\cos 4\pi f_c t + \cos 0^o\}$$

$$\cos 0^o = 1$$

$$= A_c^2 S(t) \cdot \frac{1}{2}\{\cos 4\pi f_c t + 1\}$$

$$= A_c^2 S(t) \cdot \frac{1}{2}\cos 4\pi f_c t + A_c^2 S(t) \cdot \frac{1}{2}$$

$$= \frac{A_c^2}{2}\left[S(t) \cdot \cos 4\pi f_c t + s(t)\right] \text{ 또는 } \frac{A_c^2}{2}\left[S(t) + s(t)\cos 4\pi f_c t\right] \cdots\cdots\cdots (3.22)$$

♟ 동기검파 방식 ♟

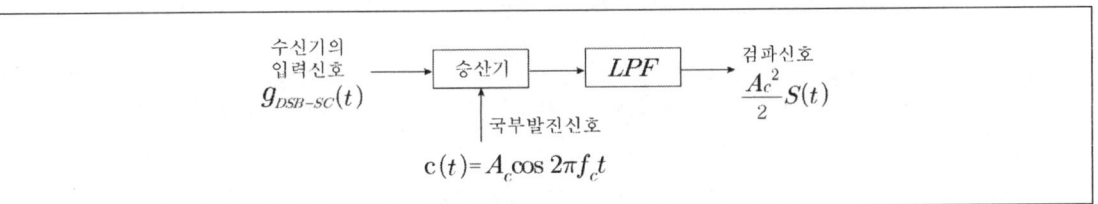

상기의 식 (3.22)에서 원하는 신호는 식 (3.22)의 $\dfrac{A_c^2}{2}s(t)$항 이므로, $g_{DSB-SC}(t) \cdot c(t)$를 LPF를 통과 시켜 원래의 신호 $s(t)$를 복조해 낼 수 있다.

즉 $g_{DSB-SC}(t) \cdot c(t) = \dfrac{A_c^2}{2}\left[s(t) + s(t) \cdot \cos 4\pi f_c t\right]$

상기의 신호를 그림 동기검파 방식에서 LPF를 통과 시키면 반송파 부분인 $s(t)\cos 4\pi f_c t$가 여과가 된다.

$$LPF\left[g_{DSB-SC}(t) \cdot c(t)\right] \cong \frac{A_c^2}{2}s(t) \cdots\cdots\cdots (3.23)$$

지금까지의 설명은 수신기의 국부발진기 반송파(기준반송파)의 주파수와 위상이 송신측의 주파수와 위상이 일치한 경우이다.

이와 같이 일치가 되지 않을 때는 원하지 않는 찌그러짐이 발생한다.

따라서 반송파 억압 진폭변조파로부터 원래의 신호를 제대로 복조하기 위해서는 송신측 반송파의 주파수와 위상이 일치하는 수신기 측의 국부발진기 반송파를 송신측에서 발생해온 반송파 억압진폭 변조파 $g_{DSB-SC}(t)$에 곱해야 한다. 이것을 동기검파라고 한다.

지금까지는 수신기의 국부발진기 반송파의 주파수와 위상이, 송신측의 주파수와 위상이 일치한 경우이나, 만약에 일치가 되지 않는 경우는 원하지 않는 찌그러짐이 발생한다.

즉 송신기측과 수신측 양자의 주파수와 위상이 각각 $\Delta f, \Delta \theta$ 만큼 다른 경우를 보자. 이곱은 다음과 같다.

$$g_{DSB-SC}(t) = A_c s(t)\cos 2\pi f_c t \left[A_c \cos\{2\pi(f_c+\Delta f)t+\Delta\theta\}\right]$$

$$= A_c^2 s(t)\cos 2\pi f_c t \cdot \cos\{2\pi(f_c+\Delta f)t+\Delta\theta\}$$

상기의 식에서 $\cos A \cos B = \dfrac{1}{2}\{\cos(A+B)+\cos(A-B)\}$를 이용.

$$= A_c^2 s(t)\frac{1}{2}\{\cos[2\pi f_c t+2\pi(f_c+\Delta f)t+\Delta\theta]+\cos[2\pi f_c t-2\pi(f_c+\Delta f)t+\Delta\theta]\}$$

$$= \left(\frac{A_c^2}{2}\right)s(t)\{\cos[2\pi f_c t+(2\pi f_c t+2\pi\Delta f t)+\Delta\theta]+\cos[2\pi f_c t-(2\pi f_c t+2\pi\Delta f t)+\Delta\theta]\}$$

$$= \left(\frac{A_c^2}{2}\right)s(t)\{\cos(2\pi f_c t+\Delta\theta)+\cos[2\pi(2\pi f_c+\Delta f)t+\Delta\theta]\} \quad\cdots\cdots\cdots\cdots(3.24)$$

상기의 신호가 LPF를 통과하면 under-line항은 중심주파수가 $2f_e$ 이므로 제거가 되고, 제 1항만 남게 된다. 즉 LPG의 출력은 다음과 같다.

$$LPF[g_{DSB-SC}(t) \cdot c(t)] = \left(\frac{A_c^2}{2}\right)s(t)\cos(2\pi\Delta f t+\Delta\theta) \cdots\cdots\cdots\cdots(3.25)$$

만약 상기의 식 (3.25)에서 Δf와 $\Delta\theta$가 모두 0 이면 상기의 식은 $\left(\dfrac{A_c^2}{2}\right)s(t)\cos 0^o = \dfrac{A_c^2}{2}s(t)$ 가 되므로 원하는 신호가 된다.

상기의 식 (1.29)의 물리적 의미를 이해하기 위하여 우선 $\Delta\theta=0$일 경우, 즉 수신기에서 원래신호를 복조하기 위하여 수신기 측에 도달한 $g_{DSB-SC}(t)$에 곱하는 국부발진기의 반송파 $\tilde{c}(t)$의 성분과 비교해 볼 때, 위상은 서로 같고, 주파수 차이가 서로 미소하게 있을 경우를 생각해 보자.

이때 LPF를 통과한 출력은 식 (3.25)에 의하여 다음과 같이 나타낸다.

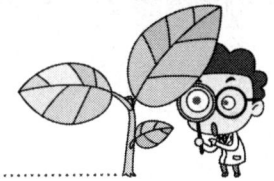

$$LPF\left[g_{DSB-SC}(t) \cdot \tilde{c}(t)\right] = \left(\frac{A_c^2}{2}\right)s(t)\cos 2\pi\Delta ft \cdots\cdots\cdots(3.26)$$

일반적으로 Δf는 작으므로 $s(t)$의 진폭이 시간에 따라 서서히 변하는 결과가 되어 원하지 않는 진폭 찌그러짐, 즉 페이딩(fading)현상이 발생한다.

다음은 수신측의 국부 반송파 $\tilde{c}(t)$의 성분과 송신측의 반송파 $c(t)$의 성분을 비교해 볼때, 주파는 같고($\Delta f = 0$) 위상이 다를 경우, 즉 위상이 오차가 수신측에 미치는 영향을 살펴보자.

이때 LPF를 통과한 출력은 식 (3.25)에 의하여 다음식과 같이 표현한다.

$$LPF\left[g_{DSB-SC}(t) \cdot \tilde{c}(t)\right] = \left(\frac{A_c^2}{2}\right)s(t)\cos\Delta\theta ---------(3.27)$$

여기서 $\Delta\theta = \frac{\pi}{2}$이면, $s(t)\cos\Delta\theta = 0$이 되어 문제를 야기 시키지만, $\Delta\theta$는 일정하기 때문에 복원된 $s(t)$의 진폭이 감쇠될 뿐 주파수의 오차가 미치는 영향만큼 문제가 되지 않는다.

④ 쵸퍼 변조기를 이용한 반송파 억압 진폭변조 검파방식

동기검파의 원리를 이용한 한가지의 예로써 쵸퍼 변조기를 이용하여 원하는 변조신호를 얻는 복조기를 설명해 보자. 이것을 이용한 이유는 쵸퍼 변조기는 송신측에서 변조신호 $s(t)$와 반송파$c(t)$를 곱하여 반송파 억압 진폭변조파 $g_{DSB-SC}(t)$를 만들기 때문이다.

♟ 쵸퍼 변조기를 이용한 $g_{DSB-SC}(t)$ 검파방식 ♟

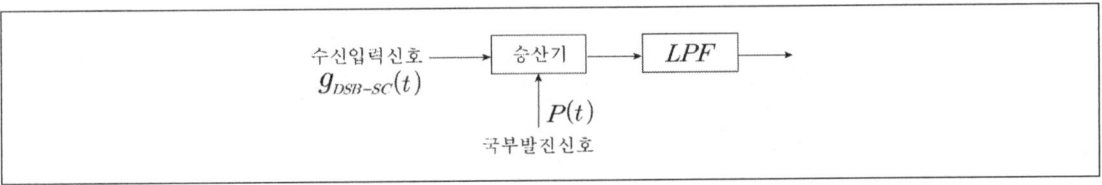

다시 말해서 쵸퍼 변조기를 이용한 $g_{DSB-SC}(t)$ 검파방식과 같이 수신기에 들어온 입력신호 $g_{DSB-SC}(t)$에 송신측에서 변조된 신호와 동일한 주기를 갖는 표본화 펄스함수 $p(t)$신호를 곱하여 얻는다.

여기서 수신기에 들어온 입력신호(송신측의 피변조파) $g_{DSB-SC}(t) = A_c s(t)\cos 2\pi f_c t$이고, 송신측 변조신호와 동일한 신호(국부발진신호)는 $\sum\limits_{n=0}^{\infty} B_n\cos 2\pi f_c t$ 이다.

이 두신호의 곱은 다음과 같이 된다.

$$g_{DSB-SC}(t) \cdot p(t) = A_c s(t)\cos 2\pi f_c t \; \cdot \; \sum_{n=0}^{\infty} B_n \cos 2\pi f_c t$$

$$= A_c s(t) \sum_{n=0}^{\infty} B_n \cos 2\pi f_c t \; \cdot \; \cos 2\pi f_c t$$

$$= A_c s(t) \sum_{n=0}^{\infty} B_n \cos 2\pi n f_c t \; \cdot \; \cos 2\pi f_c t$$

상기의 식에서 under$-$line부분을 $2\pi n f_c t = A$, 또 $2\pi f_c t = B$ 라고 하여 만들어 보자.

$\cos A \; \cdot \; \cos B = \dfrac{1}{2}\{\cos(A-B) + \cos(A+B)\}$ 를 이용

$$= A_c s(t) \sum_{n=0}^{\infty} B_n \frac{1}{2}\{\cos(A-B) + \cos(A+B)\}$$

A. B 값을 대입한다.

$$= A_c s(t) \sum_{n=0}^{\infty} B_n \frac{1}{2}\{\cos(2\pi nfct - 2\pi fct) + \cos(2\pi nfct + 2\pi fct)\}$$

$$= A_c s(t) \sum_{n=0}^{\infty} B_n \frac{1}{2}\{\cos(n-1)2\pi fct + \cos(n+1)2\pi fct\}$$

$$g_{DSB-SC}(t) \cdot p(t) = A_c s(t) \sum_{n=0}^{\infty} B_n \frac{1}{2}\{\cos(n-1)2\pi fct + \cos(n+1)2\pi fct\}$$

상기의 식 (1.32)에서 몇 가지 항만 살펴보자.

① n = 0 인 경우 $g_{DSB-SC}(t) = ?$

$$g_{DSB-SC}(t) = A_c s(t)B_o \frac{1}{2}\{\cos(0-1)2\pi fct + \cos(0+1)2\pi fct\}$$

$$= A_c s(t)B_o \frac{1}{2}\{\cos(-1)2\pi fct + \cos(1)2\pi fct\}$$

$$= A_c s(t)B_o \frac{1}{2}\{|\cos 2 \; \cdot \; 2\pi f_c t|\}$$

$$= \frac{A_c}{2}s(t)B_o \cos 2\pi f_c t$$

② n = 2 인 경우 $g_{DSB-SC}(t) = ?$

$$g_{DSB-SC}(t) = A_c s(t)B_1 \frac{1}{2}\{\cos(1-1)2\pi fct + \cos(1+1)2\pi fct\}$$

$$= A_c s(t)B_1 \frac{1}{2}\{\cos(0)2\pi fct + \cos(2)2\pi fct\}$$

$$= A_c s(t) B_1 \frac{1}{2} \{\cos(0) + \cos(2) 2\pi fct)\}$$

$$= A_c s(t) B_1 \frac{1}{2} \{1 + \cos \cdot 4\pi f_c t\}$$

$$= \frac{A_c}{2} s(t) B_1 \cos 2\pi f_c t$$

③ n = 3 인 경우 $g_{DSB-SC}(t) = ?$

$$g_{DSB-SC}(t) = A_c s(t) B_2 \frac{1}{2} \{\cos(2-1) 2\pi fct + \cos(2+1) 2\pi fct)\}$$

$$= A_c s(t) B_2 \frac{1}{2} \{\cos 2\pi fct + \cos(3) 2\pi fct)\}$$

$$= \frac{A_c}{2} s(t) B_2 \{\cos 2\pi fct + \cos 6\pi fct)\}$$

상기의 Fourier 급수를 주파수 영역으로 도시해 보면 아래의 그림과 같이된다.

따라서 LPF를 사용하여 원하는 신호인 $\frac{A_c}{2} B_1 s(t)$를 복원할 수 있다.

그러므로 변조와 복조에 동일한 초퍼를 사용할 필요가 있다.

♟ 주파수 스펙트럼 ♟

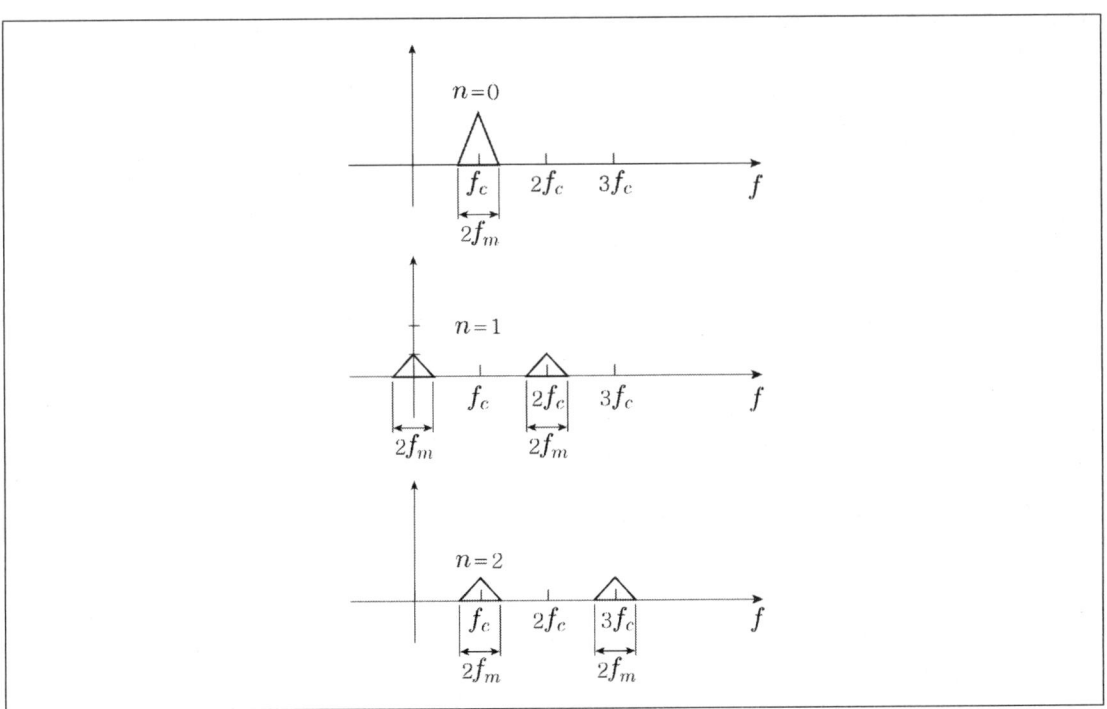

4 ▶ 진폭변조(AM)

기저 대역의 신호를 원거리 통신에 사용하는 데는 부적합하므로 송신측에서는 기저 대역 신호를 적당한 고주파 대역으로 스펙트럼을 이동 시킴으로서 신호의 전송이 가능하게 되며 수신측에서는 고주파 대역으로부터 다시 원래의 기저 대역으로 스펙트럼을 이동 시킴으로서 정보의 복원이 가능하게 된다.

이와 같은 스펙트럼의 이동 과정을 변조(Modulation)와 복조(Demodulation)이라고 하며 유선과 무선, 광 통신 시스템에서 매우 중요한 부분이다. 일반적으로 교류 신호는 다음과 같은 정현파로 표현할 수 있다.

$$e = E \sin(wt + \theta) \cdots\cdots\cdots\cdots (3.28)$$

여기서 E는 직류 성분의 진폭(Amplitude), 주파수 $f = \dfrac{w}{2\pi}$ (Frequency), 위상 θ의 3가지 파라미터로 구성된다. 정보 신호에 따라 발진기에서 발생되는 식 (3.28)의 정현파에서 진폭을 변화시키는 진폭 변조(AM ; Amplitude Modulation), 주파수를 변화시키는 주파수 변조(FM ; Frequency Modulation), 위상을 변화시키는 위상 변조(PM ; Phase Modulation)의 3가지 방식이 있다. 이들은 정보 신호가 아날로그 신호인 경우에 사용되는 방식이며 정보 신호가 디지털인 경우에는 진폭 편이 키잉(ASK : Amplitude Shift Keying), 주파수 편이 키잉(FSK : Frequency Shift Keying), 위상 편이 키잉(PSK : Phase Shift Keying)이 있다.

① 진폭 변조

① **AM 변조** ⋯ 고주파 신호의 크기를 정보 신호의 특성에 따라 연속적으로 변화시키는 변조 방식

② **AM 변조방식**

　㉠ 반송파 억압 진폭변조 : DSB−SC(Double Sideband − Suppressed Carrier)

　㉡ 반송파를 갖는 진폭변조 : DSB−LC(Double Sideband − Large Carrier)

　㉢ 단측파대 진폭변조 : SSB(Single Sideband)

　㉣ 잔류 측파대 진폭변조 : VSB(Vestigial Sideband)

③ **진폭변조의 원리** ⋯ 반송파의 진폭을 신호파에 따라 변화시킴

④ **AM 신호의 표현**

　㉠ $V_m(t)$: 정보 신호인 변조할 신호

　㉡ $V_C(t)$: 반송파 신호

　㉢ $V_{AM}(t)$: 표준 AM 변조된 신호

♀ 진폭변조 파형 ♀

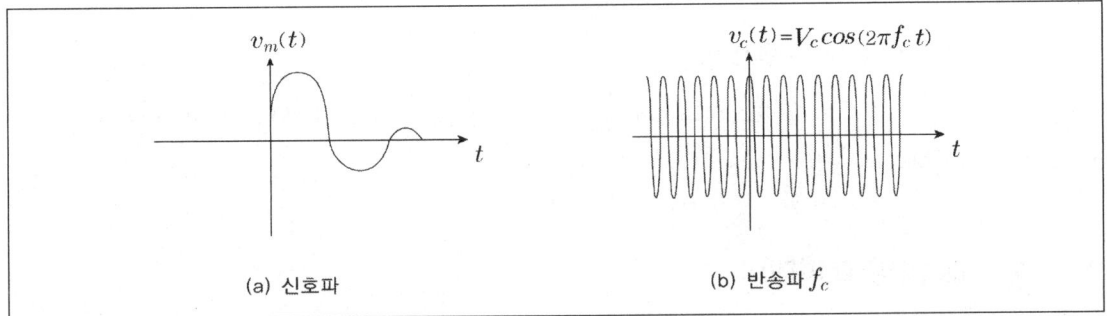

(a) 신호파   (b) 반송파 f_c

②   AM신호의 정량적 표현

① **정형파 신호** $\cdots v_m = V_m \cos(2\pi f_m t)$

$$v_c = V_c \cos(2\pi f_c t)$$

$$
\begin{aligned}
v_{AM}(t) &= (V_c + v_m(t))\cos(2\pi f_c t) \\
&= (V_c + v_m(2\pi f_m t))\cos(2\pi f_c t) \\
&= V_c(1 + \frac{V_m}{V_c}\cos(2\pi f_m t))\cos(2\pi f_c t) \\
&= V_c(1 + m\cos(2\pi f_m t))\cos(2\pi f_c t) \\
&= V_c\cos(2\pi f_m t) + \frac{m}{2}V_c\cos(2\pi f_c t + 2\pi f_m t)) - \frac{m}{2}V_c\cos(2\pi f_c t - 2\pi f_m t))
\end{aligned}
$$

m은 변조도 이다.

③   변조도

변조 지수 $m = \dfrac{V_m}{V_c} = \dfrac{V_{\max} - V_{\min}}{V_{\max} + V_{\min}}$ ··············(3.29)

m = 1 이면 100% 변조 이고 m > 1 이면 과변조이다.

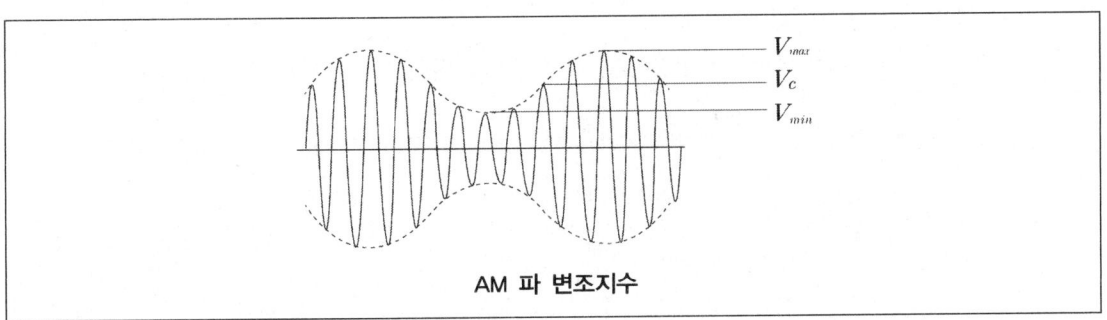

V_{max}
V_c
V_{min}

AM 파 변조지수

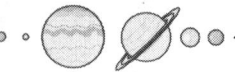

④ 과변조의 특징

점유 주파수 대역이 넓어지고 위상 반전이 일어난다.

신호의 무한한 고조파를 포함하여 반송파를 중심으로 인접 주파수 대역에 방해되고 자체의 신호로 일그러짐이 발생한다.

⑤ DSB(양 측파대)

① 측파
   ㉠ 측파 : 반송파에 음성등 신호가 실릴 경우 변조된 피변조파에 생기는 반송파와 또 다른 주파수 성분이다.
   ㉡ 측파대 : 측파가 차지하고 있는 영역이다.
   - 전체 반송파가 다 전송되므로 송신 출력이 커서 수신 시 감쇄의 영향을 적게 받는다.
   - 진폭 변조 방식 중에서는 가장 양호한 통신 품질(음질)을 보인다.
   - 반송파가 전송되므로 수신기에 반송파 동기를 잡기 위한 회로가 불필요하여 수신기가 간단하고 상대적으로 저렴한 비용으로 수신기를 구현할 수 있다.
   - 다른 진폭 변조 방식에 비해 상대적으로 전력소모가 많은 것이 단점이다.
   - 양호한 음질을 필요로 하는 AM라디오 방송에 사용된다.
   - S/N 비는 비교적 좋지 않으며 송수신 장치는 비교적 간단하다.
   ㉢ 전송방식 : 비변조와 모두를 전송한다.
   ㉣ 주파수 대역폭 : 비교적 대역폭이 넓다.
   ㉤ 소비전력 : $\left(1 + \dfrac{m^2}{2}\right)P_c$

② 피 변조파 주파수 성분
   ㉠ 반송파 주파수 성분(f_c)
   ㉡ 상측 대역 성분($f_c + f_m$)
   ㉢ 하측 대역 성분($f_c - f_m$)
   정보 신호의 대역폭은 W 일 경우 표준 AM 변조신호의 대역폭은 두배가 되어 2W이다.

$$V_{AM}(t) = V_c\cos(2\pi f_c t) + \frac{m V_c}{2}cos(2\pi(f_c+f_m)t) + \frac{m V_c}{2}cos(2\pi(f_c-f_m)t) \quad \cdots\cdots(3.30)$$

$$\quad\quad\quad\quad\text{반송파} \quad\quad\quad\quad \text{상측파대} \quad\quad\quad\quad\quad \text{하측파대}$$

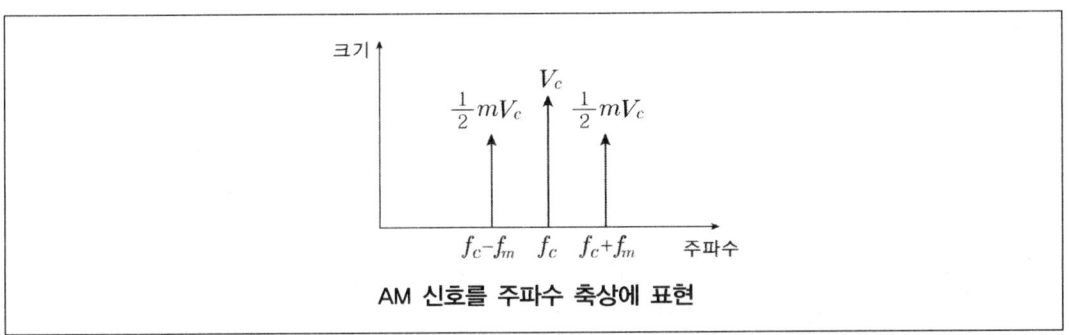

AM 신호를 주파수 축상에 표현

- AM 피변조파 평균전력

$$P_m = P_c + P_u + P_L = P_c \left(1 + \frac{m_a^2}{2} \right) \cdots\cdots\cdots (3.31)$$

- 반송파 전력

$$P_c = \left(\frac{V_c}{\sqrt{2}} \right)^2 \frac{1}{R} = \frac{V_c^2}{2R} \cdots\cdots\cdots (3.32)$$

- 상·하 측파대 전력

$$P_u = P_L = \left(\frac{V_c}{\sqrt[2]{2}} \right)^2 \frac{1}{R} = \frac{V_c^2}{8R} = \frac{m_a^2}{8R} = \frac{m_a^2}{4} \cdot P_c \cdots\cdots\cdots (3.33)$$

- 피 변조파 소비전력

$$P_m = P_c + P_u + P_L \qquad\qquad \cdots\cdots\cdots (3.34)$$
$$= \left(1 + \frac{m^2}{4} + \frac{m^2}{4} \right) P_c = \left(1 + \frac{m^2}{2} \right) P_c \, [W]$$

- 각 전력 성분비

$$P_c : P_u : P_L = 1 : \frac{m^2}{4} : \frac{m^2}{4} \quad \cdots\cdots\cdots (3.35)$$

- 변조도에 따른 전력

  변조도가 1일 때

$$P_m = \left(1 + \frac{m^2}{2} \right) P_c \cdots\cdots\cdots (3.36)$$
$$P_m = \frac{3}{2} P_c$$

m = 1 일 때 전체 전력에서 반송파가 차지하는 비중은 2/3 이고 그 외에는 상측파대와 하측파대가 차지하는 전력이다.

③ DSB-SC(반송파 억압 진폭 변조)

ⓐ DSB-SC … 반송파 억압 진폭 변조(DSB-SC : Double Side Band-Suppressed Carrier) 방식은 진폭 변조기 구성도에서 변조기가 승산기(곱셈기 : Multiplier)를 사용하는 경우 발생되는 진폭 변조 방식을 말한다.

ⓑ DSB-SC의 특징

• 반송파가 전송되지 않으므로 송신 출력이 작아 수신 회로에서 정확한 반송파 동기를 못 잡거나 전송 중 감쇄의 영향을 많이 받는다.

• 전송 중 감쇄의 영향 때문에 통신 품질이 좋지 못하다. 수신기에 송수신 반송파를 일치시키기 위한 회로(speech clarifier)가 필요하여 회로가 복잡하다.

• 반송파가 전송되지 않으므로 송신기의 전력소모가 적으므로, 휴대용으로 사용하기에 유리하다.

  − 반송파 신호 : $e_c = E_c \cos 2\pi f_c t$

  − 정보를 실은 신호 : $e_s = E_s \cos 2\pi f_s t$

변조 후 얻어지는 피변조파는 반송파의 진폭에 승산기를 이용하여 정보 신호를 곱함으로써 얻어진다.

$e = E_c \, e_s \cos w_c t = E_c E_s \cos 2\pi f_c t \cdot \cos 2\pi f_s t$

$$= \frac{E_c E_s}{2}[\cos 2\pi (f_c + f_s)t + \cos 2\pi (f_c - f_s)t] \quad \cdots\cdots\cdots\cdots(3.37)$$

피변조파 e 에는 반송파 주파수 성분이 없으므로 반송파 억압 방식이 된다.

SB-LC 방식의 피변조파를 나타내는 식 (3.37)은 상측파대와 하측파대 성분 $\dfrac{E_c E_s}{2}$ 이며 주파수가 $f_c + f_s, \ f_c - f_s$ 에만 존재한다.

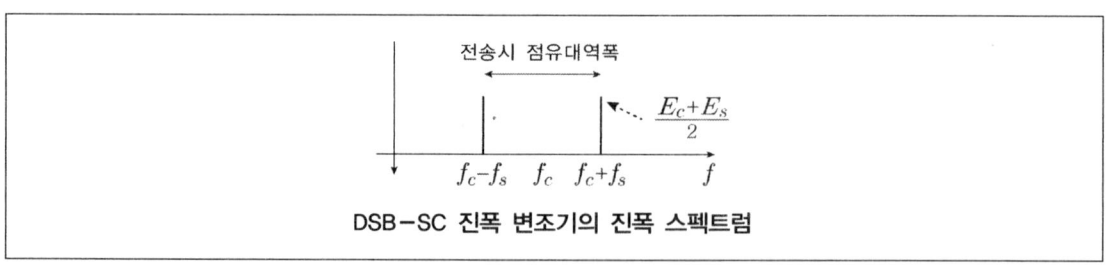

DSB-SC 진폭 변조기의 진폭 스펙트럼

반송파 성분은 스펙트럼에서는 나타나지 않고 상측파대와 양측파대만을 얻을 수 있다. 그림 시간 영역에서 DSB-SC 진폭 변조는 변조전의 정보 신호와 반송파 신호 및 변조 후에 얻어지는 피변조파 신호를 나타낸 것이다.

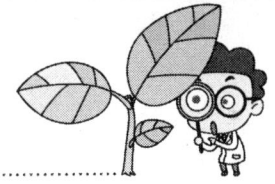

④ **DSB−SC 신호의 발생원리**(= DSB−SC 신호의 변조)

　㉠ 기능도

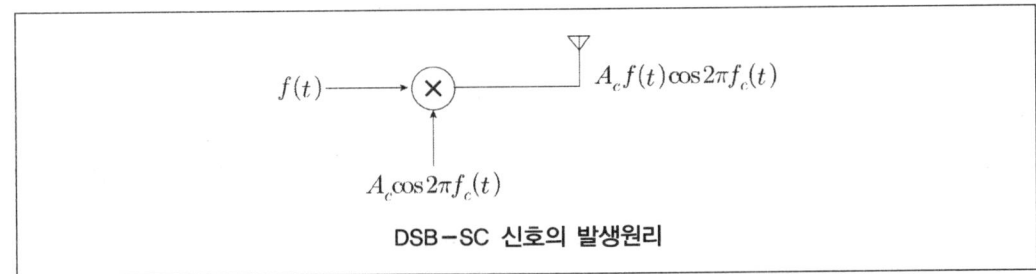

DSB−SC 신호의 발생원리

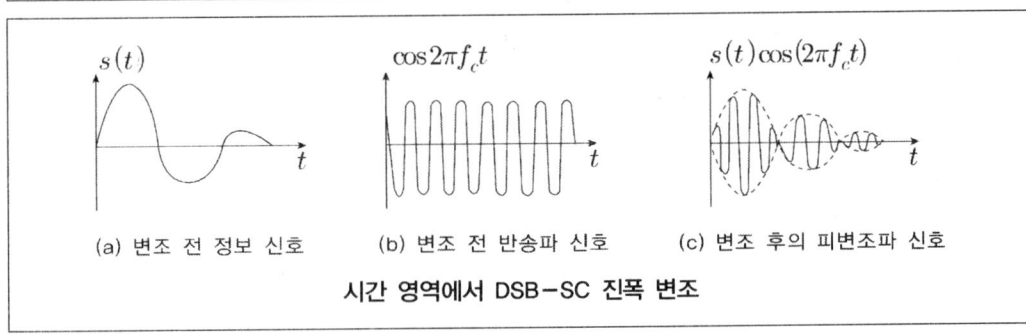

(a) 변조 전 정보 신호　　(b) 변조 전 반송파 신호　　(c) 변조 후의 피변조파 신호

시간 영역에서 DSB−SC 진폭 변조

　㉡ 변조된 신호 $\phi(t)$의 표현 $\cdots$ $\phi(t) = f(t)\cos\omega_c t$

　㉢ 변조된 신호 $\phi(t)$의 spectrum

$$\Phi(\omega) = \frac{1}{2\pi} F(\omega) * [\pi\delta(\omega - \omega_c) + \pi\delta(\omega + \omega_c)]$$

$$= \frac{1}{2} F(\omega) * \delta(\omega - \omega_c) + \frac{1}{2} F(\omega) * \delta(\omega + \omega_c)$$

$$= \frac{1}{2} F(\omega - \omega_c) + \frac{1}{2} F(\omega + \omega_c)$$

　㉣ 의미

- 진폭변조는 신호 spectrum $F(\omega)$를 $\pm\omega_c$ 만큼 이동한다.
- $\Phi(\omega)$는 $\pm\omega_c$를 중심으로 대칭이지만 반송파 성분을 존재하지 않으므로 반송파억압변조라 함
- 진폭 변조된 신호 $\phi(t)$의 대역폭은 신호 대역폭의 2배이므로 Double Sideband(DSB)라 함
- DSB−SC에서 반송파 주파수 ω_c는 신호 $f(t)$의 대역폭의 2배보다 커야 한다.

⑤ **DSB−SC 신호의 재생 원리**(= DSB−SC 신호의 복조)

  ㉠ 동기 검파의 기능도

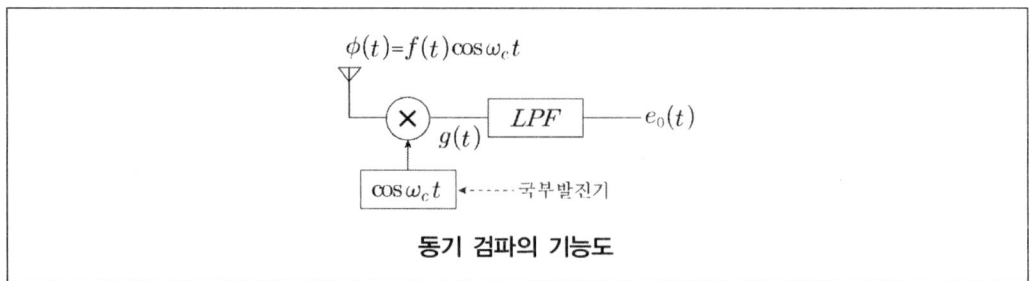

동기 검파의 기능도

  ㉡ 혼합기 출력 $g(t)$와 그 spectrum

$$g(t) = \phi(t)\cos\omega_c t$$

$$= f(t)\cos^2\omega_c t = \frac{1}{2}f(t)[1 + \cos 2\omega_c t]$$

$$= \frac{1}{2}f(t) + \frac{1}{2}f(t)\cos 2\omega_c t$$

$$G(\omega) = \frac{1}{2}F(\omega) + \frac{1}{4}F(\omega - 2\omega_c) + \frac{1}{4}F(\omega + 2\omega_c)$$

⑥ **DSB−SC 신호의 발생**

  ㉠ 주파수 혼합기(frequency mixer) : 입력 신호의 주파수와 다른 출력 주파수를 만드는 시스템으로 이 시스템은 시변 비선형시스템이 되며 주파수 변환기 또는 Heterodyne이라 함

  ㉡ 주파수 혼합기의 이론적 기능도

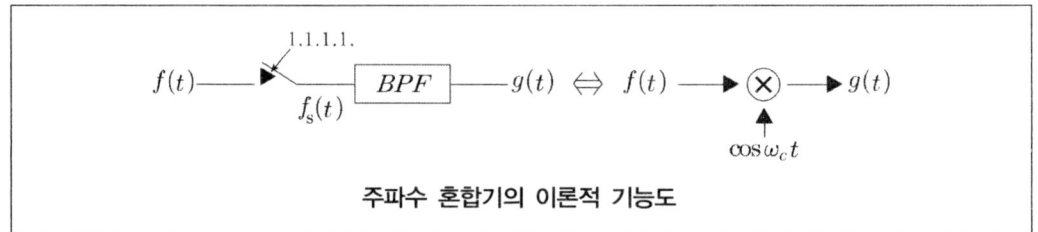

주파수 혼합기의 이론적 기능도

  ㉢ DSB−LC

  • 전체 반송파가 다 전송되므로 송신 출력이 커서 수신 시 감쇄의 영향을 적게 받음.

  • 진폭 변조 방식 중에서는 가장 양호한 통신 품질(음질)을 보임.

  • 반송파가 전송되므로 수신기에 반송파 동기를 잡기 위한 회로가 불필요하여 수신기가 간단하고 상대적으로 저렴한 비용으로 수신기를 구현할 수 있음.

  • 다른 진폭 변조 방식에 비해 상대적으로 전력소모가 많은 것이 단점임.

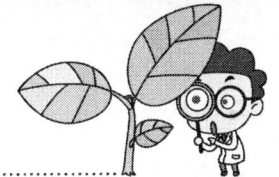

⑦ **DSB−SC**(반송파 억압 진폭 변조)

  ㉠ DSB−SC 신호를 복조할 때 동기 검파를 해야 하므로 수신기 측에 복잡한 회로를 요구

  ㉡ 값싼 수신기를 위해 송신기 측에서 동기화를 해결해야 함

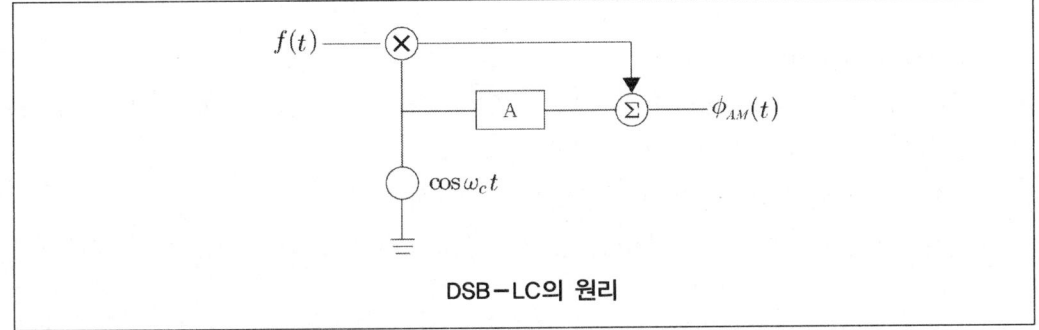

DSB−LC의 원리

  ㉢ DSB−SC에 반송파 성분을 더하여 변조된 신호 $\phi_{AM}(t)$로 함

$$\phi_{AM}(t) = f(t)\cos\omega_c t + A\cos\omega_c t$$
$$= [A + f(t)]\cos\omega_c t$$

- 반송파의 진폭은 $[A + f(t)]$로 함
- $A + f(t) \geq 0$ $(A \geq |\min\{f(t)\}|)$이면 $\phi_{AM}(t)$의 포락선은 $f(t)$에 비례
- $\phi_{AM}(t)$의 포락선이 $f(t)$에 비례하므로 포락선 검파를 할 수 있음
- 반송파 항 $A\cos\omega_c t$는 $f(t)$의 어떤 정보도 갖지 못하며 단지 검파를 위해 사용
- $\phi_{AM}(t)$의 spectrum

$$\Phi_{AM}(\omega) = \frac{1}{2}F(\omega - \omega_c) + \frac{1}{2}F(\omega + \omega_c) + A\pi\delta(\omega - \omega_c) + A\pi\delta(\omega + \omega_c)$$

- $\pm\omega_c$에서 spectrum 크기는 $\frac{1}{2}F(0) + A\pi\delta(0)$ 이므로 $f(t)$의 저주파 응답은 왜곡
- $\phi_{AM}(t)$를 검파하면 $f(t)$의 저주파 성분은 소거됨(왜곡됨)
- 일반적으로 $f(t)$가 음성일 경우 저주파 성분이 왜곡되더라도 문제가 없음

  ㉣ $f(t) = a\cos\omega_m t$ **일 때** $\phi_{AM}(t)$**의 해석**

$$\phi_{AM}(t) = A\cos\omega_c t + a\cos\omega_m t \cdot \cos\omega_c t$$
$$= [A + a\cos\omega_m t]\cos\omega_c t$$
$$= A[1 + \frac{a}{A}\cos\omega_m t]\cos\omega_c t$$

⑧ **DSB-LC 신호의 발생**

$$\phi_{AM}(t) = \underline{f(t)\cos\omega_c t} + \underline{A\cos\omega_c t} \quad\cdots\cdots\cdots\cdots (3.38)$$
$$\quad\quad\quad\quad\quad \text{DSB-SC} \quad + \quad \text{반송파}$$

⑨ **SSB(단측파대) 통신방식**

　㉠ 반송파없이 한 쪽 측대파만으로 전송되므로 송신 출력이 작아 수신 회로에서 정확한 반송파 동기를 못 잡거나 전송 중 감쇄의 영향을 많이 받는다.

　㉡ 전송 중 감쇄의 영향 때문에 통신 품질이 좋지 못하다.

　㉢ 수신기에 송수신 반송파를 일치시키기 위한 회로(speech clarifier)가 필요하여 회로가 복잡하다.

　㉣ 전송 구간에서 주파수 선택성 페이딩의 영향을 받는 경우 DSB로 전송하는 것보다 영향을 적게 받을 수 있다.

　㉤ 반송파가 전송되지 않으므로 송신기의 전력소모가 적으므로, 휴대용으로 사용하기에 유리하다.

　㉥ 소전력 통신이 필요한 무전기나 아마추어 무선국에 사용된다.

　㉦ S/N 비는 DSB보다 좋지만 송수신 장치가 복잡하다.

　• 전송방식 : 상측파나 하측하 중 하나만 전송된다.

　• 주파수 대역폭 : 대역폭은 DSB의 절반 이하이다.

　• 소비전력 : DSB 보다 소비전력이 작다.

$$\frac{m^2}{4}P_c \quad\cdots\cdots\cdots\cdots (3.39)$$

⑩ **VSB**

　㉠ 한쪽 측대파를 제거하는 SSB용 필터 제작 기술이 부족하던 시기에 정확히 한 쪽 측대파를 제거하지 못하기 때문에 한쪽 측대파의 어느 정도의 대역만 제거하는 기술

　㉡ NTSC 텔레비전에서는 영상 신호가 반송파 근처에 집중되어 있으므로 VSB를 써서 낮은 대역의 영상의 휘도 신호는 상하 측대파에 모두 실어 보내면서도 DSB보다 훨씬 협대역으로 통신할 수 있도록 한 방식

　㉢ 주로 텔레비전의 변복조 기술로 이용됨

　㉣ 우리나라 HDTV의 변복조 방식으로 VSB가 그대로 이용됨

♀ 표 3-1 AM 시스템 ♀

parameter 시스템	검파	소모 전력	대역폭	충실도	신호대잡음비	용도	fading
DSB-LC	포락선검파 (간단)	대	2B	아주 양호	$(\frac{S}{N})_0 = \frac{2\overline{f^2(t)}}{A^2 + \overline{f^2(t)}} (\frac{S}{N})_i$	상업용 방송	대
DSB-SC	동기검파 (복잡)	중	2B	아주 양호	$(\frac{S}{N})_0 = 2 \cdot (\frac{S}{N})_i$	FDM, chopper 증폭기	소
SSB	동기검파 (복잡)	소	B	양호	$(\frac{S}{N})_0 = (\frac{S}{N})_i$	점대점 통신	소
VSB	동기검파 (복잡)	소	1.25B	양호	$(\frac{S}{N})_0 = (\frac{S}{N})_i$	TV, FAX	소

5 주파수 변조(FM)

① 정보 신호의 특성에 따라 반송파 신호의 주파수나 위상을 변화시키는 방식

① 진폭 변조에 비해 잡음에 둔감(반송파의 진폭을 일정하게 유지하므로 진폭의 변화에 의한 영향이 미소)

② 넓은 주파수 대역폭이 요구됨

② 주파수 변조

① **주파수 변조**(FM, Frequency Modulation) ⋯ 정보 신호의 특성에 따라 반송파의 주파수를 변화시키는 방식

② **주파수 변조**(FM, Frequency Modulation)**의 정의** ⋯ 정보 신호의 크기에 따라 반송파 신호의 주파수가 비례하여 변하는 방식

③ 정현파 신호의 위상과 주파수의 관계

① 순시 주파수와 위상각과의 관계

$$V(t) = V cos\theta_i(t) \quad \cdots\cdots\cdots\cdots(3.40)$$

$$f_i(t) = \frac{1}{2\pi} \frac{d\theta_i(t)}{dt}$$

② 통신 신호의 일반적인 표현에서의 적용

$$v_c(t) = V_c cos(2\pi f_c t + \theta) \quad \cdots\cdots\cdots\cdots(3.41)$$

$$f_i(t) = \frac{1}{2\pi} \frac{d\theta_i(t)}{dt} = f_c$$

④ FM 변조에 대한 기본 공식

진폭 변조는 변조 후 정보 신호를 반송파 신호의 주위로 이동 시키는 것($f_c + f_s$와 $f_c - f_s$) 이외에는 새로운 주파수가 발생되지 않으므로 선형 변조(linear modulation)이라고 하지만 통신의 품질을 결정하는 신호대 잡음비는 송신측에서 송신 전력의 증가만으로 높일 수 있으므로 통신의 품질이 떨어지는 문제점이 있다. 그러나 본 장에서 설명되는 각도 변조(angle modulation)은 변조후 정보 신호를 반송파 신호의 주위로 이동 시키는 것 이외에도 새로운 주파수가 다수 발생하므로 비선형 변조(nonlinear modulation) 로서 통신의 품질을 결정하는 신호대 잡음비는 선형 변조 방식보다 우월하지만 상당히 넓은 주파수 대역폭을 필요로 한다.

각도 변조(또는 각 변조)에는 주파수 변조(FM : frequency modulation)과 위상 변조(PM : phase modulation)의 2 가지 방식이 있으며 만약 반송파 신호를 수식으로 표현하면 다음과 같다.

$$e_c = E_c \cos(w_c t + \phi) \quad (5-1)$$

여기서 반송파를 구성하는 3가지 요소인 E_c, w_c, ϕ에서 w_c와 ϕ를 일정하게 유지한 후 정보 신호에 따라 E_c를 변화시키는 방식이 4장의 진폭 변조의 기본 개념 이었다. 주파수 변조는 E_c와 ϕ를 일정하게 유지한 후 정보 신호에 따라 w_c를 변화시키는 방식이며 위상 변조는 E_c와 w_c를 일정하게 유지한 후 정보 신호에 따라 ϕ를 변화시키는 방식을 말한다. 이와 같은 각도 변조 방식이 진폭 변조 방식에 비해 갖는 장점은 다음과 같다.

① 신호대 잡음비의 개선

② 신호의 찌그러짐이 적음

③ 송신측의 전력 효율이 높음

④ 진폭 변조 방식보다 신호의 간섭이 적게 발생함

이와 같은 장점을 갖는 반면 점유 주파수 대역폭이 넓어서 주파수 이용 효율이 낮으며 송신기와 수신기의 구조가 복잡하고 비선형 변조를 이용하므로 해석의 어려움이 있다. 현재 FM은 국내 FM 방송과 아날로그 휴대폰에 이용되고 있는 방식으로서 최근 통신 방식이 디지털화되어감으로서 디지털 방식의 FM(FSK)으로 대체되어가는 추세이며 PM은 특수한 경우 이외에는 거의 사용되지 않다가 디지털 PM(PSK)으로 대체되어가면서 상용 통신에 이용되고 있는 실정이다.

⑤ 주파수 변조 동작

주파수 변조는 슈퍼헤테로다인 방식을 고안한 Armstrong이 개발한 AM의 대안 방식으로서 전송 과정에서 부가되는 잡음의 영향이 피변조 신호의 진폭보다는 주파수에 영향을 덜미친다는 기본 원리를 응용한 방식이다. 진폭 변조된 피변조파의 경우 정보 신호가 포락선을 이루는 진폭에 실려 있는데 전송 과정에서 잡음, 찌그러짐, 간섭 등이 존재하면 이들은 진폭에 +또는 − 효과를 일으켜 진폭이 변동하게 되며 이로 인하여 복조 후에는 신호가 찌그러져 통신 품질을 저하시키는 원인으로 작용하지만 FM에서는 진폭은 변동하더라도 주파수 또는 주기에는 큰 영향을 미치지 못하므로 AM보다 상대적으로 품질이 양호하게 된다.

먼저 주파수 변조에 대하여 알아보자. 변조전의 반송파의 파형 식 (3.42)를 다음과 같이 바꿔써보자.

$$e_c = E_c \sin \theta(t) \cdots\cdots\cdots(3.42)$$

여기서 반송파의 순시 주파수(instantaneous frequency) 또는 순시 각속도는 위상의 변화율로 정의되므로

$$f_i = \frac{1}{2\pi} \cdot \frac{d\theta}{dt} \quad \text{또는} \quad w_i = \frac{d\theta}{dt} \cdots\cdots\cdots(3.43)$$

가 된다. 여기서 정보 신호 e_s에 따라 반송파의 주파수를 변화시키는 것이 FM의 원리이므로 주파수 편이 상수를 K(Hz/volt)라고하면 반송파 주파수의 변화는 $K \cdot e_s$가 될 것이다. 이를 이용하면 순시 주파수는

$$f_i(t) = f_c + K \cdot e_s \, (Hz) \cdots\cdots\cdots(3.44)$$

가 되며 순시 주파수는 위상의 시간에 대한 미분치이므로 역으로 위상은 시간에 대한 순시 주파수의 적분이 될 것이다.

$$\theta(t) = 2\pi \int_0^t f_i(\tau)d\tau = 2\pi[f_c t + K \int_0^t e_s(\tau)d\tau] \cdots\cdots\cdots(3.45)$$

식 (3.45)는 다음과 같이 쓸 수 있다.

$$\theta(t) = w_c t + 2\pi K \int_0^t e_s(\tau)d\tau \qquad \cdots\cdots\cdots\cdots(3.46)$$

여기서 변조를 위한 정보 신호 $e_s = E_s \cos w_s t$ 라고 하자. 식 (3.44)에 대입하면 최대 순시 주파수와 최소 순시 주파수 값을 얻을 수 있게 되는데

$$f_i|_{\max} = f_c + K \cdot E_s$$

$$f_i|_{\min} = f_c - K \cdot E_s \quad \cdots\cdots\cdots\cdots(3.47)$$

가 된다. 정보 신호의 증감에 따라 순시 주파수가 반송파 주파수 f_c를 중심으로 하여 $+KE_s$와 $-KE_s$의 범위 내에서 변동함을 알 수 있다. 이는 변조하기 전에 반송파 주파수가 f_c 였으나 변조후에는 반송파 주파수가 최대 순시 주파수와 최소 순시 주파수 범위 내에서 정보신호의 진폭에 따라 변동함을 의미한다. 여기서 KE_s를 주파수 편이(frequency deviation)이라고 하며 Δf로 표기하자.

$f_c \pm \Delta f$ 사이를 연속적으로 변동

$f_c - \Delta f \qquad f_c \qquad f_c + \Delta f \qquad\qquad f$

FM의 주파수 변동 범위

위 그림 FM의 주파수 변동 범위를 이용하면 변조후의 최대 및 최소 순시 주파수 값을 알면 변조 전의 반송파 주파수는 다음의 식으로 알 수 있다.

$$f_c = \frac{f_i|_{\max} + f_i|_{\min}}{2} \quad \cdots\cdots\cdots\cdots(3.48)$$

FM 변조된 후의 피변조파의 식을 얻을 수 있으며 이때 e_c를 $e_{FM}(t)$라고 표시하자.

$$e_{FM}(t) = E_c \sin\left[w_c t + 2\pi K \int_0^t e_s(\tau)d\tau\right]$$

$$= E_c \sin\left[w_c t + \frac{E_s K}{f_s} \sin w_s t\right]\cdots\cdots\cdots\cdots(3.49)$$

FM의 변조 지수를 $m_f = \dfrac{E_s K}{f_s} = \dfrac{\Delta f}{f_s}$ 라고 하면

$$e_{FM}(t) = E_c \sin \left[w_c t + m_f \sin w_s t\right] \cdots\cdots\cdots(3.50)$$

가 된다.

주파수 편이량은 정보 신호의 최대 진폭치에 비례함을 상기의 식에서 알 수 있다. 또한 변조도를 나타내는 경우 AM에서는 백분율 또는 소수점 형태로 표현하지만 FM에서는 백분율을 표시하는 경우 수백 %가 되므로 백분율로는 사용하지 않는 것이 보통이다. 그림 FM 변조의 동작 파형은 FM이 일어나는 과정을 그림으로 나타낸 것이다. 반송파, 정보 신호 및 FM 피변조파를 순서적으로 나타낸 것이다. 정보 신호의 최대치에서 피변조파의 주파수 f 가 높아짐을 알 수 있으며 최소치에서 피변조파의 주파수 f 가 낮아짐을 표시하고 있으며 최대치와 최소치 사이에서는 주파수가 서서히 연속적으로 변하고 있음을 보인다.

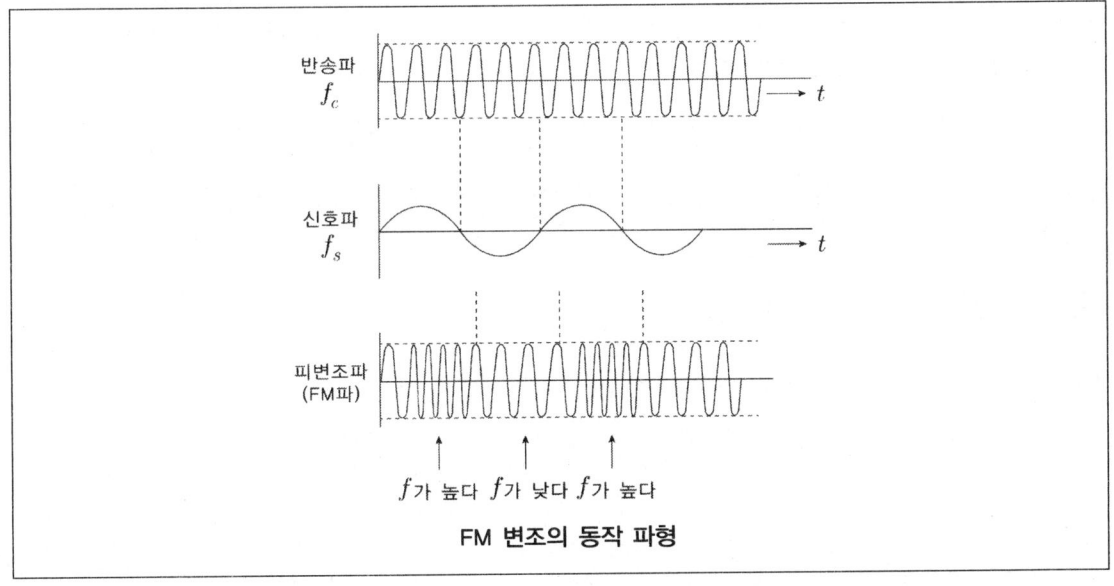

FM 변조의 동작 파형

6 위상변조(PM)

위상 변조(Phase Modulation)는 주파수 변조와 유사한 각도 변조의 한 방식으로 반송파의 진폭과 주파수를 일정하게 유지하고 위상을 변화시키는 방식을 말한다. 신호의 주파수가 변화한다는 것은 위상이 변화한다는 것과 유사하여 주파수 변조와 매우 유사한 방식으로 생각할 수 있다. 즉 주파수는 위상이 변하는 비율 또는 수학적으로 위상의 시간에 대한 미분이므로 주파수를 시간에 대해 적분함으로서 위상을 얻을 수 있기 때문이다.

이들 간의 엄격한 차이로는 PM에서는 반송파 신호의 위상이 입력 신호의 크기에 비례하며 FM에서는 반송파 신호의 주파수가 입력 신호의 크기에 비례한다는 점이다. PM에 대한 수식적인 해석을 위해서 식 (3.42)와 같은 반송파의 형태에서

$$\theta(t) = w_c t + K e_s = w_c t + K E_s \cos\ w_s t \cdots\cdots\cdots\cdots(3.51)$$

가 된다. 여기서 K는 위상 변조 상수로서 1볼트의 전압에 대해 몇 라디안의 위상 변화를 나타내는가를 의미한다. 식 (3.50)을 다시 쓰면

$$\theta(t) = w_c t + \Delta\theta\ \cos\ w_s t \cdots\cdots\cdots\cdots(3.52)$$

가 된다. 여기서 $\Delta\theta$는 최대 위상 편이를 나타내므로 $\Delta\theta$의 최대치(최대 위상 편이)는 다음과 같은 관계를 갖는다.

$$\Delta\theta = |\frac{d}{dt}[E_s\ \sin\ w_s t]|_{\max} \approx\ E_s f_s \cdots\cdots\cdots\cdots(3.53)$$

순시 주파수는 식 (3.53)을 적용하면 다음과 같다.

$$w_i(t) = \frac{d\theta}{dt} = w_c - K w_s E_s\ \sin\ w_s t = w_c - \Delta w\ \sin\ w_s t \cdots\cdots\cdots\cdots(3.54)$$

PM에서는 최대 주파수 편이 $\triangle w$는 정보 신호의 진폭과 그 주파수에도 비례함을 알 수 있는데 FM에서 최대 주파수 편이 $\triangle f$는 정보 신호의 진폭에만 비례된다. 식 (5.53)의 결과를 식 (3.42)에 대입하여 얻어지는 신호를 $e_{PM}(t)$라고 표시하자.

$$e_{PM}(t) = E_c \cos[w_c t + K E_s \cos w_s t] \cdots\cdots\cdots\cdots (3.55)$$

PM에서의 변조도는 E_S가 된다. 그림 FM과 PM의 변조 파형은 정보 신호가 주어졌을 때 FM과 PM 변조된 파형을 나타낸 것이다. FM은 정보 신호가 증가하는 동안에는 피변조 신호의 주파수가 증가 하면서 정보 신호가 감소하는 구간에서는 주파수가 감소함을 알 수 있으며 PM은 정보 신호가 증가 하는 구간에서는 위상의 변화가 심해지며 감소하는 구간에서는 위상 변화가 느려짐을 알 수 있다.

그러나 위상과 주파수의 차이로 이들을 비교하였지만 이들을 엄격하게 구분하기는 매우 어렵다. 위 상의 변화와 주파수 간의 관계가 모호하므로 미리 어느 방식을 사용 하는지 송신국과 수신국이 알 아야 한다.

♀ FM과 PM의 변조 파형 ♀

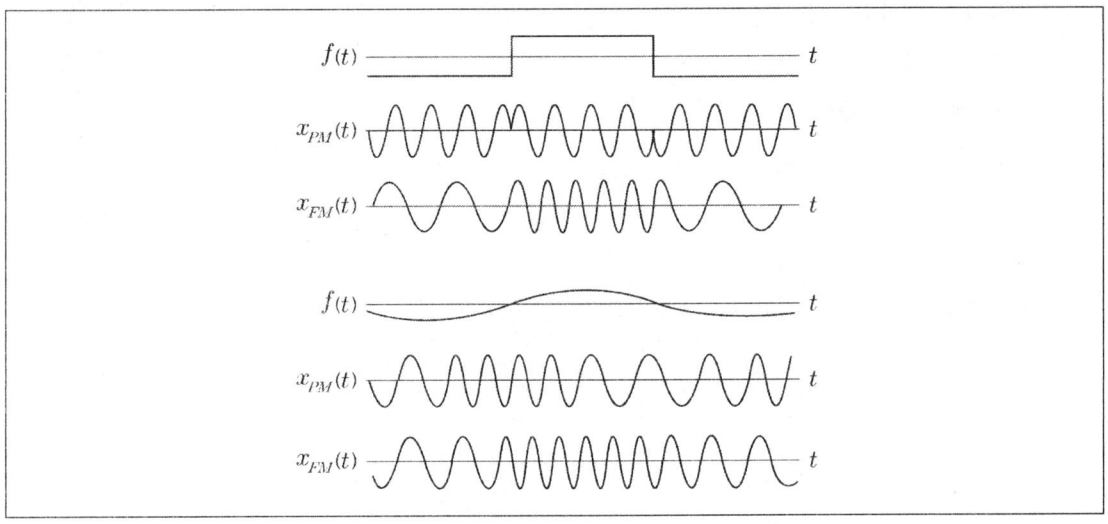

출제예상문제

1 DSB와 비교한 SSB의 특징이 아닌 것은?

① 송수신 회로가 복잡하다.
② 주파수 대역폭이 감소한다.
③ 송신 전력이 절감된다.
④ S/N비가 1/3 개선된다.

✎NOTE| S/N비는 9 ~ 12dB 정도 개선된다.

2 SSB 대역폭은 DSB에 비하여 몇 배의 대역폭을 가지는가?

① 0.5 배   ② 1배
③ 2배   ④ 5배

✎NOTE| SSB는 주파수 대역이 좁아(DSB의 1/2) 다중 통신에 적합하다.

3 FM 방식의 특징에 대한 설명으로 옳지 않은 것은?

① 변조지수 m_f 가 큰 광대역 FM에서는 잡음 효과가 크다.
② FM에서 주파수 대역폭을 증가시키면 S/N비가 증가한다.
③ FM 방식은 잡음과 인접한 방해 신호에 대해서 AM 방식보다 유리하다.
④ 협대역 FM에서는 소요 주파수 대역폭이 AM과 같으며 잡음 감소 효과는 거의 없다.

✎NOTE| FM에서 주파수 대역폭을 2배 증가시키면 신호대 잡음비는 6dB만큼 개선된다.

ANSWER | 1.④ 2.① 3.②

4 AM에서 반송파의 진폭이 40V이고 70%로 변조하는 경우 신호파의 진폭으로 옳은 것은?

① 8V

② 19V

③ 28V

④ 37V

NOTE | AM파의 변조도(m) $=$ $\dfrac{\text{신호파의 진폭}}{\text{반송파의 진폭}} \times 100\%$

$= 0.7 \times 40$

$= 28V$

5 정현파의 $v(t) = 300\sin 500t$ 이다. 첨두값은?

① 100

② 300

③ 500

④ 1,500

NOTE | 첨두값은 최대값으로 앞에 있는 300이다.

6 SSB (single side band)는 DSB (double side band)에 비해 점유 주파수 대역폭이 어떻게 되는가?

① $\dfrac{1}{2}$

② $\dfrac{1}{4}$

③ 2

④ 4

NOTE | 상/하측파대 중 하쪽의 측파대만을 전송하므로 대역폭은 $\dfrac{1}{2}$로 줄어든다.

7 다음 중 FM에서 S/N비를 향상시키기 위한 방법으로 옳지 않은 것은?

① 신호의 진폭을 작게 한다.

② 변조지수를 크게 한다.

③ 점유 주파수 대역폭을 크게 한다.

④ 프리엠퍼시스 회로를 사용한다.

> **NOTE** | S/N비를 향상시키는 방법
> ㉠ 변조지수를 크게 한다.
> ㉡ 주파수 대역폭을 크게 한다.
> ㉢ 프리엠퍼시스 회로를 사용한다.

8 AM 송신기의 전체 전력 100W를 안테나에 공급하는 경우 완전 변조일 때 반송파 전력은?

① 22.2W
② 44.4W
③ 66.6W
④ 88.8W

> **NOTE** |
> $$P_m = P_c(1 + \frac{m^2}{2})$$
> $$100 = P_c(1 + \frac{1}{2})$$
> $$P_c = 66.666 \dots \fallingdotseq 66.6W$$

9 반송파의 진폭을 정보 신호에 따라서 변화시키는 방식은 어떤 것인가?

① PSK
② PSK
③ FM
④ AM

> **NOTE** | AM(진폭변조 : Amplitude modulation)은 반송파의 진폭을 정보 신호에 따라서 변화시키는 방식이다.

ANSWER | 7.① 8.③ 9.④

10 사인파형이 $v(t) = 300\sin 100t$ 이다. 이때 첨두값은?

① 100

② 200

③ 300

④ 500

NOTE | 첨두값은 최댓값이므로 300이다.

11 변조된25[%]의 AM파를 제곱 검파 했을 경우 나타나는 신호파 출력의 일그러짐 율은?

① 5 [%]

② 10 [%]

③ 15 [%]

④ 20 [%]

NOTE | $k = \dfrac{60}{4} = 15\%$

12 반송파의 전력이 50[kW]일 때 변조율 20[%]로 진폭변조를 하였을 경우 상측파대의 전력은?

① 0.5[kW]

② 1[kW]

③ 5[kW]

④ 10[kW]

NOTE | 상측파대 $P = \dfrac{m^2}{4} \times P_C = \dfrac{0.2^2}{4} \times 50 = 0.5$

13 AM 피변조파의 전압이 $P(t) = (120 + 80\cos 2\pi 400t)\sin 2\pi \times 10^6 t$ 으로 나타나는 경우 변조도로 옳은 것은?

① 22.2

② 44.4

③ 66.6

④ 88.8

NOTE | $P(t) = (120 + 80\cos 2\pi 400t)\sin 2\pi \times 10^6 t$ 에서 반송파 진폭이 120, 신호파 진폭이 80이므로

변조도$(m) = \dfrac{\text{신호파의 진폭}}{\text{반송파의 진폭}} \times 100\% = \dfrac{80}{120} \times 100\% = 66.6\%$

ANSWER | 10.③ 11.③ 12.① 13.③

14 FM파에 대한 설명으로 옳은 것은?

① FM 피변조파의 순시 위상은 변조 신호에 비례하고, 그 순시 주파수는 변조 신호의 적분값에 비례한다.

② FM 피변조파의 순시 위상은 변조 신호의 적분값에 비례하고, 그 순시 주파수는 변조 신호에 비례한다.

③ FM 피변조파의 순시 위상은 변조 신호에 비례하고 그 순시 주파수는 변조 신호의 미분값에 비례한다.

④ FM 피변조파의 순시 위상은 변조 신호의 미분값에 비례하고 그 순시 주파수도 변조 신호의 미분값에 비례한다.

> ✎NOTE | FM과 PM의 특성
> ㉠ FM : 피변조파의 순시 주파수는 변조 신호에 비례하고 그 순시 위상은 변조 신호의 적분값에 비례한다.
> ㉡ PM : 피변조파의 순시 위상이 변조 신호에 비례하고 그 순시 주파수는 변조 신호의 미분값에 비례한다.

15 단일 측파대(SSB) 통신을 행하는 데 이용되는 변조 회로로 옳은 것은?

① 제곱 변조   ② 컬렉터 변조
③ 베이스 변조   ④ 링 변조

> ✎NOTE | 단측파대 변조 회로 … 링 변조, 평형 변조 등

16 진폭변조 방식에서 반송파의 진폭이 100[V]이고 신호파의 진폭이 50[V] 일 때 변조도는?

① 0.1   ② 0.2
③ 0.5   ④ 1

> ✎NOTE | 변조도$(m) = \dfrac{신호파}{반송파} = \dfrac{50}{100} = 0.5$

ANSWER | 14.② 15.④ 16.③

17 잔류 측파대(Vestigial Side Band) 전송 방식에 대한 설명으로 옳지 않은 것은?

① TV 방송에서 영상 신호를 전송하는 데 사용된다.

② 포락선 검파기로는 검파가 불가능하다.

③ SSB보다는 점유 주파수 대역폭이 크고 신호를 발생시키기가 용이하다.

④ SSB와 DSB의 모든 장점을 취한 통신 방식이다.

✎NOTE│ 잔류 측파대(VSB ; Vestigial Side Bands) 변조 방식 … DSB 신호의 한쪽 측파대만을 완전히 통과 시켜 SSB 신호를 발생시키려면 차단 주파수 특성이 매우 예민한 필터가 필요하기 때문에 이 문제를 해결하기 위해서 SSB와 DSB의 절충 방식인 잔류 측대파 통신 방식을 사용하며 잔류 측파대에 진폭이 큰 반송파를 같이 보내면 수신측에서 포락선 검파기로 검파가 가능하다.

18 FM파에서 최대 주파수 편이에 대한 설명으로 옳은 것은?

① 변조 신호의 진폭에만 비례한다.

② 변조 신호의 주파수에 반비례한다.

③ 변조 신호의 주파수에만 비례한다.

④ 변조 신호의 주파수와 변조 신호의 진폭에 비례한다.

✎NOTE│ FM파에서 최대 주파수 편이는 변조 신호의 진폭(Δf)에만 비례한다.

19 아날로그 신호 방식 중에서 고속 전송에 주로 사용되는 변조 방식은?

① AM(Amplitude Modulation)

② FM(Frequency Modulation)

③ PM(Phase Modulation)

④ DM(Digital Modulation)

✎NOTE│ ③ PM은 변조 신호 주파수에 크게 관계가 되지 않으므로 고속전송에 주로 사용된다.
④ DM(Digital Modulation)은 디지털 변조방식에 사용된다.

ANSWER│ 17.② 18.① 19.③

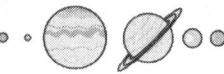

20 FM 변조에서 주파수 편이는 무엇에 비례하는가?

① 반송파의 진폭　　　　　　　　② 반송파의 주파수

③ 신호파의 진폭　　　　　　　　④ 신호파의 주파수

✎NOTE | 최대 주파수 편이 $\Delta f = k_f V_m$ 로 신호파의 진폭에 비례한다.

21 AM 변조의 피변조파에서 상측파의 진폭과 반송파의 진폭과의 관계는 어떻게 되는가?

① 2m배　　　　　　　　　　　　② 1m배

③ $\dfrac{m}{2}$ 배　　　　　　　　　　　④ $\dfrac{m}{4}$ 배

✎NOTE | m은 변조도를 뜻하며 2개의 상측파와 하측파로 구성되어 있다.

　　　　진폭은 반송파 진폭의 $\dfrac{m}{2}$ 이 된다.

22 다음 중 직접 FM 변조 방식으로 옳지 않은 것은?

① 리액턴스 FET 변조기　　　　　② 다이오드 리액턴스 변조기

③ 반사형 클라이스트론 변조기　　④ 벡터 합성에 의한 변조기

✎NOTE | 벡터 합성에 의한 변조기는 간접 FM 변조 방식에 해당한다.

23 위상 변조(PM)에서의 순시 각주파수 $\omega(t)$ 로 옳은 것은?

① $k_p \displaystyle\int x(t)dt$　　　　　　② $\omega_c + k_p \dfrac{dx(t)}{dt}$

③ $\omega_c + k_p x(t)$　　　　　　④ $k_p x(t)$

✎NOTE | 순시 각주파수 $\omega(t) = \omega_c + k_p \dfrac{dx(t)}{dt}$

ANSWER | 20.③ 21.③ 22.④ 23.②

24 위상 변조(PM) 회로를 이용하여 주파수 변조(FM)파를 얻고자 하는 경우 이용되는 보조 회로로 옳은 것은?

① 적분 회로 ② 변별 회로

③ 엠퍼시스 회로 ④ 포스터 실리 변별기

> NOTE| 위상 변조(PM) 회로를 이용하여 FM파를 얻으려면 전치 보상 회로(Pre−distorter)가 필요하며 전치 보상 회로는 주파수에 역비례하는 출력을 사용하는 적분 회로로 구성되어 있다.

25 다음 중 FM 복조기로 옳지 않은 것은?

① PLL ② 포스터 실리형 검파기

③ 경사형 검파기 ④ 포락선 검파기

> NOTE| FM 복조기의 종류
> ㉠ 포스터 실리(Foster−Seeley)형 검파기
> ㉡ 비 검파기(Radio Detector)
> ㉢ 경사형 검파기(Slope Detector)
> ㉣ 위상 고정 루프(PLL)
> ㉤ 복동조형 FM 검파기

26 발진 회로의 발진 주파수를 신호파의 진폭에 비례시켜 직접 변조하는 방식은?

① AM ② FM

③ PM ④ ASK

> NOTE| FM (주파수변조 : Frequency modulation)는 발진 회로의 발진 주파수를 신호파의 진폭에 비례시켜 직접 변조하는 방식이다.

ANSWER| 24.① 25.④ 26.②

27 다음 중 FM 송신기와 관계가 없는 것은?

① 전치 보상기(preclistarter)

② 프리엠퍼시스(pre-emphasis)

③ 위상 변조기(phase modulator)

④ 주파수 변별기(frequency discriminator)

✎NOTE| 주파수 변별기(frequency discriminator)는 FM 수신기로 사용되는 회로에 해당한다.

28 진폭 변조에서 100% 변조도 일 때 상하측파대가 점유하고 있는 전력은?

① 1

② $\frac{1}{2}$

③ $\frac{1}{3}$

④ $\frac{2}{3}$

✎NOTE| 100[%] 변조일 때 반송파가 점하는 전력은 전 전력의 2/3이며 나머지 1/3전력이 상하측파대가 점유하고 있는 전력이다.

29 FM 검파 회로인 PLL(Phase-Locked Loop)에 대한 설명으로 옳은 것은?

① 검파 대역을 용이하게 조정할 수 없다.

② 조정이 용이하며 부품의 수가 적다.

③ FM 송신기의 국부 발진 회로로 사용된다.

④ 2동조형 검파기에 비해 왜곡이 크다.

✎NOTE| PLL(Phase-Locked Loop) 특성
　　　 ㉠ 2동조형 검파기에 비해 왜곡이 적다.
　　　 ㉡ 조정이 용이하며 부품의 수가 적다.
　　　 ㉢ 쉽게 검파 대역의 조정이 가능하다.
　　　 ㉣ AM 송신기의 국부 발진 회로로 사용된다.

30 광대역 FM의 변조지수가 15일 때 AM보다 몇 배 개선되는가?

① 45배   ② 330배

③ 675배   ④ 715배

> ✎NOTE 광대역 FM의 S/N비는 AM보다 $3m_f{}^2$배 만큼 개선된다.

31 FM에서 변조 신호의 높은 주파수대를 특히 강하게 변조하여 신호대 잡음비의 저하를 방지할 목적으로 이용되는 보조 회로로 옳은 것은?

① 디엠퍼시스 회로   ② 프리엠퍼시스 회로

③ 순시 제어 회로   ⑤ 스켈치 회로

> ✎NOTE 프리엠퍼시스 회로 … FM 송신기에서 고주파 성분을 강조하여 S/N비를 개선하는 데 사용된다.

32 다음 중 FM 수신기에서 신호를 정상적으로 수신 가능하도록 하는 S/N비의 크기로 옳은 것은?

① 3dB   ② 6dB

③ 8dB   ④ 9dB

> ✎NOTE $10\log 8 = 9\text{dB}$

33 AM 변조시 반송파의 주파수가 300[kHz]이고 변조파의 주파수가 25[kHz]일때 주파수 대역폭은?

① 25   ② 50

③ 100   ④ 250

⑤ 300

> ✎NOTE 상측파대 : $300[\text{kHz}] + 25[\text{kHz}] = 325[\text{kHz}]$
> 하측파대 : $300[\text{kHz}] - 25[\text{kHz}] = 275[\text{kHz}]$
> $325[\text{kHz}] - 275[\text{kHz}] = 50[\text{kHz}]$

ANSWER | 30.③   31.②   32.④   33.②

CHAPTER 04 디지털 통신방식

1 베이스 밴드 통신과 대역통과 통신

① 기저대역 전송(Baseband Transmission)

① 무변조 방식으로 디지털 신호 파형을 그대로 전송하는 방법, 즉 디지털화된 정보나 데이터를 그대로 또는 전송로에 적합한 펄스 파형으로 변환시켜 전송하는 방식을 말하며, 이에 대해 방송대역 전송(bandpass transmission)은 디지털 신호에 따라 반송파의 진폭, 주파수, 위상의 어느 하나를 변조시켜서 전송하는 방식을 말한다.

② 변조되기 이전의 컴퓨터나 단말기의 출력정보(0과 1)를 그대로 보내거나 또는 전송로의 특성에 알맞은 부호로 변환시켜 전송하는 방식으로 기저대역 전송에 이용되는 전송부호는 직류성분이 포함되지 않아야 하며, 타이밍 정보가 충분히 포함되어야 한다. 그리고 저주파 및 고주파 성분이 제한되어야 하며 전송로상에서 발생한 에러 검출 및 교정이 가능해야 한다. 또한 전송에 필요로 하는 전송대역폭이 적어야 한다.

③ 데이터 전송에 있어서 Baseband 전송방식의 장점을 고려하면 시내구간에서는 모뎀이 필요하지 않아 회선 가격이 저렴하고, PCM 방식과의 정합이 용이하다.

④ 전화국 등에 설치된 단국장치는 복수의 가입자가 이용할 수 있다. 또한 디지털 데이터의 기저대역 전송 시 부호 간 간섭이 클 경우 전송품질을 높이기 위해 이용되는 부호방식을 PRS(Partial Response Signalling)방식이라고 한다.

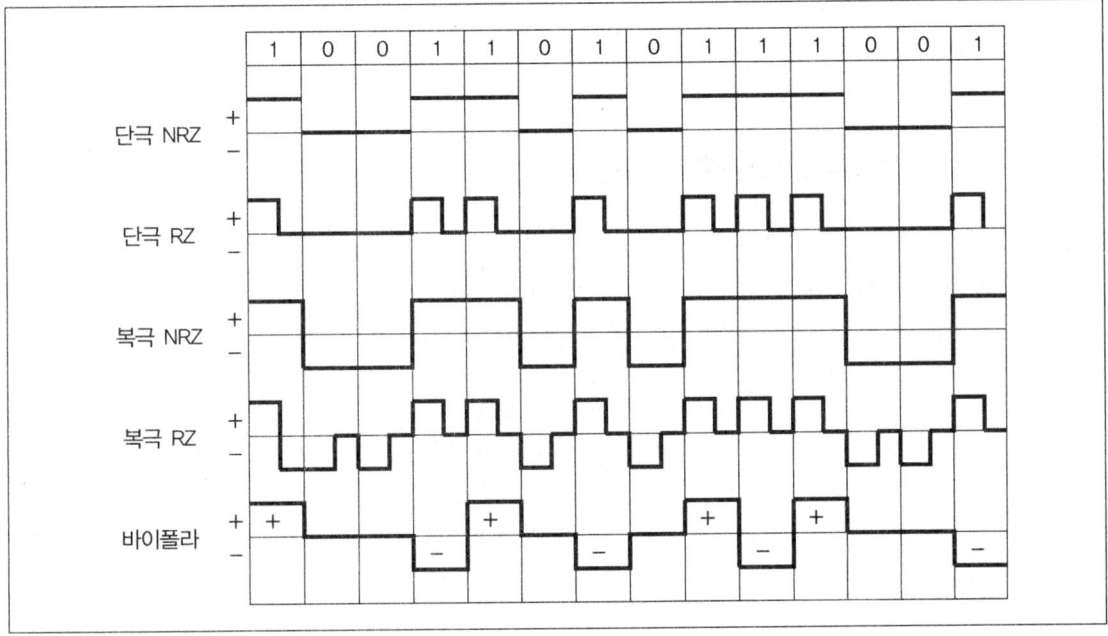

Baseband 신호

② NRZ code 방식의 특징

① 비트신호의 변화에 따라 전압레벨이 바뀌게 된다.

② 직류성분이 존재하며 동기화 능력이 부족하다.

③ 신호를 보내는 매체의 누설에 무관하다.

③ RZ의 특징

① 데이터 전송률과 변조율 간의 차이점을 알 수 있다.

② NRZ 코드의 동기화문제가 해결된 부호방식이다.

③ NRZ보다 2배의 변조율이 필요하다.

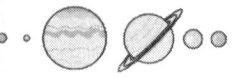

④ AMI 부호

전송부호 중 클록 주파수가 입력신호주파수의 2배인 부호화 방식

⑤ 2원 전송부호의 종류(Binary code)

① **단극부호**(Unipolar) … 입력 신호가 1이면 (+)전위 펄스를 전송하고, 0이면 펄스를 전송하지 않는 방식으로 송수신회로 구성이 간단하며, 잡음에 대한 성능이 좋지 않으므로 단거리 구간에 이용한다. 그리고 단극보호에 대한 수신기의 동기가 용이하지 않다.

② **양극**(복극 = 복류)**부호**(polar) … 1과 0을 양(+)과 음(-)의 펄스에 대응시키는 방법으로 단극방식보다 파형 왜곡의 영향이 적으며, 저속도 전송의 표준방식으로 사용된다. 또한 RZ방식은 부호마다 펄스가 발생하므로 정보의 위치를 쉽게 알 수 있다. 따라서 양극부호의 특징으로는 에러검출이 단순하고, 직류성분이 없으며, 대역폭이 감소하며, 타이밍 회복이 용이하다 라는 것을 들 수 있다.

③ **바이폴라**(Bipolar)**부호** … 입력신호의 0은 0레벨로 1은 +전위, -전위, 2개 레벨의 펄스를 교대로 반전시키는 방식으로 파형의 평균값은 0이며, AMI(교호반전부호)부호라고도 하며, 저주파 차단 특성이 적다. 즉 왜가 가장 적다. 왜냐하면 직류성분이 포함되지 않기 때문이며, 부호 에러의 검출이 용이하다. 그리고 영부호 연속 억압 기능이 없어 수신기의 자기 타이밍 추출이 어렵다.

④ **다이코드**(Dicode)**부호** … 0에서 1로의 변화는 +전위, 1에서 0으로의 변화는 -전위, 변화가 없으면 0전위를 주는 방식으로 바이폴라부호처럼 저주파 성분이 감소한다.

⑤ **다이페이스**(Diphase)**부호** … 입력 신호가 1인 경우 한 펄스 구간의 반은 +전위를, 나머지 반구간은 -전위를 갖으며, 0인 경우는 1과 반대의 형태를 갖는다. 따라서 다이페이스부호를 Biphase, Manchester 부호라고도 한다. 직류성분 억압 특성을 가지며, 파형의 대역폭이 증가한다.

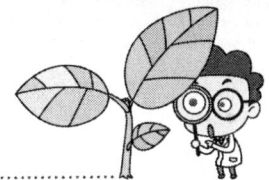

⑥ 2원 부호의 에러 확률(Ps)

① 단극 $NRZ(P_e) = \dfrac{1}{2} erfc \sqrt{\dfrac{A^2}{8N}}$

② 양극 $NRZ(P_e) = \dfrac{1}{2} erfc \sqrt{\dfrac{A^2}{2N}}$

③ $Bipolar(P_e) = \dfrac{3}{4} erfc \sqrt{\dfrac{A^2}{8N}}$

여기서 N은 평균잡음전력, erfc는 complementary error function A는 부호레벨의 크기를 나타낸다.

♚ 원부호 및 다원부호형식 ♚

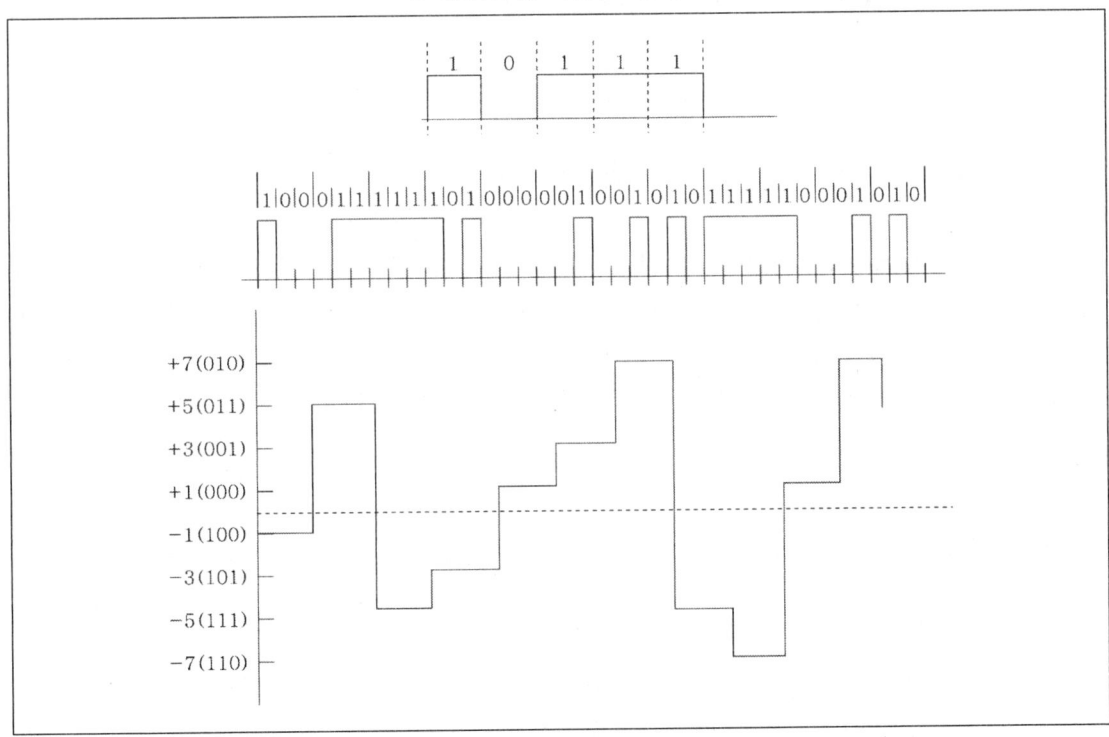

⑦ 다원부호(multilevel code)

한 개의 신호를 다수의 bit로 나타내는 방식으로 다원부호의 목적은 주파수 대역을 보다 효율적으로 이용하기 위함이며, 이와 같은 다원부호의 특징으로는 전송 용량을 높일 수 있으며, 고속의 정보전송에 사용한다.

2 디지털 변복조

디지털 변조방식은 반송파의 진폭, 주파수 위상을 데이터 비트(1, 0)에 따라 변화시키는 것으로 2개의 이산적인 상태를 사용하는 Binary Modulation(2진 변조)과 다수의 비트를 동시에 전송할 수 있는 Multi-Level Modulation(다원변조)방식이 있다.

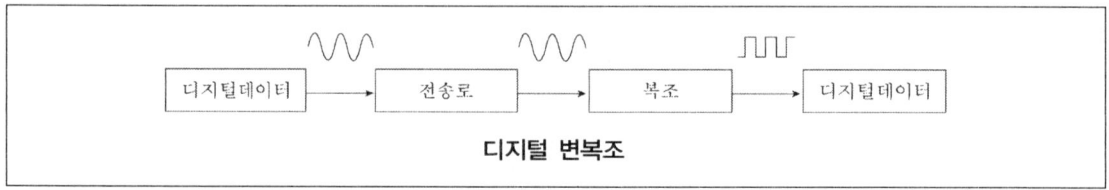

디지털 변복조

여기서 2진 변조(binary modulation)는 하나의 데이터 비트(1 또는 0)를 전송하기 위하여 두 개의 이산적 상태를 사용하는 변조방식으로 2진 ASK(BASK), 2진 FSK(BFSK), 2진 PSK(BPSK) 등을 예로 들수 있으며, 다원변조(multilevel modulation) 방식은 다수의 비트를 한번에 전송하기 위하여 많은 이산적 상태를 사용하는 변조이며, M-Level의 파형이 만들어지며 다음과 같은 관계가 성립한다.

M = 2n, n = log2M 여기서 n은 메시지 비트이며, 예를 들면 QPSK, 8PSK 등이 다원변조방식에 해당한다.

디지털 통신 시스템 설계시 유의 사항은 먼저 데이터 전송률이 최대이어야 하며, 심벌 에러율이 최소이어야 한다. 채널 대역폭이 작을 것($\frac{R_b}{2W} = \log_2 M$에서 $\log_2 M$(전송률)이 최대가 되기 위해서는 채널 대역폭(ω)가 적어야 한다)이며, 방새 신호에 강하여야 한다. 그리고 회로 구성이 간단해야 하며, 최소의 전력으로도 전송이 가능해야 하는 조건을 갖추어야 한다.

① ASK(Amplitude Shift Keying)

디지털 신호(1, 0)의 정보 내용에 따라서 반송파의 진폭을 변화시키는 방식으로 단극 NRZ 형태의 2진 데이터에 대응하여 반송파를 On시키거나 Off시키는 방식이라 해서 OOK(On−Off−Keying)이라고도 한다. 즉, 2진 데이터가 1이면 반송파를 송출하고 0이면 송출하지 않는다.

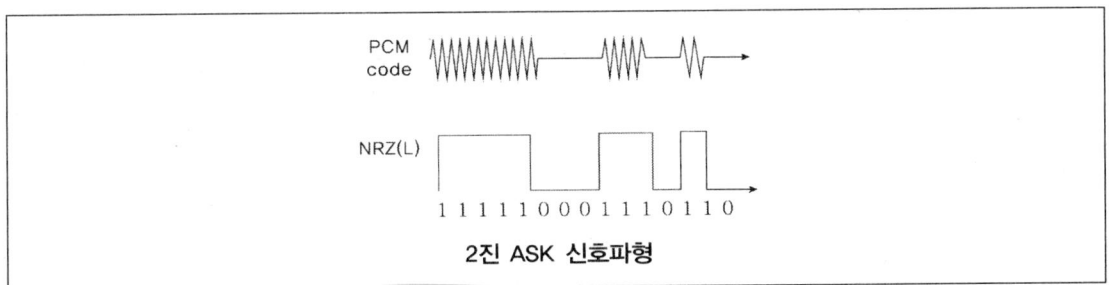

0100110 0 1 0 0 1 1 0

$cos\,\omega_0 t$

변조신호

반송파 $cos\,\omega_0 t$

피변조출력

2진 ASK 변조 구성도

① ASK는 변조과정에서 대역폭이 2배가 되므로 최대 대역폭 효율은 16[bps/Hz]이며, 복조 동작은 비동기식의 포락선 검파기를 사용해야 한다. 왜냐하면 동기검파는 비동기 검파에 비해 1[dB] 향상되기 때문이다. 따라서 S/N비가 큰 경우 비교적 회로 구성이 간단한 비동기 검파를 주로 사용한다.

② 양극 NRZ 펄스에 의하여 변조된 신호 파형은 방송파의 위상이 메시지(정보)에 따라 180° 반전되는 것과 동일한 결과를 나타내므로 2진 PSK에 의한 방식과 같다.

③ 2진 ASK방식은 비트 오류 확률 특성이 좋으므로 저속의 데이터 전송에 많이 이용되며, 복조방식으로는 동기검파기(정합필터, 상관기)를 사용한다. 여기서 정합필터는 필요한 신호는 최대로 강조하고 잡음은 억압시켜서 에러의 가능성을 줄이고 펄스의 유무를 정확히 판단할 수 있는 기능을 가진 최적필터를 말하며 시간 영역에서는 상관기(correlation), 주파수 영역에서는 정합필터(Matched filter)라고 한다.

④ 4원 복극 NRZ 형태(00, 11, 10)의 2진 데이터를 반송파의 진폭 +3A, +A, −A, −3A 등으로 변화시키는 방식으로 APK(Amplitude Phase Keying) 적용하며 복조는 동기검파를 택하고 있다.

PCM
code

NRZ(L)

1 1 1 1 1 0 0 0 1 1 1 0 1 1 0

2진 ASK 신호파형

⑤ **ASK의 특징**

㉠ AM과 같이 민감하므로 비교적 저속 데이터 전송에 이용한다.

㉡ 채널의 상태에 민감하므로 단독으로 거의 사용하지 않고 PSK와 함께 사용한다.

㉢ Baseband 방식에 비해 2배의 전송대역을 필요로 한다.

㉣ 매우 간단히 구현할 수 있으나 에러성능이 다소 떨어진다.

㉤ 에너지 이득이 있다.

② FSK(Frequency Shift Keying)

디지털 신호(2진 데이터)의 정보 내용에 따라서 반송파의 주파수를 변화시키는 방식이며, 비트의 전송속도가 느리며 시스템이 매우 협대역이고 잡음에 강한 모뎀의 전송방식이다.

① **2진 FSK**(BFSK : Binary Frequency Shift Keying)

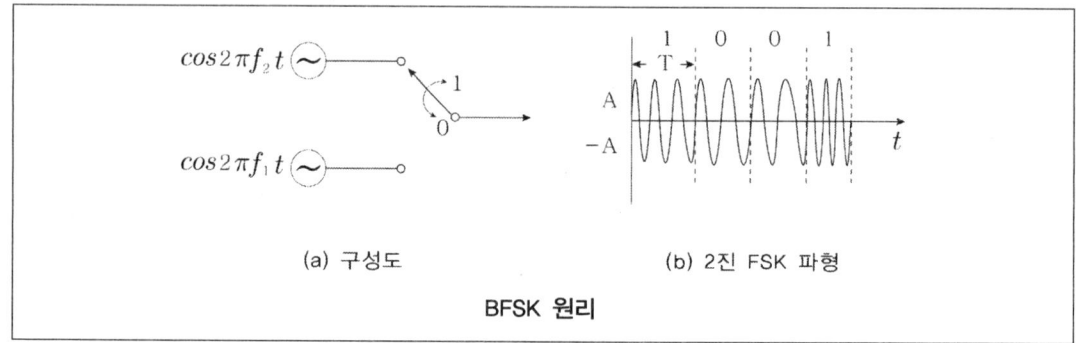

(a) 구성도　　　　　　(b) 2진 FSK 파형

BFSK 원리

디지털 신호(2진 데이터)의 정보 내용에 따라서 반송파의 주파수를 두 개의 주파수로 변화시키는 방식으로 저속도 비동기방식으로 1200[bps]이내에서 많이 이용되는 디지털 변조방식이다.

따라서 FSK는 ASK에 비해 더 넓은 대역을 필요로 하며 오류확률은 OOK와 거의 동일하다. 이 때문에 BFSK가 OOK에 비해 최대 전력 면에서 3[dB] 이득을 갖는다. 또한 복조는 동기검파와 비동기검파가 사용되며, 변조 지수(β)에 따라 전송 대역폭이 결정된다.

$$B = 2(\Delta f + f_s), \beta_f = \frac{\Delta f}{f_s}$$

☗ 표 4-1 FM 변조에서 변조지수와 대역폭의 관계 ☗

광대역	$(\beta_f \gg 1, \Delta f \gg f_m)$	$\beta = 2 \cdot \Delta f$
협대역	$(\beta_f \ll 1, \Delta f \ll f_m)$	$\beta = 2 \cdot f_m$

② **M진 FSK**(M-array Frequency Shift Keying) ··· 디지털 신호(2진 데이터)를 n개의 비트그룹으로 묶어서 $N = \dfrac{n}{2}$ 개의 반송파 주파수로 변조하는 방식으로, 예를 들면 4개의 반송파(N = 4) 주파수를 사용할 경우 한 개의 반송파 주파수로 2개의 bit를 동시에 변조할 수 있다.

따라서 N이 증가하면 전송 대역폭이 증가하고 스펙트럼 효율이 떨어지기 때문에 2진 FSK가 많이 사용되며, 스펙트럼 확산(spread spectrum) 통신 방식에 많이 사용된다. 그리고 검파된 심볼이 겹치지 않도록 N개의 신호들 간에는 직교성이 충족되어야 한다.

③ **SS변조방식의 특징**
　㉠ 저밀도 전력 스펙트럼
　㉡ 혼선, 방해 등에 강하다.
　㉢ 확산계수가 클수록 비화성이 우수하다.
　㉣ 선택적 어드레싱

③　PSK(Phase Shift Keying)

디지털 신호(2진 데이터)의 정보 내용에 따라 반송파의 위상을 변화시키는 방식으로 2원 디지털 신호를 m개의 비트로 묶어서 M = 2m개의 위상으로 분할시킨 위상 변조방식을 M진 PSK(M-array PSK)라 하며 2진, 4진, 8진 PSK 등이 사용된다. 일반적으로 PSK는 일정한 포락선(진폭)을 갖는 파형이기 때문에 전송로 등에 의한 레벨 변동의 영향을 적게 받는다. 따라서 심벌 에러(symbol error)가 우수하며, 변복조회로가 간단하다. 잡음이 있는 통신로에서 동기검파시 부호오율의 특성이 가장 우수한 디지털 변조 방식이다.

① **2진 PSK**(BPSK : Binary Phase Shift Keying) ··· 디지털 신호(2진 데이터)에 따라 반송파의 위상을 다르게 할당하는 방식으로 PRK(Phase Reversal Keying)라고도 하며, 여기서 전송부호가 +1이면 $A\cos\omega\,ct$를, 0이면 $-A\cos\omega\,ct$를 전송한다. BPSK에 대한 복조는 동기검파를 이용하며, 에러 확률은 비동기 ASK 및 비동기 FSK에 비해 S/N비가 4[dB], DPSK에 비해 1[dB] 유리하다.

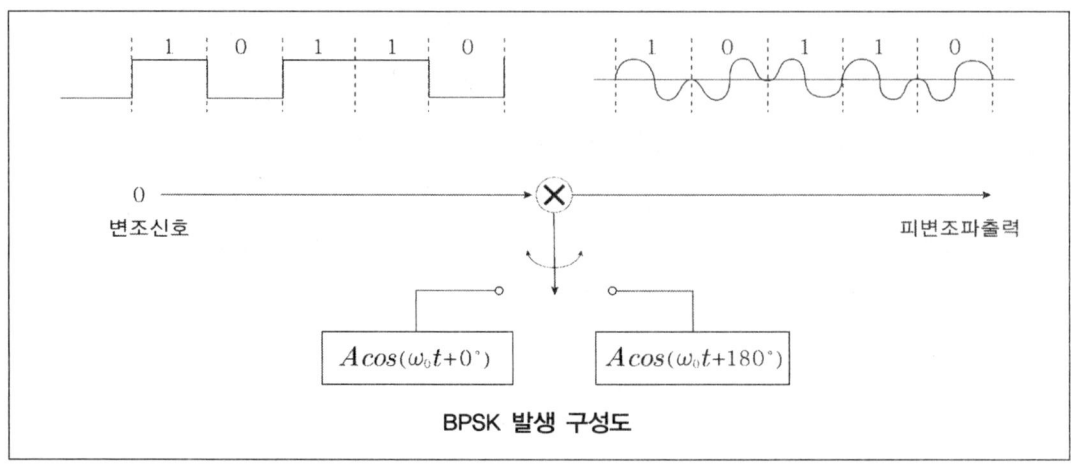

BPSK 발생 구성도

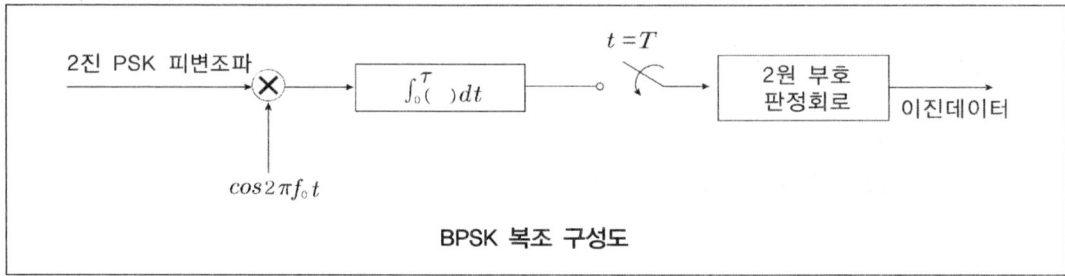

BPSK 복조 구성도

② **4진 PSK**(QPSK) … 주파수가 같고 위상이 90° 다른 2개의 반송파를 각각 BPSK 처럼 변조시킨 후 합성 하는 변조방식이다.

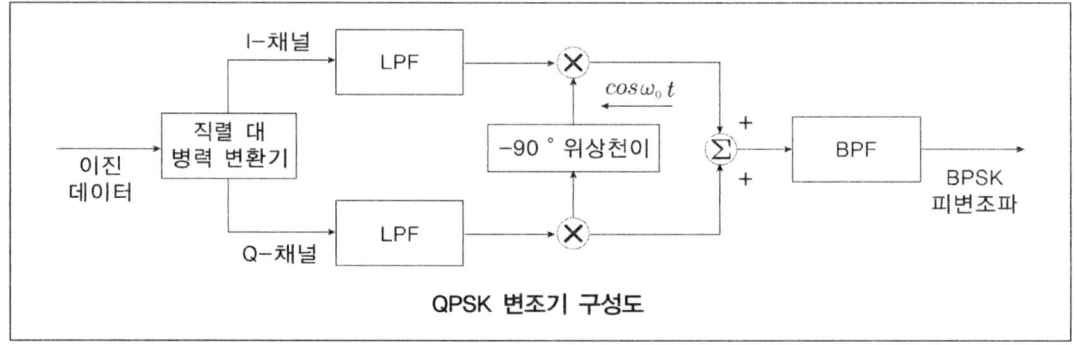

QPSK 변조기 구성도

㉠ QPSK 변조기의 입력 데이터 열이 직병렬 변환기에 의해서 분배된다.

즉, 2원 부호를 나타내는 입력 데이터 열 {dk} = {d0, d1 ·········}을 다음과 같이 I 채널과 Q 채널로 나누어 이들을 각각 {dI(t)}, {dQ(t)}라 하면 다음과 같이 된다.

{dI(t)} = d0, d2 d4 ········ (짝수 비트)

{dQ(t)} = d1, d3 d5 ········ (홀수 비트)

여기서 {dI(t)}와 {dQ(t)}는 dk(t) 전송속도의 1/2이다.

ⓛ I, Q 채널로 분리된 데이터는 90°의 위상차를 갖는 2개의 반송파를 각각 BPSK에서 처럼 변조시킨 후 합성하면 QPSK 신호가 얻어진다. 한편 QPSK 수신기는 BPSK 수신기 2개를 병렬로 연결한 것과 동일하며, 이와 같은 QPSK의 특징으로 I채널과 Q채널의 에러 확률은 BPSK의 에러 확률과 동일하며, Eb/N0, 또는 S/N비는 BPSK 보다 3[dB] 나쁘다.

ⓒ 동일한 주기 T를 기준으로 하면 BPSK보다 2배 속도로 비트를 전송할 수 있다.

ⓔ 한 개의 심벌이 2개 bit를 표시하므로 I채널과 Q채널의 2진 데이터의 조합에 의해 위상이 결정된다.

ⓜ I채널과 Q채널의 데이터 모두가 변하면 ±180°의 위상 변화가 생기고 두 개의 채널 중 한 개의 데이터가 변화하면 ±90°의 위상 변화가 발생된다.

ⓗ 점유 대역폭은 BPSK의 1/2로 나타난다.

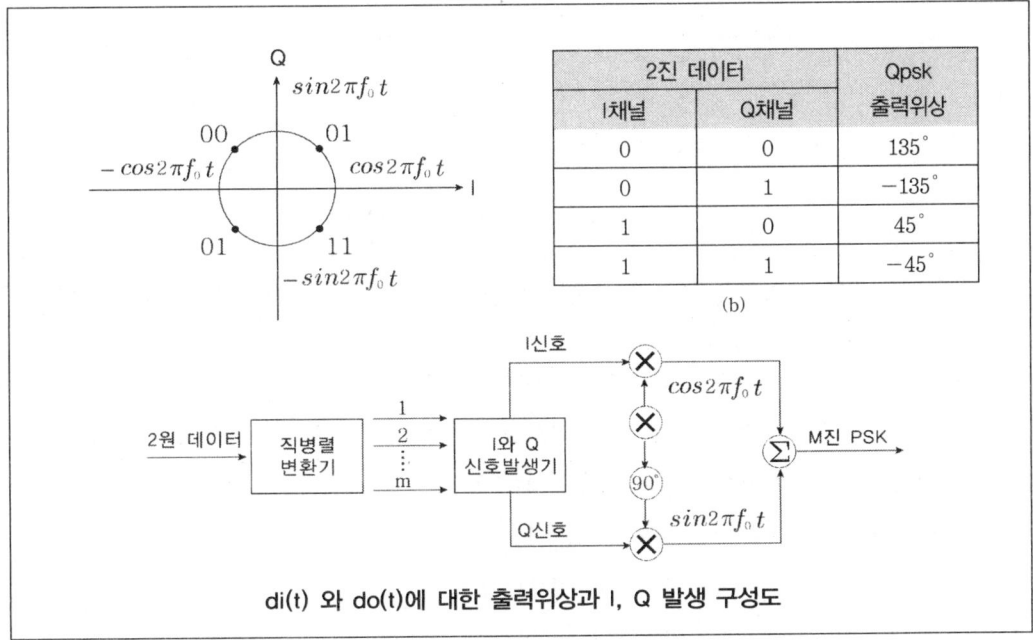

2진 데이터		Qpsk 출력위상
I채널	Q채널	
0	0	135°
0	1	−135°
1	0	45°
1	1	−45°

(b)

di(t) 와 do(t)에 대한 출력위상과 I, Q 발생 구성도

③ **8진 PSK**(8−array Phase Shift Keying) ⋯ 2진 데이터를 직병렬 변환기를 통과 시켜 I채널, Q(Quadrature)채널, C(Control)채널 등의 3개 채널로 분리시킨 후 I채널 C채널의 2진 데이터는 I채널의 레벨 변환기 (2−to−L level converter)로 입력하고 Q채널과 $\overline{C}$채널의 2진 데이터는 Q채널의 레벨 변환기를 입력하면 다음과 같은 특징을 갖는다.

㉠ 원주위에 $\frac{2}{8}\pi$ 위상차이로 균등하게 분포하며, 인접하는 신호점의 부호는 한 비트만 변화가 있으면 그레이 부호에 해당되므로 전송에러의 수를 감소시킬 수 있으며, 수신된 신호의 위상이 기준점에 대해 $\pm\frac{\pi}{8}$ 이내에 있으면 정확한 데이터를 복원할 수 있다.

ⓒ 필요로 하는 점유 대역폭은 BPSK의 $\frac{1}{3}$ 정도이며 8진 PSK의 복조는 동기 검파를 행한다.

ⓒ 정보비트의 전송률(bps)이 일정할 때 채널 대역폭이 가장 넓은 변조방식으로 16PSK변조를 이용한다.

④ **DPSK**(Differential PSK : 차동 PSK)

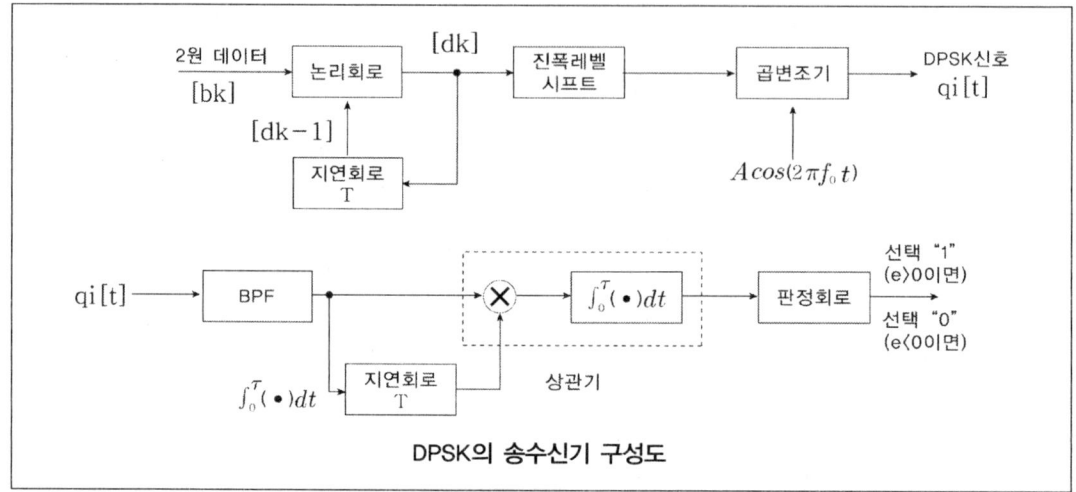

DPSK의 송수신기 구성도

PSK를 수신하여 검파하는데 동기 문제를 해결하기 위하여 1 구간전의 기준파를 사용하여 PSK 신호를 검파하는 방식으로 동기검파용 기준 반송파가 필요 없어 수신회로가 간단하지만, BPSK 보다 성능은 떨어진다. 한편 DPSK는 최고속도의 데이터 통신에 사용되는 모뎀의 변조방식이다. DPSK 신호의 발생(차동 부호화 과정)과정을 고려하면 여기서 임의의 첫 비트를 기준 비트로 시작한 차동 부호화열{dk}는 다음과 같이 표현할 수 있다.

$$d_k = d_{k-1} \cdot b_k + \overline{d_{k-1}} \cdot \overline{b_k} = d_{k-1} \cdot b_k \oplus \overline{d_{k-1}} \cdot b_k$$

b_k		1	0	0	1	0	0	1	1
d_{k-1}		1	1	0	1	1	0	1	1
d_k	1*	1	0	1	1	0	1	1	1
전송된 위상		0	π	0	0	π	0	0	0
위상비교출력		+	−	−	+	−	−	+	+
검파된 신호		1	0	0	1	0	0	1	1	(차동위상검파)

위상 비교출력은 d_k와 d_{k-1}의 위상 비교출력(차동위상검파)을 의미하며 두 개의 위상이 같으면 +, 틀리면 −로 나타내고 +는 1로 −는 0으로 처리하면 원래의 입력을 동기검파하지 않고도 찾아낼 수 있다.

따라서 DPSK는 1이 나타나면 출력상태에 변화가 없으나, 0이 나타나면 출력상태가 변한다.

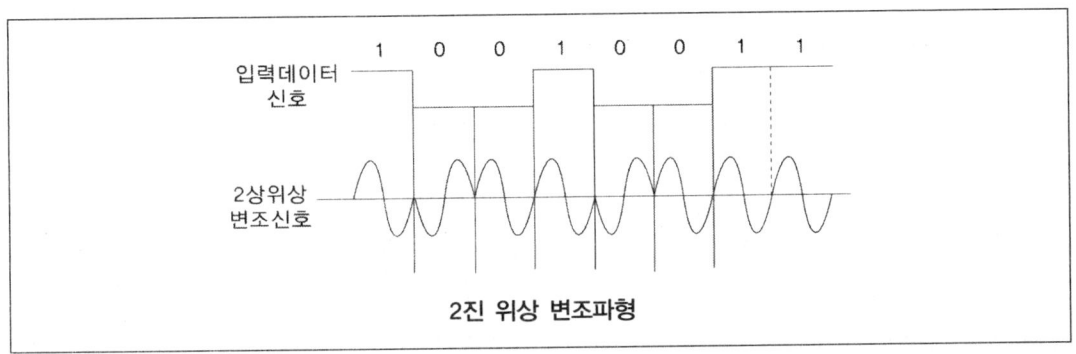

2진 위상 변조파형

⑤ **M진 PSK**(M−array Phase Shift Keying) ⋯ PSK 방식을 사용하여 m개의 비트를 묶어 (2n = M) M개 위상중 하나의 위상을 할당하여 한꺼번에 많은 비트를 전송하는 방식으로 반송파간의 위상차는 $\frac{2\pi}{M}$ 이므로 수신기의 임계값은 $\pm\frac{\pi}{M}$ 내에 위치하여야 한다. 따라서 M진 PSK는 다음과 같은 특징을 갖는다.

㉠ M이 증가할수록 에러 확률은 증가하지만 전송 대역폭 효율이 좋아진다.

㉡ M진 PSK의 에러 확률 특성은 M진 DPSK보다 우수하며, M진 PSK의 복조는 동기검파에 의한다.

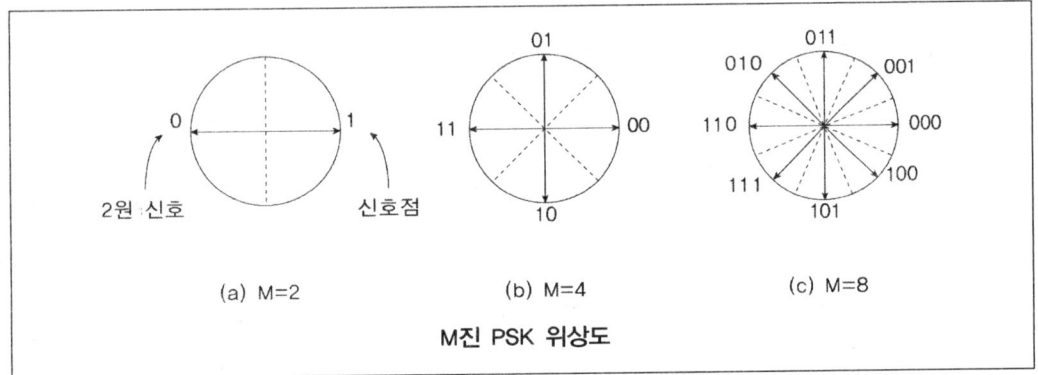

M진 PSK 위상도

⑥ **MSK**(Minimum Shift Keying) ⋯ FSK 방식에서 2개의 반송파 주파수 (f_1, f_2)를 180°의 위상차가 유지되게 선택하여 2개의 주파수가 만나는 부분에서도 연속적인 위상 변화가 유지되게 하는 방식으로, 대역폭이 가장 좁은 경우에 해당되며 정포락선, 위상연속, 동기검파 등이 장점으로 위성통신 또는 이동통신 등에 주로 이용되며 MSK를 FFSK(Fast FSK)라고도 한다. 따라서 MSK의 특징은 다음과 같다.

㉠ 포락선이 일정하며 비트의 변이점에서 반송파의 위상이 연속적이다.

㉡ 피변조파 스펙트럼의 부여(Side−lobe)은 QPSK보다 좁으나 Main−lobe는 더 넓은 단점이 있다.

㉢ 에러 확률은 QPSK와 동일하다.

④ QAM(직교진폭변조 : Quadrature Amplitude Modulation)

QAM 방식은 제한된 전송대책을 이용한 데이터의 전송효율을 향상시키기 위해 반송파의 진폭과 위상을 동시에 변조하는 방식으로 PSK에서는 I, Q 채널의 각 데이터 신호값의 합성은 일정하기 때문에 독립적이 아니다. 그러나 2개의 채널(I-채널, Q-채널)이 독립이 되도록 한 것을 직교진폭변조라 한다. 디지털 신호(2진 데이터)의 전송 효율 향상, 대역폭의 효율적 이용, 낮은 에러율, 복조의 용이성을 얻기 위한 ASK와 PSK의 결합방식으로 APK(Amplitude Phase Keying)방식이라고도 하며, QAM은 완전히 독립된 2개의 베이스 밴드 신호 계열로 직교하는 2개의 반송파(cosine, sine 파)를 각각 ASK로 변조한 것을 합성해서 동일한 통신로에 송출시키면 비트 전송속도를 2배 향상시킬 수 있다.

여기서 QPSK 변조기는 I-채널(In-Phase : 동상)과 Q-채널(Quadrature : 직교) 상에서 2개의 레벨(±1)만을 가지나 QAM은 다수(4, 6, 8, 10……..)의 레벨을 갖는다.

♟ QAM 의 변복조 구성도 ♟

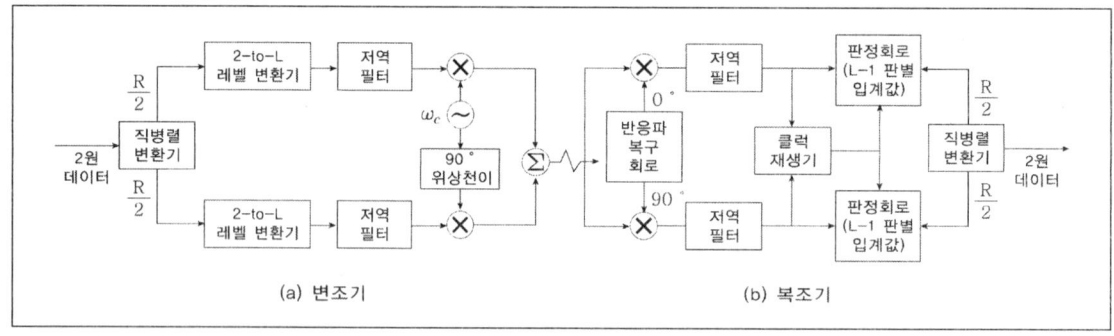

한편 4진 PSK와 4-QAM은 동일하며, QAM의 신호공간은 위상뿐만 아니라 진폭방향에도 변조가 되는 2차원 변조방식이다. 즉, QAM은 APM(Amplitude Phase Modulation) 변조방식으로 잡음과 위상변화에 우수한 특성을 갖는다.

① **QAM의 변조원리** ··· 2진 데이터를 직병렬 변환기에 통과 시켜 2개의 채널로 분리하고 2개의 직교 채널에 들어온 비트를 2-to-L 레벨 변환기에 의해 L레벨의 신호로 변환시킨 후 각 채널에서 L레벨의 신호는 cosine과 sine 반송파를 갖는 곱셈 변조기에 인가되어 DSB-SC(Double Side Band-Suppressed Carrier)변조된 후 합성하면 QAM 피변조파가 된다.

② **QAM의 복조원리** ··· QAM 복조기는 QPSK 복조기에 L레벨의 신호를 판별하는 (L-1)레벨 판정회로가 곱셈기 후단에 포함된다.

③ **QAM의 특성** ··· QAM의 대역폭효율은 $f_s = f_b/2$이므로 2[bps/Hz]($T_s = 2T_b f_s$는 Symbol ate 또는 Baud Rate라고 한다.)이며, 여기서 QAM의 스펙트럼은 I와 Q채널의 베이스 밴드신호의 스펙트럼에 의해 결정된다. 따라서 페이저도(phasor diagram)상에서 M진 PSK 피변조파의 신호점에 비해 거리가 더 크므로 오류 확률면에서 다소 우수하다.

㉠ QAM 신호는 2개의 직교성 DSB−SC 신호를 선형적으로 합성한 것이다.

㉡ M진 QAM과 M진 PSK의 전력 스펙트럼과 대역폭 효율은 동일하다.

㉢ M진 QAM(또는 M진 PSK)의 대역폭 효율은 log2M[bps/Hz]이며(16진 QAM의 최대 전송대역폭 효율은 6[bps/Hz]이다.) 대역폭효율은 클수록 바람직하다.

㉣ QAM의 소요전송대역(BR) = 2B로서 DSB−SC의 경우와 동일하다(B : 베이스 밴드 대역폭으로 2배에 해당된다).

㉤ QAM의 스펙트럼 효율을 향상시키기 위하여 I와 Q 채널에 PR(Partial Response Filter)를 사용한 QAM을 벡(Quadrature Partial Response)이라 한다.

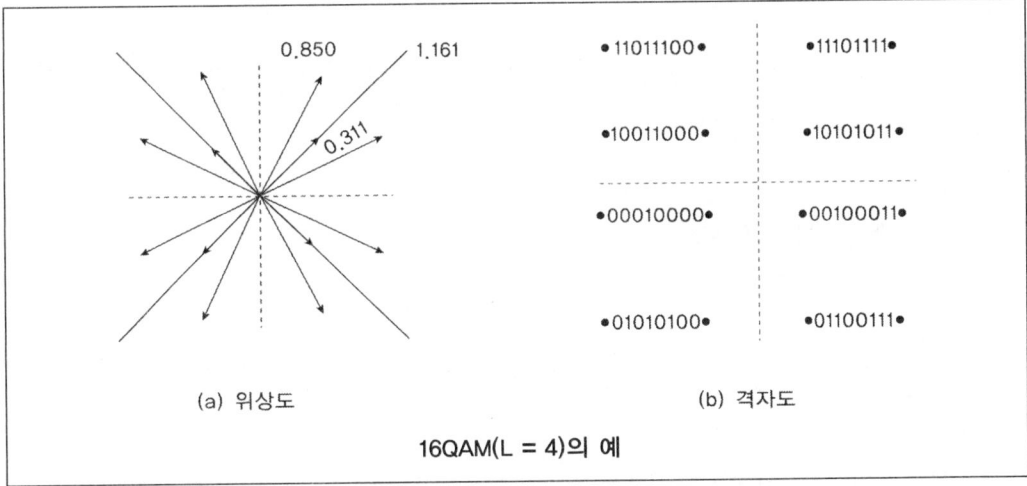

16QAM(L = 4)의 예

M = 4일 경우 QAM은 QPSK와 동일하며 QAM과 QPSK의 차이점은 QAM은 LPF를 이용하고, QPSK는 BPF를 이용한다.

⑤ 에러 확률(심벌 확률)

$P_e = P_{be} \log_2 M (P_{be} : 비트에러율)$

❢ 표 4-2 각 변조방식에 대한 에러 확률 관계 ❢

ASK 변조	FSK 변조	DPSK 변조	PSK 변조	QAM 변조
ASK (2진 ASK)	FSK (2진 FSK)	2진 DPSK	2진 PSK	QAM
		4진 DPSK	4진 PSK	4진 QAM
		8진 DPSK	8진 PSK	8진 QAM
			16진 PSK	16진 QAM
		M진 DPSK	M진 PSK	M진 QAM

에러 확률 증가 ↓

에러 확률 감소→

2진 PSK(BPSK)의 에러 확률은 QPSK 에러확률의 $\frac{1}{2}$이다. 따라서 M진 DPSK보다는 QPSK, QPSK 보다는 QAM이 에러 확률이 작다.

⑥ 전송 대역폭[Hz]

아날로그 통신에서 대역폭은 디지털 통신에서는 통신로 용량과 유사한 개념이며 여기서 전송 대역 폭이라 함은 점유 대역폭 또는 채널 대역폭이라고 한다. 따라서 전송 대역폭의 관계식을 나타내면 다음과 같다.

$$전송\ 대역폭(Br) = 신호방식률 = 기호율 = \frac{1}{기호지속시간} = \frac{r_b}{n}$$

$$= \frac{r_b}{\log_2 M}[Baud]$$

여기서 n = log₂M은 한 번에 보낼 수 있는 bit 수를 나타내며, $r_b = \frac{1}{T_b}[bit/sec]$는 bit rate를 나타 낸다.

예를 들면 4진 PSK는 n = 2, 16진 PSK는 n = 4이므로 같은 bit rate일 때 16진 PSK는 4진 PSK 보다 대역폭이 $\frac{1}{2}$로 줄어든다. 결국 전송 대역폭은 변조방식(ASK, FSK, PSK)에는 관계없고 비트 수에 의해 결정됨을 알 수 있다.

⑦ 대역폭 효율(스펙트럼 효율)

$$n = \log_2 M = \frac{\text{비트율}}{\text{전송대역폭}}[bps/Hz]$$

여기서 n은 한 번에 전송할 수 있는 비트수를 나타낸다.

예를 들면 16QAM의 대역폭 효율은 $\log_2 16 = 4[bps/Hz]$이다.

♟ 표 4-3 디지털 통신의 복조의 특징 ♟

방식	특징
ASK	장치가 간다, 근거리 전송, 전송로 레벨 변동에 약함
FSK	구성이 용이, 비교적 원거리 전송
PSK	고품질, 구성 및 동기의 정확성 요구
QAM	대량 정보 전송, 16-QAM 및 64-QAM이 일반적으로 사용
APK	저전력 소모, 대량 정보 전송

⑧ 비동기검파(in-coherent 검파)

다이오드를 이용한 포락선검파기가 사용되며, 여기서 다이오드는 검파 특성이 완전한 직선이 아니어서 비직선 외율이 발생한다. 따라서 수신단에서 동기가 필요하지 않기 때문에 캐리어신호의 완전한 지식을 알 필요가 없다. 따라서 비동기검파는 주로 ASK와 FSK에 사용되며 PSK 파형복조에는 이용하지 않는다. 일반적으로 비동기검파는 동기검파보다 시스템이 간단한 반면에 동기거마보다 효율이 떨어진다.

⑨ 동기검파(coherent 검파)

송신 신호의 주파수와 위상에 동기된 국부발진 신호와 입력 신호를 곱하게 하는 곱셈검파기이다. 즉, 송신측과 수신측이 동일한 반송파를 이용하는 경우로 PSK의 검파에 주로 사용된다. 한편 비슷한 잡음 성능에 대해 코히런트시스템이 1[dB] 정도의 신호전력 이득을 더 얻을 수 있으며, 정합 여파기검파는 일종의 동기검파방식이며, DPSK에서는 동기검파보다 차동위상 검파방식을 더 많이 사용한다.

3 통신용량과 통신속도

① 통신용량(채널용량)

채널을 통하여 전송될 수 있는 신호당 최대 평균정보량이다.

채널용량이란 주어진 조건하에서 주어진 통신경로나 채널을 전송될 수 있는 전송률, 즉 정보의 최대 전송률을 말하며 단위는 초당 비트수(bps)이고, 채널 대역폭이란 채널이 수용가능 주파수로서 단위는 [Hz]이다.

주어진 대역폭을 가능한 효율적으로 사용하려면, 가능한 에러율은 줄이고 데이터 전송률은 빠르게 해야 하지만, 잡음에 의해 효율성이 제한을 받는다. 따라서 우선 잡음이 없는 경우를 먼저 행각하면, 데이터 전송률은 단지 신호의 대역폭에만 제한을 받으며, 대역폭이 W로 주어졌을 때 전송될 수 있는 가장 높은 신호율은 2W[bps]임이 Nyquist에 의해 알려졌다.

데이터 전송률, 잡음, 에러율 사이의 관계를 생각해 보기로 하자. 잡음이 존재하면 하나 이상의 비트 에러가 생기고, 만약 데이터 전송률이 증가하면 비트는 더 짧아져서 더 많은 비트가 잡음의 영향을 받게 된다. 따라서 일정한 잡음 레벨에서 데이터 전송률이 증가 하면 에러율도 높아진다는 것을 알 수 있고, Claude Shannon에 의해 수식으로 표현 되었다.

① **잡음이 없는 경우** ··· C = 2Wlog2M으로서 M은 전압레벨 혹은 서로 다른 신호의 수를 나타내며, 만약 A로부터 B로 신호요소가 보내질 때 M = 2이면 1비트의 정보량을 나타내고, M = 8이면 3비트의 정보량을 나타낸다.

② **열잡음**(백색잡음)**만 고려한 경우** ··· $C = W\log_2(1+\frac{S}{N})$으로서 $\frac{S}{N}$의 함수이고 $\frac{S}{N}$가 증가하게 되면 C도 커짐을 알 수 있다. 여기서 C는 채널용량, W는 채널의 대역폭, S/N는 신호대 잡음비를 나타내며, 일반적으로 S/N = 30[dB]DLAUS 1,000을 대입하고, 디지털 통신일 경우 S/N은 1을 대입한다. 전송 용량을 늘리기 위한 방법으로는 신호 세력을 높이거나, 잡음을 적게 한다. 그리고 대역폭(W)을 늘리는 방법을 이용한다. 통신채널에 유입되는 원치 않는 신호를 잡음이라 하며, 이와 같은 잡음의 형태로는 열잡음(thermal noise), 임펄스잡음(impulse noise), 누화(crosstalk) 그리고 상호변조 잡음(inter-modulation noise)등이 있다.

② 디지털 통신 시스템의 성능측정

① **아날로그 통신 시스템의 성능측정** ··· S/N(신호대 잡음비)를 기준으로 한다.

$$Bearer\,속도 = 데이터\,신호속도 \times 샘플링수 \times \frac{8}{6}$$

② **디지털 통신 시스템의 성능측정** ··· C/N(Carrier to Noise) 또는 BER을 이용하며 C/N에 대한 정의는 다음과 같다.

$$C/N = \frac{E_b}{N_o} \cdot \frac{r_b}{B_m}$$

여기서 r_b는 [bps]이며, B_n은 수신기의 잡음 대역폭[Hz], E_b/N_o는 BER(비트 에러율)을 각각 나타낸다.

③ 통신 속도

부호가 어느 정도의 속도로 전송되고 있는가를 나타내는 척도를 통신 속도라고 하며 이 방법에는 다음과 같이 변조속도, 데이터 신호속도, 데이터 전송속도 등이 이용된다.

① **변조속도** ··· 1초간에 전송할 수 있는 최단펄스(부호단위)의 수를 나타내는 것으로 단위는 보오(Baud)를 이용한다.

$$B = \frac{1}{T}[Baud]$$

여기서 시간 T는 변환점의 최단펄스의 시간길이를 나타내며, 둘 이상의 비트를 한 단위로 표현할 경우, 각 단위를 하나의 신호로 대응시켜 송수신하는 시스템에서 각각의 단위를 심벌(symbol)이라 하며 이에 대한 속도를 심벌 전송률(symbol/rate)이라고 한다.

② **데이터 신호속도** ··· 1초간에 전송할 수 있는 비트수를 나타내는 것으로 단위는[bps]를 이용하며, 따라서 데이터가 데이터 단말장치로 송신 또는 수신되는 속도를 나타낸다. 하나의 변환점에서 전달하는 비트수를 n비트, 변환점의 최단시간을 T라 하면 신호속도 S는 다음과 같이 정의된다.

$$S = \frac{n}{T} = n \times \frac{1}{T} = n \times B[bps]$$

따라서 변조방식이 2진의 경우는 한 번에 보낼 수 있는 비트수가 1개이므로 이 경우 변조속도와 신호 속도는 동일하다.

③ **데이터 전송속도** ··· 데이터 전송속도는 초당 보낼 수 있는 문자(character)수, 또는 word수, block 수를 말하며, 단위는 [문자/초], [word/초], [block/초] 등으로 나타내며 이 관계를 나타내면 다음과 같다.

$$데이터\ 전송속도 = \frac{B}{n}$$

여기서 B는 변조속도, n은 한 문자를 구성하는 비트수를 나타낸다.

④ **베어러(bearer)속도** ··· 기저대역 전송방식에서 데이터 신호 이외에 동기 신호, 상태 신호 등을 포함하는 전송속도, 즉 디지털 회선에서 동기를 취하는 프레임 비트와 통신의 상태를 상대에게 전하는 상태를 맞춘 엔벨로프(evelope)라 부르는 신호형식으로 변형해서 전송한다.

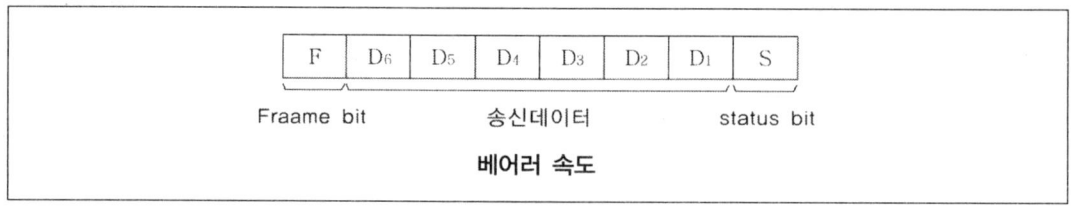

따라서 엔벨로프 형식으로 전송되는 전송속도를 베어러 속도라고 하며, 샘플링수는 데이터 1비트를 전송회선 상에서 몇 비트로 대응하는가를 의미한다.

⑤ **TRIB**(Transfer Rate of Information bits) ··· 정보의 발생원과 처리원 사이에서 관련된 overhead 를 제외한 순수한 정보 비트만의 전달속도이다.

디지털 통신방식

출제예상문제

1 다음 중 디지털 변조가 아닌 것은?

① ASK

② FSK

③ FM

④ PSK

✎NOTE 디지털 변조의 종류

㉠ ASK(진폭 편이 변조) : 디지털 신호의 정보에 따라 반송파의 진폭을 변화시키는 방식

㉡ FSK(주파수 편이 변조) : 디지털 신호의 정보에 따라 반송파의 주파수를 변화시키는 방식

㉢ PSK(위상 편이 변조) : 디지털 신호의 정보에 따라 반송파의 위상을 변화시키는 방식

㉣ QAM(직교 진폭 변조) : 디지털 신호의 정보에 따라 반송파의 진폭과 위상을 동시에 변화시키는 방식

2 다음 중 비교적 구현이 간단하고 장거리 송신 신호의 전송에 가장 적합한 것은?

① ASK

② FSK

③ PSK

④ QAM

✎NOTE FSK(Frequency Shift Keying) … 디지털 신호의 내용에 따라 반송파의 주파수를 변환시키는 디지털 변조의 한 방식으로 잡음에 강하고 구현이 용이하며 비교적 원거리 전송에 사용한다.

ANSWER | 1.③ 2.②

3 Analog 신호의 크기에 따라 Pulse의 크기를 변화시키는 방법은?

① PWM   ② PAM

③ PPM   ④ PCM

> **NOTE |** 변조방식
> ㉠ PAM : Analog신호의 크기에 따라 Pulse의 크기를 변화시키는 방법
> ㉡ PWM : Analog신호의 크기에 따라 Pulse의 폭을 변화시키는 방법
> ㉢ PPM : Analog신호의 크기에 따라 Pulse의 위치를 변화시키는 방법
> ㉣ PCM : Analog신호를 디지털 신호로 변화 시키는 방법

4 다음 중 아날로그 전송 방법으로 옳지 않은 것은?

① PWM   ② PTM

③ PAM   ④ PCM

> **NOTE |** PCM(Pulse Code Modulation)의 기능
> ㉠ 연속적인 아날로그 신호의 음성 파형을 표본화한다.
> ㉡ 표본화 단계를 거친 진폭값을 양자화 단계로 처리한다.
> ㉢ 진폭의 크기를 디지털 신호로 변환하여 부호화한다.
> ㉣ 디지털 신호를 아날로그 신호로 다시 복원시키는 복호화로 구성되어 있다.

5 아날로그 신호를 표본화하는 경우 결과로 얻을 수 있는 파형으로 옳은 것은?

① PWM   ② PTM

③ PAM   ④ PCM

> **NOTE |** PAM(Pulse Amplitude Modulation, 펄스 진폭 변조) … 펄스열의 폭과 간격은 일정하게 하고 진폭의 크기만 변조 신호의 표본값에 의해 변조하게 되는 방식을 말한다.

6 PWM파를 복조하기 위한 회로로 옳은 것은?

① LPF ② 미분기

③ 적분기 ④ 가산 증폭기

> NOTE | PWM파를 복조하기 위한 구성 회로로는 PAM 복조 회로가 있으며, PAM 복조 회로는 표본화
> 주파수 f_s 인 PAM파를 복조하기 위해서 차단 주파수 $f_c = \frac{1}{2}f_s$ 인 LPF를 사용한다.

7 한 비트의 점유율이 50% 정도인 부호는?

① RZ ② NRZ

③ Dicode ④ NRZ−S

> NOTE | 한 비트의 점유율이 50% 정도인 부호는 RZ이다.

8 다음 중 정보에 따라 주파수를 변환시키는 디지털 변조 방식으로 옳은 것은?

① ASK ② QAM

③ FSK ④ PSK

> NOTE | 주파수 천이 변조(FSK : Frequency Shift Keying) 방식
> ㉠ 입력 신호의 반송파 주파수를 변화시키는 방식을 의미한다.
> ㉡ 디지털 신호 0 또는 1에 따라 반송파의 주파수가 다르게 대응하는 방식이다.

9 Digit 신호에 따라 반송파의 위상을 변화시키는 방식은?

① PSK ② QPSK

③ FSK ④ ASK

> NOTE | 변조방식
> ㉠ PSK : Digit 신호에 따라 반송파의 위상을 변화시키는 방식
> ㉡ QPSK : 동시에 두 개의 비트를 보낼수 있는 방식
> ㉢ FSK : 비동기 검파 및 동기 검파 방식
> ㉣ ASK : Digit 신호에 따라 On, Off를 대응시켜 0 고 1에 따라 반송파의 진폭을 달리하는 방식

ANSWER | 6.① 7.① 8.③ 9.①

10 반송파의 진폭 및 위상을 상호 변환하여 정보를 싣는 변조 방식으로 옳은 것은?

① QAM   ② PSK

③ ASK   ④ FSK

> **NOTE** | 변조방식
> ㉠ QAM : 반송파의 진폭 및 위상을 상호 변환하여 정보를 싣는 변조 방식
> ㉡ PSK : 변조 신호에 따라 반송파의 위상을 변화시켜 전송하는 방식이다.
> ㉢ ASK : 변조 신호에 따라 반송파의 진폭을 변화시켜 전송하는 방식이다.
> ㉣ FSK : 변조 신호에 따라 주파수를 변화시켜 전송하는 방식이다.

11 다음 중 연속파 디지털 변조방식은?

① QAM   ② AM

③ DPCM   ④ PWM

> **NOTE** | 연속파 디지털 변조 방식 … ASK, PSK, FSK, QAM

12 100[W] 전력의 반송파를 사용하여 신호를 변조도70[%]로 진폭변조 하려고 한다. 이때 소요되는 전력은?

① 80   ② 130

③ 200   ④ 250

> **NOTE** | $P_c\left(1+\dfrac{m^2}{2}\right)=100\left(1+\dfrac{0.6}{2}\right)=100(1.3)=130$

13 프레임 내의 부호화 방법으로 사용되지 않는 것은?

① 변환 부호화   ② 예측 부호화

③ 고정 부호화   ④ 대역 분할 부호화

> **NOTE** | 프레임 내의 부호화 방법 … 변환 부호화, 예측 부호화, 대역 분할 부호화

ANSWER | 10.① 11.① 12.② 13.③

14 다음 중 디지털 변조 방식이 아닌 것은?

① PCM

② FM

③ DM

④ QAM

> ✎NOTE| 변조 방식의 종류
> ㉠ 연속파 아날로그 변조 방식 : AM, PM, FM
> ㉡ 불연속파 아날로그 변조 방식 : PAM, PWM, PPM
> ㉢ 연속파 디지털 변조 방식 : ASK, PSK, FSK, QAM
> ㉣ 불연속파 디지털 변조 방식 : PCM, DPCM, DM, ADM

15 Analog 변조 중에서 가장 고속도 전송에 사용할 수 있는 변조 방식은?

① PM

② FM

③ DSB

④ AM

> ✎NOTE| PM은 주파수에 관계가 되지 않으므로 고속 전송이 가능하다.

16 Baseband 전송에서 가장 많이 사용되는 전송 부호는?

① RZ 방식

② 복류 방식

③ NRZ 방식

④ 직류 방식

> ✎NOTE| Baseband 전송에는 복류 방식 Pulse가 가장 많이 사용된다.

17 다음 중 불연속파 디지털 변조방식이 아닌 것은?

① PCM

② DPCM

③ PAM

④ ADM

> ✎NOTE| PAM은 불연속파 아날로그 변조 방식이다.

ANSWER | 14.② 15.① 16.② 17.③

18 전송로에서 발생하는 저주파 차단에 영향을 받지 않는 방식은?

① 단류 RZ   ② 복류 RZ

③ 단류 NRZ   ④ Bipolar

> **NOTE** | 바이폴라(Bipolar)는 직류 성분이 포함되어 있지 않아서 저주파 차단에 영향을 받지 않는다.

19 전송부호의 클록 주파수가 입력신호의 두배가 되는 부호화 방식은?

① AMI   ② HDB

③ CMI   ④ 4B-3T

> **NOTE** | CMI는 전송되는 클록 주파수가 입력신호 주파수의 두배가 된다.

20 다음 중 위상편이 변조방식은?

① ASK   ② FSK

③ PSK   ④ QAM

> **NOTE** | 변조방식
> ㉠ ASK : 진폭 편이 변조
> ㉡ FSK : 주파수 편이 변조
> ㉢ PSK : 위상 편이 변조
> ㉣ QAM : 직교 진폭 변조

ANSWER | 18.④ 19.③ 20.①

21 NRZ는 RZ부호의 스펙트럼의 Zero Crossing 주파수의 몇배인가?

① 0.5 배   ② 1배

③ 2배   ④ 4배

> **NOTE |** RZ부호의 스펙트럼의 Zero Crossing 주파수는 NRZ신호의 두 배이다.

22 다음 중 불연속 레벨 변조에 해당하는 것은?

① PAM   ② PCM

③ PPM   ④ PWM

> **NOTE |** 불연속 레벨 변조 … PNM, PCM, ΔM

23 혼신과 외래 잡음을 줄이기 위해 다음 보기 중 가장 적절한 변조방식은?

① ASK   ② FSK

③ PSM   ④ DM

> **NOTE |** 디지털 방식은 FSK 아날로그 방식은 FM이 혼신과 외래 잡음에 강하다.

24 8진 PSK(Phase Shift Keying)의 위상차는?

① π ② $\dfrac{\pi}{2}$

③ $\dfrac{\pi}{4}$ ④ $\dfrac{\pi}{8}$

> **NOTE |** M진 PSK의 위상차
> ㉠ 4진 PSK : $\dfrac{\pi}{4}$
> ㉡ 8진 PSK : $\dfrac{\pi}{8}$

ANSWER | 21.①   22.②   23.②   24.②

25 DPSK 송수신기의 구성 요소가 아닌 것은

① 논리회로

② 입출력기

③ 지연회로

④ 곱변조기

✎NOTE| DPSK 송수신기의 구성은 논리회로, 지연 회로, 곱변조기, BPF, 위상 비교기로 구성되어 있다.

26 2진 PSK는 16진 PSK의 몇배의 전송대역폭을 가지고 있는가?

① 1배

② 2배

③ 4배

④ 8배

✎NOTE| 채널 대역폭 $= \dfrac{r}{\log_2 M}$

2진 PSK의 전송 대역폭 $= \dfrac{r}{\log_2 2} = r_b$

16진 대역폭 : 전송대역폭

$\dfrac{\log_2 16}{r_b} = 4rb$

27 주파수 변조를 진폭 변조와 비교할 경우에 대한 설명으로 옳지 않은 것은?

① 에코의 영향이 많아진다.

② S/N비가 좋아진다.

③ 점유 주파수 대역폭이 넓어진다.

④ 초단파대의 통신에 적합하다.

✎NOTE| 주파수 변조의 특징
　㉠ 주파수 대역폭이 넓다.
　㉡ 신호대 잡음비가 개선된다.
　㉢ 가시 거리 통신에 적합하다.
　㉣ 약전계 통신에는 부적합하다.
　㉤ VHF 통신에 적합하다.

ANSWER | 25.② 26.③ 27.①

28 QPSK의 대역은 16PSK의 대역폭 효율의 몇배인가?

① 0.5배   ② 1배

③ 2배   ④ 4배

> **NOTE** ㉠ 16진 PSK의 대역폭효율 : $\log_2 M = \log_2 16 = 4 [bps/Hz]$
> ㉡ QPSK의 대역폭효율 : $\log_2 M = \log_2 4 = 2 [bps/Hz]$

29 8개의 위상과 2개의 진폭을 혼합하여 신호를 변조할 때 적당한 변조 방식은?

① ASK+FM   ② FSK+AM

③ PSK+AM   ④ FSK+FM

> **NOTE** 진폭과 위상을 혼합할 때는 AM과 PSK를 혼합 변조하여 APK(Amplitude Pulse Keying)신호를 만든다.

30 통신속도가 100[baud]인 전송부호의 최단 펄스시간 길이는 몇초인가?

① 10 [ms]   ② 20 [ms]

③ 50 [ms]   ④ 100 [ms]

> **NOTE**
> $$B = \frac{1}{T}$$
> $$T = \frac{1}{B} = \frac{1}{100} = 0.01 [s]$$

31 다음 중 단파대 이하의 통신에서 주로 사용하는 변조 방식은?

① PCM   ② PAM

③ AM   ④ FM

> **NOTE** 주파수별 사용 변조 방식
> ㉠ 초단파 이상 : FM(주파수 변조 방식)
> ㉡ 단파대 이하 : AM(진폭 변조 방식)

ANSWER | 28.①   29.③   30.①   31.③

32 Baud 속도가 2400Baud이다. Quadbit를 사용할 때 1초당 전송 속도는?

① 2400 [bps]　　　　　　　② 4800 [bps]

③ 9600 [bps]　　　　　　　④ 19200 [bps]

　　✎NOTE| $4 \times 2400 = 9600[bps]$

33 간단히 다중화 통신이 되며 직선 증폭기 등이 필요한 변조방식은?

① PWM　　　　　　　　② PPM

③ PFM　　　　　　　　④ PAM

　　✎NOTE| PAM … 변조 신호에 따라 펄스의 진폭을 변화시키는 방식으로 다중화가 간단하며 직선 증폭기
　　　　　등이 필요하다.

34 DSB와 SSB의 평균 전력비는 얼마인가?

① 1 : 1　　　　　　　　② 1 : 4

③ 1 : 6　　　　　　　　④ 6 : 1

　　✎NOTE| DSB와 SSB의 평균 전력
　　　　　㉠ DSB : $1.5P_c$
　　　　　㉡ SSB : $0.25P_c$
　　　　　㉢ DSB와 SSB의 평균 전력비 : $1.5 : 0.25 = 6 : 1$

35 채널에서 데이터 량과 대역폭과의 관계를 올바르게 나타낸 것은?

① 비례　　　　　　　　② 반비례

③ 제곱　　　　　　　　④ 절반

　　✎NOTE| 채널 용량과 대역폭은 비례관계이다.

ANSWER | 32.③　33.④　34.④　35.①

36 펄스의 진폭 및 주기 등은 일정하고 펄스 폭이 입력 신호에 따라 변화되도록 하는 변조 방식으로 옳은 것은?

① PWM
② PPM
③ PFM
④ PAM

✎NOTE | 변조방식
    ㉠ PWM : 아날로그 변조 신호의 크기에 따라 펄스 폭을 변화시키는 펄스 변조 방식으로 PAM 보다 신호대 잡음비가 크며, LPF를 이용하여 간단히 복조할 수 있다.
    ㉡ PPM : 변조 신호에 따라 펄스의 위치만 변화시키는 변조 방식으로 구성 회로는 PWM과 함께 미분 회로가 사용되며 PAM, PWM에 비하여 신호대 잡음비가 크다.
    ㉢ PFM : 변조 신호에 따라 펄스의 주파수만 변화시키는 변조 방식이다.
    ㉣ PAM : 변조 신호에 따라 펄스의 진폭을 변화시키는 방식으로 다중화가 간단하며 직선 증폭기 등이 필요하다.

37 변조 신호에 따라 펄스의 주파수만 변화시키는 변조 방식은?.

① PWM
② PPM
③ PFM
④ PAM

✎NOTE | PFM … 변조 신호에 따라 펄스의 주파수만 변화시키는 변조 방식이다.

38 16진 대역폭을 사용할때 대역폭이 2[kHz]이다 이때 채널용량은?

① 2,000 [bps]
② 8,000 [bps]
③ 16,000 [bps]
④ 32,000 [bps]

✎NOTE | $C = 2B log_2 M = 2 \times 2000 \times \log_2 16 = 16,000 [bps]$

ANSWER | 30.① 37.③ 38.③

전송매체

1 통신로(Channel)

데이터 전송은 전송매체를 통해 송수신 간에 발생하는 것으로 전송매체는 물리적인 데이터 전송을 나타낸다.

여기서 전송매체란 통화전류 또는 레이저 광선을 원거리에 위치한 목적지에 전달시키는 집합체로 전기 신호를 통신선로를 통하여 전송하는 선로 전송방식인 유선 전송방식과 자유공간을 매개로 전파를 전파시키는 전계 전파방식인 무선 전송방식이 있다.

① **선로의 분포정수회로**

전송선로에 고주파의 전류가 흐르는 경우 R, L, C 등의 회로정수가 한 곳에 집중적으로 분포하고 있는 집중회로의 개념을 적용할 수 없으므로 회로정수를 단위 길이당 균일하게 분포되어 있다고 해석되는 회로를 분포정수 회로라 한다. 일반적으로 집중정수는 에너지의 소모가 있지만 분포정수는 에너지소모는 없고 에너지를 발사하는 기능을 갖는다.

❗ **1차 정수 회로로 나타낸 등가회로** ❗

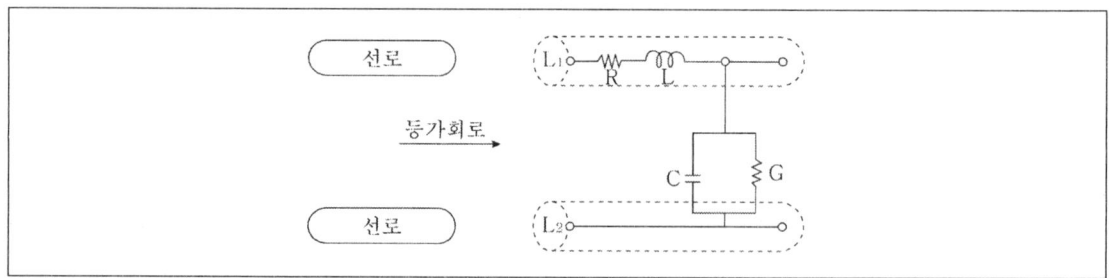

선로를 등가회로로 나타내는 경우에 나타나는 저항 R[Ω/m], 인덕턴스 L[H/m], 정전용량C [F/m], 그리고 누설 컨덕턴스 G[℧/m]를 1차 정수라고 한다.

① **선로의 직렬 임피던스와 병렬 어드미턴스의 표현**
    ㉠ 직렬 임피던스 $Z = R + j\omega L$
    ㉡ 병렬 어드미턴스 $Y = G + j\omega C$

♣ 표 5-1 1차 정수와 주파수와의 관계 ♣

종류	기호	내용
저항	R	$\sqrt{f}$ 에 비례하여 증가한다.
인덕턴스	L	$\sqrt{f}$ 에 반비례하여 감소한다.
정전용량	C	약간 증가하다가 일정해진다
누설컨덕턴스	G	유전체 손실에 따라 증가한다.

② **전송로에서 발생하는 손실의 원인**

ㄱ) **표피작용**(skin effect) : 전송로로 이용되는 도체의 심선에 교류가 흐르면 도체 내부의 각 부의 전류가 서로 반발하여 전류가 도체 표면에 집중되는 현상을 말하는 것으로 사용 주파수가 높아지면 표피작용이 심하게 나타나 전송로 상에서 손실이 증가된다.

ㄴ) **근접작용**(proximity effect) : 근접 병행하는 두 도체의 전류가 각기 동일방향이면 서로 반발하고 반대방향이면 흡인하기 때문에 왕복 두 도체의 전류가 안쪽으로 집중되는 현상, 즉 선로의 선간 근접부분에서 주파수 증가에 따라 전류밀도가 증대되는 현상을 말한다.

ㄷ) **와류(유전체)손실** : 도체, 연피, 차폐대 등에 유전체에 의한 와류현상이 생기는데 이 와류에 의하여 생기는 전력 손실을 말하며, 이것은 누설 컨덕턴스의 증가를 초래하며 손실은 동심선 케이블에 한해 야기되는 손실이다.

② 2차 정수(secondary constant)

① **전파정수**(propagation constant) $\cdots \gamma = \sqrt{ZY} = \sqrt{(R+j\omega L)(G+j\omega c)} = \alpha + j\beta$

② **감쇠정수**(attenuation constant) $\cdots \alpha = \sqrt{RG}[dB/km]$

③ **위상정수**(phase constant) $\cdots \beta = \omega\sqrt{LC}[rad/km]$

④ **특성 임피던스**(characteristic impedance) $\cdots Z_0 = \sqrt{\dfrac{Z}{Y}} = \sqrt{\dfrac{R+j\omega L}{G+j\omega C}}[\Omega]$

특성 임피던스는 선로 특유의 전수에 의해 정해지는 선로의 임피던스로서 무한히 연속되는 전송 선로의 임의의 점에서의 전압과 전류와의 비를 나타낸 것으로 어떤 임의의 주파수에서도 임피던스가 선로의 길이나 부하에 무관하며 선로의 종류에 따라 일정한 값을 가진다.

③ 파장(λ)과 위상속도(V_P)

위상정수가 β 인 전송선로 상에서 파장 λ [m]만큼 위치한 점의 위상은 2π [rad]만큼 변화 하므로 $\beta\lambda = 2\pi$ [rad]인 관계가 존재한다.

$$\beta = \frac{2\pi}{\lambda}[rad/m], \lambda = \frac{2\pi}{\beta}[m]$$

$$V_P(\text{파의 진행속도}) = \lambda f = \frac{2\pi f}{\beta} = \frac{\omega}{\beta} = \frac{1}{\sqrt{LC}}[m/s]$$

④ 무왜선로와 무손실선로

① **무손실선로**(lossless line) ··· 손실이 전혀 없는 선로를 무손실선로 또는 이상적인 선로라고 부른다. 이 경우 R = G = 0 이므로 $Z = j\omega L$, $Y = j\omega C$

따라서

$$\gamma^2 = ZY = (j\omega L)(j\omega C)$$

$$\gamma = \sqrt{(j\omega L)(j\omega C)} = j\omega\sqrt{LC}$$

또는 다음과 같이 생각하면

$$\gamma = \alpha + j\beta = 0 + j\omega\sqrt{LC}$$

여기에서 α와 β의 값은 $\alpha = 0$, $\beta = \omega\sqrt{LC}$

즉, $\alpha = 0$, β 는 ω 에 비례하는 결과로 나타난다. 이때의 위상속도 β 를 식 $dx/dt = \omega/\beta$에 대입하면 $\dfrac{dx}{dt} = \dfrac{\omega}{\omega\sqrt{LC}} = \dfrac{1}{\sqrt{LC}}$

이 관계에서 주파수에는 무관한 일정한 값이 존재한다. 따라서 자유공간에 있어서 평행 2선조의 경우에는 위상속도 $1/\sqrt{LC}$는 광속도 C와 동일하게 된다. 즉, 전압 및 전류의 파는 감쇠없이 $\dfrac{1}{\sqrt{LC}}$ 의 속도(광속도)로 전파된다.

또한 이 때의 특성 임피던스 Z_O를 생각하면

$Z_O = \sqrt{\dfrac{Z}{Y}} = \sqrt{\dfrac{j\omega L}{j\omega C}} = \sqrt{\dfrac{L}{C}}$ 로서 주파수와는 무관하며 실수부만 존재하므로 전압과 전류의 위상은 동상이 된다. 즉, 파동방정식을 풀면 전류가 양쪽방향으로 나가는 것을 알 수 있다.

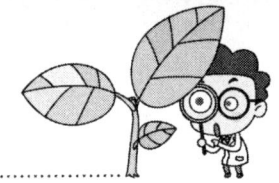

② **전송선로상에서 요구되는 감쇠량 및 왜곡**

   ⊙ **감쇠량의 최소 조건** : 선로상에 존재하는 감쇠량의 정도를 결정하는 데는 2차 정수 중 α 의 크기에 의해 결정된다. 반송파 30[KHz] 이상인 고주파의 경우에 1차 정수와 2차 정수의 근사식에 대한 관계식에 대한 관계식은 다음과 같다. 여기서 고주파에 대한 전파상수 α 를 이용한 선로상에서의 감쇠 최소 조건을 고려하면 R, G를 증가시키는 경우 R, G는 α 를 증가시키는 함수이기 때문에 따라서 α 를 최소로 하기 위해서는 R = G = 0이 되면 α = 0이 되어 감쇠가 전혀 일어나지 않는, 즉 전기저항이 없는 도체와 같은 성질을 갖게 된다.

     그러므로 선로에 있어서 L, R, C, G의 사이에는 $\dfrac{R}{L} = \dfrac{G}{C}$ 의 관계가 있다.

       ⓔX 감쇠량 최소 조건을 만족하는 경우의 선로에서의 감쇠량은 어떻게 되는가?

         $\alpha = R\sqrt{\dfrac{C}{L}} - C\sqrt{\dfrac{L}{C}} = \sqrt{RG}$ 관계에서 감쇠량 α 는 R과 G에 의해서 지배되며, L과 C는 실제 무관한 것으로 생각한다.

     여기서 선로의 감쇠량이 최소일 경우를 고려하면 다음과 같다.

   • 모든 주파수의 정현파는 선로의 길이에 따라 동일하게 감소한다.

   • 전파속도와 감쇠정수는 주파수와 무관하게 일정하다.

   ⓒ **무왜전송 조건** : 임의의 파형의 파를 송전단에서 보낸 경우 선로 도중에서 파형은 일반적으로 송전단의 파형과 달라지게 된다. 이것을 파형이 왜곡되었다고 한다.

     파형왜곡의 원인은 감쇠정수(α)가 주파수에 의해 달라지는 것과 위상속도(β)가 주파수에 의해 달라지는 것이다. 이 원인에 의한 파형의 변형을 전파변형이라고 한다. 즉, 신호전송에 있어서 전송된 신호를 수신단에서 원형 그대로 재현이 가능한 것이 가장 바람직하다. 따라서 전송계에 있어 무왜전송이 일어나기 위한 조건들은 유효주파수 대역에서 다음과 같은 상태이어야 한다.

   • 임피던스가 일정해야 한다(Z = const).

   • 감쇠정수가 일정해야 한다(α = const).

   • 위상정수가 주파수에 비례해야 한다(dβ /dω = const).

     만일 R/L = G/C 조건을 만족하고 있으면 파형왜곡이 없게 된다. 이것은 통신선로에서는 중요한 사실이나 일반적으로 만족하지 않으며 $\dfrac{R}{L} > \dfrac{G}{C}$ 인 경우가 많고, 이것과 반대인 경우는 거의 없다.

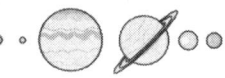

⑤ 무손실선로의 공진

① 수전단 단락선로의 경우($Z_i = 0$)

$$Z = Z_O \cdot \frac{Z_l + jZ_O \tan \beta l}{Z_O + jZ_l \tan \beta l} = Z_O \cdot \frac{\dfrac{Z_l}{Z_O} + j\dfrac{Z_O}{Z_O} \cdot \tan \beta l}{\dfrac{Z_O}{Z_O} + j\dfrac{Z_l}{Z_O} \cdot \tan \beta l} jZ_O \tan \beta l$$

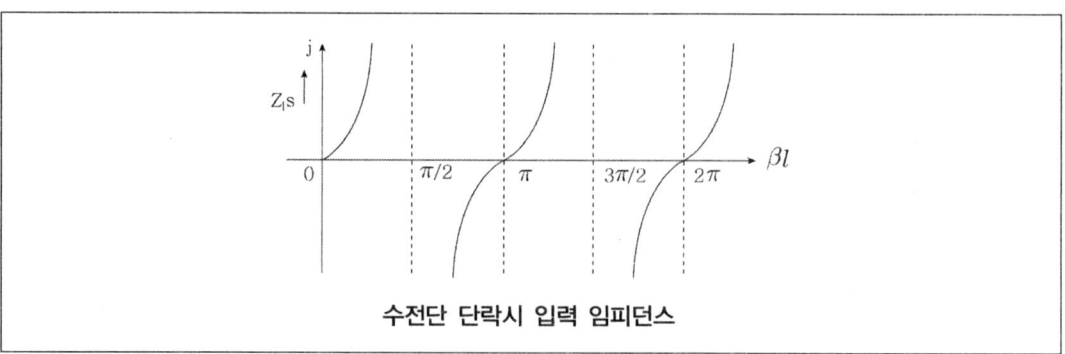

수전단 단락시 입력 임피던스

② 수전단 개방선로의 경우($Z_l = \infty$)

$$Z = Z_o \cdot \frac{Z_l + jZ_o \tan \beta l}{Z_o + jZ_l \tan \beta l} = Z_o \cdot \frac{\dfrac{Z_l}{Z_l} + j \cdot \dfrac{Z_o}{Z_l} \cdot \tan \beta l}{\dfrac{Z_o}{Z_l} + j \cdot \dfrac{Z_l}{Z_l} \cdot \tan \beta l} = Z_o \cdot \frac{1}{j \tan \beta l} = - jZ_o \cot \beta l$$

특히 수전단이 개방된 선로에서 수전단 전압의 최대값이 송전단 전압의 절대값보다 커지는 현상으로 무손실선로에서 성립되는 현상, 즉 수단의 |전압| > 송단의|전압|일 때 일어나는 현상을 페란티(ferranti)현상이라고 하며 다음과 같은 특징을 나타낸다.

㉠ 수단의 개방된 선로에서만 존재한다.

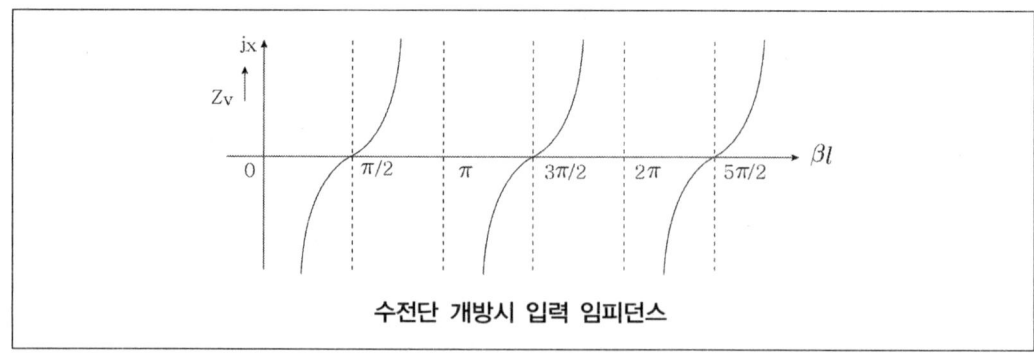

수전단 개방시 입력 임피던스

ⓒ 송단의 투사파와 수단의 반사파는 동상이 된다.

ⓒ 무손실 전송선로에서만 존재한다.

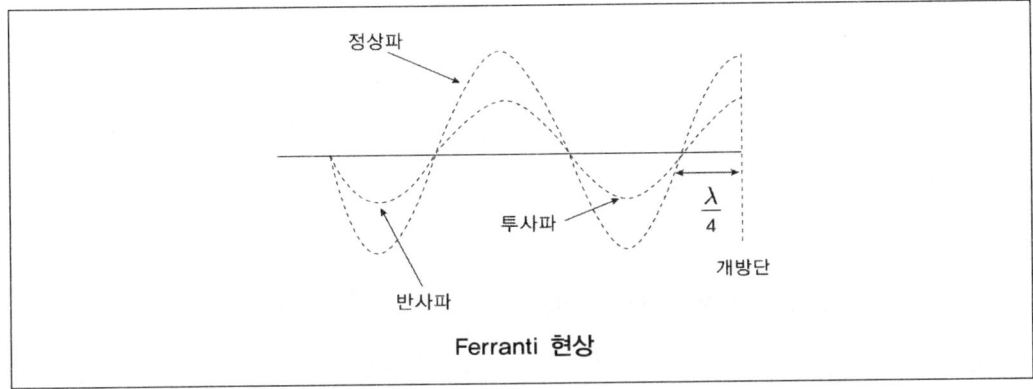

Ferranti 현상

⑥ 전송선로의 전송과정에서 발생하는 현상

특성이 다른 2개 이상의 복합된 선로의 접속점에서 임피던스 부정합이 존재하여 반사파가 발생, 전송 손실을 가져 오게 되는 현상을 복합선로의 반사현상이라고 하며, 이로 인해 전송손실이 증대되며 간접누화의 원인이 된다. 또한 동축케이블에서 파형전송을 하는 경우 파형왜곡의 원인이 되며 불균등 반사 손실이 생겨 2선식 음성회선 증폭기의 명음 안정도를 저하시킨다. 따라서 복합선로의 반사현상은 영상 신호 전송의 경우에는 고스트(ghost)의 원인이 된다. 이와 같은 반사현상에 대한 값의 표현으로 반사계수, 투과계수 그리고 정재파비로 그 크기를 나타낸다.

① **반사계수**(m)

ㄱ 전압$(m) = \dfrac{\text{반사전압}(V_r)}{\text{입사전압}(V_f)} = \dfrac{Z_l - Z_o}{Z_l + Z_o}$

ㄴ 전류$(-m) = \dfrac{\text{반사전류}}{\text{입사전류}} = \dfrac{Z_o - Z_l}{Z_l + Z_o}$

② **투과계수** … 투과계수가 1일 때 임피던스가 정합된 선로가 되어 부하에 최대 출력이 공급된다.

ㄱ 전압투과계수$(1+m) = \dfrac{\text{투과전압}}{\text{입사전압}} = \dfrac{2Z_l}{Z_l + Z_o}$

ㄴ 전류투과계수$(1-m) = \dfrac{\text{투과전압}}{\text{입사전압}} = \dfrac{2Z_o}{Z_l + Z_o}$

③ **정재파비**(standing wave ratio) ··· 정재파란 정합되지 않은 전송선로에서 입사파와 반사파의 합성에 의해서 동일한 위상을 이루는 파를 말한다. 여기서 전압정재파비(VSWR)ρ를 정의하면 다음과 같다.

$$\rho = \frac{|V_{\max}|}{|V_{\min}|} = \frac{|V_f + V_r|}{|V_f - V_r|} = \frac{\dfrac{V_f}{V_f} + \dfrac{V_r}{V_f}}{\dfrac{V_f}{V_f} - \dfrac{V_r}{V_f}} = \frac{1 + |m|}{1 - |m|}$$

⑦ 전송선로의 누화(cross talk)

일반적으로 통신선로에는 많은 왕복도체가 근접, 병행하고 있으므로 이들 도체 간에는 전기적 결합(정전결합, 전자결합)이 다른 근접한 선로에서 통신에 영향을 주는 현상을 말한다.

즉, 어느 한 통신선로에 다른 통신회선의 통신 에너지가 유도되어 되돌아오는 것을 누화라 한다. 누화의 정도에 따라 통신에 되돌아오는 것을 누화라 하며, 누화의 정도에 따라 통신에 방해를 주며 넓은 의미에서 누화도 잡음의 일종이라고 할 수 있다. 또한 누화를 일으키는 원인이 되는 회선을 유도회선, 누화를 받는 회선을 피유도회선 이라고 한다.

① **누화의 분류**

ㄱ 근단누화(near-end cross talk) : 유도회선의 송단측에서 피유도회선의 송단측에 누화가 발생되는 현상을 말한다.

ㄴ 원단누화(far-end cross talk) : 유도회선의 송단측에서 피요도 회선의 수단측에 누화가 발생되는 현상으로 동축 케이블에서의 누화는 원단누화가 근단누화보다 크며, 평형 케이블에서는 근단누화가 원단누화보다 크다.

❢ 표 5-2 누화의 형태와 특성 ❢

구분	특징
직선성 누화의 유도 원인	정전유도 누화
	전자유도 누화
누화 방향	근단누화 : 유도회선의 송단측에 나타나는 피유도 회선의 누화
	원단누화 : 유도회선의 수신단에 나타나는 피유도회선의 누화
누화 발생 성질	직접 누화 : 정전, 전자결합 등에 의한 직접 결합 누화
	간접 누화 : 제3회선을 매체로 하여 발생하는 누화

② **누화의 단위**

　ㄱ CTU : 유도전류와 피유도전류의 대수의 비로 표현한 단위

$$CTU = \frac{\text{피유도회선의 전류}}{\text{유도회선의 전류}} \times 10^6$$

　ㄴ CTU와 dB의 관계 : $N[\text{dB}] = 20\log_{10}\frac{10^6}{[CTU]} = 120[\text{dB}] - 20\log_{10}[CTU]$

$$1[\text{dB}] = \left[\frac{Nep}{8.686}\right] = 0.115[Nep]$$

♟ 표 5-3 케이블 선로의 누화 방지책 ♟

방법	특성
시험접속	선로의 접속점에서 상하측의 정전용량을 측정하여 서로 상쇄되도록 두 회선을 교차시키는 방식이다.
압신기	송전단에서 음성신호를 1/2로 압축하여 보내고, 수전단에서 이것을 2배로 신장한다.
누화보상	사용 주파수 대역중의 회선을 이와 동등한 특성을 가진 집중결합을 역위상이 되도록 삽입하는 방식이다.
프로징 (frogging)	• 주파수 프로징 : 고군과 저군을 변환하는 구별 4선식 방식이다. • 케이블 프로징 : 반송파를 사용하는 쌍을 중계기마다 바꾸어 넣는 방법이다.

2 　**평형 케이블(Balanced Cable = Twisted Pair)**

① 평형 케이블의 구조와 특성

절연된 두 가닥의 구리선이 균일하게 서로 감겨 있는 형태를 2(Pair) 또는 4선(quad)의 도선을 연합하여 한 개 또는 다수의 집합을 묶음으로 만든 통신선로로 케이블의 심선용(cable core) 도체는 연동선이 주로 사용된다.

이와 같은 심선의 절연방법으로는 종이테이프 절연, 펄프 절연 그리고 플라스틱 절연 방법을 이용한다. 따라서 평형 케이블은 아날로그 신호 및 디지털 신호 전송에 적합하며 건물내의 통신 수단으로 사용되며 다음과 같은 특징을 갖는다.

① 대역폭, 거리, 데이터 전송에 상당한 제약점을 가진다.

② 간섭 및 잡음에 민감하다.

③ 근접한 Pair끼리는 누화현상을 감소시키기 위하여 피치를 달리하여 꼰 것을 사용한다.

② 장하(loading)

케이블 선로의 경우 선로간의 사이가 매우 근접해있어 C가 크므로 RC>LG가 되어 선로에서는 손실이 증대된다. 따라서 선로에 임의적으로 L값을 증가시켜 RC≒LG가 되도록 하는 것을 장하라고 한다.

이와 같은 장하의 종류에는 자성 재료를 도체상에 균일하게 감아 주는 장하 방식인 연속장하(평등장하, krarup 장하)와 일정 간격(약 1.831[km])마다 집중적으로 코일을 삽입하는 장하방식인 집중장하(coil 장하 pupin장하)등이 있다. 이에 대한 예로 반구간방식, 반코일방식을 들 수 있다.

♟ 표 5-4 평형 케이블의 2차 정수 ♟

분류	내용
저주파	α, β는 $\sqrt{f}$에 비례하여 증가한다.
고주파	α는 $\sqrt{f}$ 비례, β는 f에 비례하여 증가한다.

3 동축 케이블(Coaxial Cable)

① 동축 케이블의 구조

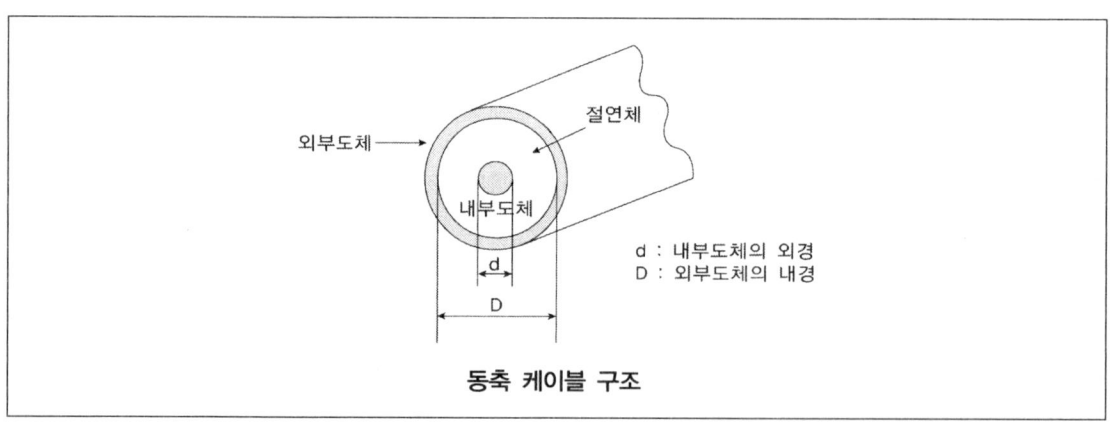

동축 케이블 구조

① 동축 케이블에서 가장 감쇠가 적게 하기 위한 내부 도체 외경 (d)과 외부도체 내경(D)의 비를 최적비라 하며, 그 값은 D/d = 3.59(약 3.6)이다.

② **동축 케이블의 용도**
　ⓐ 근거리 네트워크의 구성
　ⓑ TV신호 분배
　ⓒ 광대역 전송로로 사용
　ⓓ 단거리 시스템 링크
　ⓔ 베이스밴드 전송과 브로드밴드 전송

② 동축 케이블의 장단점

① **장점**
　ⓐ 전송손실이 적다. 평형 케이블은 전송되는 주파수에 정비례하여 증가하며 동축 케이블은 전송되는 주파수의 평방근에 비례하여 증가한다.
　ⓑ 고주파에서는 외부 도체의 차폐가 우수하며 누화 특성이 개선된다.
　ⓒ 평형 케이블보다 주파수 특성이 우수하며 광대역 초다중화 전송에 이용된다.
　ⓓ 평형 케이블보다 간섭 및 누화 특성이 양호하며, 특성 임피던스는 주파수에 관계없이 일정하다.
　ⓔ 전송 특성이 양호하며, 넓은 주파수 대역에 걸쳐 등화가 용이하고, 내부 도체와 외부 도체의 절연이 극히 좋아 전력 전송이 가능하다.
　ⓕ 전송로 중 케이블 간의 혼선은 무시할 정도이고 신호세력의 감쇠나 전송지연으로 인한 변화가 적은 매체이다.

② **단점**
　ⓐ 선로의 중간에 임피던스 불균등점이 존재하면 반사현상이 일어나 반사와 재반사가 되풀이 되어 경음 또는 Ghost 등이 발생하게 된다.
　ⓑ 저주파에서는 표피효과와 근접작용의 영향이 감소되어 누화가 발생하기 때문에 60[KHz] 이하에서는 사용하지 않는다.
　ⓒ 근거리 및 소규모 회선 구간에 적합하다.

③ 우연적인 왜곡 형태

전송로상에서 동적으로 발생하는 불안정한 왜곡 형태로 발생하는 왜곡의 예측이 불가능 하며, 제어가 어려운 왜곡형태로 다음과 같은 것들이 있다.

① 백색잡음(white noise)

② 충격성 잡음(spike noise)

③ 혼선

④ 상호변조잡음

⑤ 반향(Echo)

⑥ 진폭의 변화(비트의 어긋남)

⑦ 전송로상의 순간적인 장애현상

⑧ 무선 페이딩현상

⑨ 위상의 변화(phase jitter, phase hit)

④ 시스템적인 왜곡 형태

전송로의 불안에 의한 왜곡으로 전송로상에서 늘 발생하는 잡음형태이다. 이와 같은 왜곡은 전자적인 보상장치에 의해 왜곡을 최소화하거나 감소가 가능하다.

① 손실(Loss)

② 진폭감쇠왜곡

③ 고조파왜곡

④ 지연왜곡

⑤ 주파수 편이

⑥ 바이어스왜곡

⑦ 특성왜곡

4 광섬유 케이블(Optical Fiber Cable)

광통신은 송신측에서 전기 신호를 발광소자(LD : 레이저 다이오드, LED : 발광 다이오드)를 이용해서 전광 변환한 광파를 만들어 전송매체인 광섬유 케이블(optical fiber cable)에 송출하고 수신단에서는 광파로 전송된 광신호를 수광소자(APD : 애벌런치포토 다이오드, PD : 포토 다이오드)로 광전변환을 하여 원래의 신호로 재생하는 통신방식으로 빛의 전반사 원리를 이용하고 있으며 일반적으로 광파 영역의 범위는 적외선(1011[Hz])이다.

통신선로 중 광섬유 선로가 현대통신에서 각광을 받는 이유는 다음과 같다.

① 경량성으로 작업능률이 양호하다.

② 무유도성으로 전자유도의 영향이 없다.

③ 통신속도가 빠르고 대용량의 전송이 가능하다.

발광 다이오드(LED)의 발광 원리는 다이오드(PN접합)에 순바이어스 전압을 가하면 캐리어로 되는 정공과 전자가 GaAs 층에 주입된다. 이것들이 재결합할 때에 에너지를 잃게 된다. 이것이 광으로 방출되어 발광한다. 반도체 레이저(LD)도 LED와 같이 PN 접합에 주입된 캐리어가 재결합할 때에 발하는 광을 이용해서 발광시킨다. LED와 차이점은 반도체내에서 발광한 광을 반사경으로 반사 시켜 귀환작용을 갖게 해서 유도 방출시킨다. 이것이 증폭작용으로 되어 발진한다.

① 광섬유의 구조

① **코어**(core) … 광이 전파하는 광섬유의 중심 물질로 레이저 광선이 통과하는 영역이다.

② **클래드**(clad) … 광섬유에서 코어를 둘러싸고 있는 영역으로 코어에 입사된 광에너지를 광섬유 밖으로 빠져 나가지 못하도록 전파를 격리하는 부분이다.

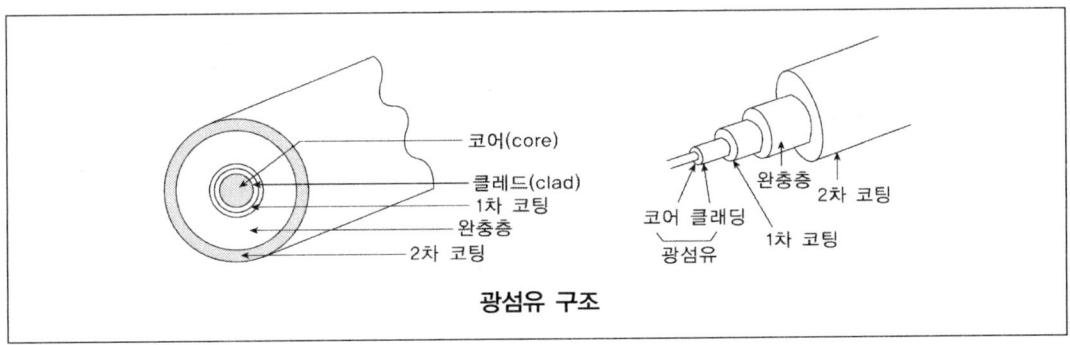

광섬유 구조

② 광섬유에 대한 도파원리

① **도파원리** … 일반적으로 빛은 직진·굴절·반사·간섭 등의 현상이 있으며, 코어내에 광선이 입사될 때 코어와 클래드의 경계면에서 입사각이 임계각보다 크게 되면 전반사를 반복하면서 도파한다(코어의 굴절률 > 클래드 굴절률).

② **스넬의 법칙**(Snelk's) … 굴절률과 입사각의 관계를 나타낸 법칙을 스넬의 법칙이라고 한다.

$$n_1 \sin \varnothing_i = n_2 \sin \varnothing_t = n_1 \sin \varnothing_r$$

(n_1 : core의 굴절률, n_2 : clad의 굴절률, $\varnothing_i$: 입사각, $\varnothing_t$: 굴절각, $\varnothing_r$: 반사각)

③ **임계각($\varnothing_c$)과 굴절률의 관계** … $\varnothing_c = \sin^{-1} \dfrac{n^2}{n^1}$

따라서 임계각 $\varnothing_t$는 $n_1 > n_2$인 경우에 굴절각 $\varnothing_t$가 직각이 되어 매질 2 (clad)에서 굴절현상이 생기지 않는 각을 말하며, 여기서 전반사는 $n_1 > n_2$인 경우로 임계각 $\varnothing_c$보다 큰 각도로 경계면에 닿는다. 즉, 굴절률이 높은 매질내에 광을 가두어 전반사를 시키면서 광을 전파시키는 것이 광섬유통신이다.

④ **도파각** … 광선이 섬유축과 이루는 각에 도파되는 각

$$\theta \leq \sqrt{2\varDelta}$$

여기서 $\varDelta$(비굴절률차)$= \dfrac{n_1 - n_2}{n_1}$을 말하며, 전파 모드수는 코어직경, 빛의 파장, 굴절률차에 의해 결정된다.

③ 광섬유의 광학적 파라미터(1차 정수)

① **비원율**

㉠ 코어의 비원율 $(\varepsilon_1) = \dfrac{\alpha_{\max} - \alpha_{\min}}{\alpha} \times 100 [\%]$

㉡ 클래드의 비원율 $(\varepsilon_2) = \dfrac{d_{\max} - d_{\min}}{d} \times 100 [\%]$

(α : 코어 표준직경, d : 클래드의 표준직경, $\alpha_{\max(\min)}$: 코어의 최대직경, $d_{\max(\min)}$: 클래드의 최대직경)

② **균등률**

    ㉠ 코어의 균등률$(\alpha_1) = \dfrac{\alpha_{\max} - \alpha}{\alpha} \times 100 \, [\%]$

    ㉡ 클래드의 균등률$(d_1) = \dfrac{d_{\max} - d}{d} \times 100 \, [\%]$

③ **편심률** ··· 편심률$(\delta) = \dfrac{C}{\alpha} \times 100 \, [\%]$

여기서 C는 코어의 중심점과 클래드의 중심점 간격, 그리고 α는 코어의 표준직경을 나타낸다.

④ **개구수**(mesmerical aperture) ··· 개구수는 광섬유에서 광의 입사각 조건을 표시하기 위해 사용되는 파라미터로 개구수$(NA) = n_1 \sin\theta_c = \sqrt{n_1^2 - n_2^2} \fallingdotseq n_1 \sqrt{2\varDelta}$ 이며, 일반적으로 NA의 값이 큰 개구각일수록 많은 모드의 광이 입사될 수 있으나 NA가 너무 크면 광섬유의 모드 간 분산과 접속 손실이 커지게 된다.

⑤ **비굴절률차** ··· 비굴절률차$(\varDelta) = \dfrac{n_1^2 - n_2^2}{n_1^2} \fallingdotseq \dfrac{n_1 - n_2}{n_1} \times 100 \, [\%]$

여기서 $\varDelta$가 클수록 광이 코어내에 입사하기 쉬워지나 전송손실이 증가하게 된다.

⑥ **수광각**

    수광각$(\theta_{\max}) = \sin^{-1} \sqrt{2 \dfrac{n_1^2 - n_2^2}{n_1^2}} \fallingdotseq \sin^{-1} \sqrt{2\varDelta}$

    최대 수광각$(2\theta_{\max}) = \sin^{-1} 2n_1 \sqrt{2\varDelta}$

여기서 광선의 입사각이 수광각$(\theta_{\max})$보다 크게 되면, 코어와 클래드의 경계면에서 전반사가 되지 않기 때문에 광파는 코어로부터 클래드로 손실된다.

⑦ **규격화 주파수**(V) ··· 광심선에 어느 정도의 많은 모드가 전파할 수 있는가의 정도를 말한다.

    $V = \dfrac{2\pi a}{\lambda} \cdot NA = \dfrac{2\pi a n_1 \sqrt{2\varDelta}}{\lambda}$

④ 광섬유의 광학적 2차 정수

① **광파손실** ··· 광전송 시 광섬유 심선의 전체적인 손실을 나타내는 것으로 그 관계는 다음과 같다.

    광파손실$(A) = 10 \log_{10} \dfrac{P_1}{P_2} \, [\text{dB}]$, 전송손실 $= \dfrac{1}{2} \log_e \dfrac{P_1}{P_2} \, [\text{dB/km}]$ (P_1 : 입광력, P_2 : 출광력)

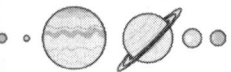

② **광파장손실** … 광전송 시 파장에 의해 발생하는 손실로 레일리 산란손실, 흡수손실, 구조 불안전 손실, 마이크로밴딩손실 만곡손실 등이 있다.

③ **분산특성** … 광전송 시 도파되는 거리에 따라 전파의 시간차에 의해 발생하는 것으로 이로 인한 파형의 분산형태는 모드분산, 구조분산, 재료분산 등이 있다.

⑤ 광섬유의 전송특성

① **광파손실의 종류**

㉠ 레일리 산란손실(scattering loss) : 광섬유 재료의 밀도 및 성분이 국소적으로 불균일하게 변화 하는데 기인한 불가피한 손실로 레일리 산란손실은 고유손실에 해당된다. 따라서 산란되는 광 파 또는 빛 파장(λ)의 4승에 반비례하므로 파장이 길수록 레일리 산란손실은 적게 된다.

㉡ 흡수손실 : 광섬유속을 전파하는 광파가 광섬유의 분자, 원자의 특성에 의해 광파가 흡수되어 감쇠되는 손실로, 예를 들면 OH-기흡수손실, 자외선흡수손실, 적외선흡수손실 등이 이에 해 당한다.

㉢ 마이크로밴딩(micro banding)에 의한 손실 : 광섬유를 케이블로 만드는 광정에서 광섬유의 측 면에 어떤 힘이 가해져 광심선의 도파로 불균등에 의해 모드분산에 의해 발생되는 손실이다.

㉣ 구조불완전에 의한 손실 : 코어와 클래드의 경계면에 미세한 구조 불완전에 의해 산란 및 복사 현상에 의한 손실을 말한다. 즉, 동심성이 유지되지 않아 발생하는 손실을 말한다.

㉤ 만곡손실 : 광섬유가 구부러졌을 때 임계각 이하에서 입사하는 빛이 섬유밖으로 방사하기 때문 에 발생하는 손실을 말한다.

② **베이스 밴드 주파수 특성**(분산특성) … 광섬유를 도파하는 광펄스의 모양이 달라지고 입사한 빛의 펄스 시간폭보다 벌어지는 현상으로 광섬유의 전송 용량이 제한된다.

❣ 표 5-5 분산의 종류와 특징 ❣

종류	내용
모드분산	전파모드에 의해서 전파속도가 다르기 때문에 파형이 시간적으로 넓어지는 분산현상으로 SI형 MM의 경우는 크다.
재료분산	재료인 클래드의 굴절률이 전파하는 빛의 파장에 따라서 변화하는 것에 기인하는 파장의 벌어 짐으로 어떤 종류의 광섬유에 있어서나 생기는 성질의 것이다.
구조분산	광원에서 방출되는 빛의 파장에 폭이 있는 경우에 생기는 파장의 벌어짐이다.

분산특성으로는 단일모드 광섬유는 색분산만 있고 모드분산은 없으며, 단일모드에서는 색분산이 다중모드에서는 모드분산이 중심이 되며, 분산의 크기는 모드분산, 재료분산, 구조분산의 순이다. 한편 모드분산은 광원에 의존하지 않고 광섬유의 형태에 따라서 결정되며, 광섬유가 전송할 수 있는 정보량은 분산이 작을수록 커진다.

⑥ 광섬유 케이블의 종류

전파모드에 의한 분류는 다음과 같다.

$$\text{광파이버} \begin{cases} \text{단일 모드 파이버}\,(SM\colon Single\ Mode) \\ \text{다중 모드 파이버} \begin{cases} \text{스텝형 파이버}\,(SI\colon Step \in dex) \\ \text{그레디드형 파이버}\,(GI\colon Graded \in dex) \end{cases} \end{cases}$$

즉, 광의 파장, 코어(core)와 클래드(cladding)의 굴절률 코어경 등이 어느 조건을 만족 시키면 파이버 중에 단 1개의 모드가 가능하며, 여기서 광이 직진하는 모드가 1개일 때를 싱글모드 파이버라고 하며, 1개의 모드를 전송하기 때문에 신호왜곡이 적으며, 또한 장거리, 대용량 전송(100[Mbit/s] 이상)에 사용되며 광해저 케이블 통신 시스템은 모두 SM형이다.

① **단일모드 광섬유**(SMF : Single Mode Fiber) … 광섬유내를 통과하는 전파모드가 단 하나이며, 코어의 직경이 무척 적어 접속이 어렵고 고속 대용량 전송이 가능하다.

② **다중모드 광섬유**(MMF : Multi Mode Fiber) … 광섬유속내를 통과하는 전파모드가 여러 개이므로 코어의 직경이 커 접속이 용이하지만 여러 개의 모드의 도파시간이 달라 전송대역이 제한된다.

❦ 표 5-6 굴절률에 따른 분류 ❦

형태	특징
계단형 (step index)	• 코어와 클래드의 경계가 클래드 부분에서 계단적으로 변화하는 형으로 전파모드수는 복수 개가 존재한다. • 계단형 다중모드는 단거리 전송에 사용된다.
언덕형 (graded index)	클래드의 경계면에서 코어의 중심측으로 갈수록 굴절률이 커지는 연속 굴절률 분포형이며, 모드 간의 전파속도차가 작으므로 모드분산을 줄일 수 있다.

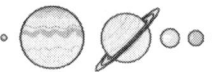

❦ 표 5-7 광섬유 케이블의 장단점의 비교 ❦

장점	전파속도가 매우 빠르기 때문에 Echo suppressor가 필요없다.
	저손실성이며, 광전송 손실이 적어 중계 구간을 길게 할 수 있다.
	광대역성이며, 대용량의 정보전송 10[Gbps]
	전기적 무유도성(비전도성)인 비전도체로서 전파간섭, 누화 및 혼선의 피해가 없다.
	세심 경량성이며, 광심선이 가늘어 다대화가 가능하며, 가설 시 작업이 용이하다.
	가요성이 있으나 구부림 허용반경은 동축 케이블보다 작다.
	자원이 풍부하며 수명이 길다.
단점	광케이블 간 접속이 어렵다(세경성때문).
	중계기에 급전선이 별도로 필요하다.
	광섬유의 표면에 상처가 있을 시 파단고장이 발생한다.

⑦ 레이저(Laser)광의 특징

① 단색광을 갖는다.

② 지향성을 갖는다.

③ 열이 없는 냉광이다.

④ 고휘도이다.

⑤ 파장은 약 1[μm](0.85 ~ 1.55) 정도이다.

5 무선전송로

무선통신방식에서 이용되는 통신형태는 지상 마이크로파통신, 이동통신, 위성통신 등으로 분류해서 설명할 수 있다.

① 마이크로파(M/W)통신

마이크로파라함은 1 ~ 30[GHz] 정도의 영역을 전자파를 나타내는 것으로, 광대역성을 얻기 용이하므로 초다중 통신에 이용되어 한 개의 무선회선으로 수백, 수천 채널을 중계할 수 있어 다중 전화회선, 텔레비전중계 그리고 위성 중계회선 등에 널리 사용되고 있다.

♀ 표 5-8 전파통로의 형태와 그 내용 ♀

전파통로	내용
직접파	송신점에서 전리층을 거치지 않고 수신점에 직접 도달하는 전파
대지 반사파	대지, 건물, 반사판, 산악 등에서 반사한 후 수신점에 도달하는 전파
지표파	도전성인 지표를 따라서 전파하여 가는 전파
회절파	지상에 있는 전파 장애물을 넘어서 수신점에 도달하는 전파
전리층 반사파	E층이나 F층 같은 전리층에서 반사되어 수신점에 도달하는 전파
전리층 활행파	전리층을 따라서 전파하는 전파
전리층 산란파	E층 하부의 전자밀도의 불균일에 의한 산란현상에 의한 전파
대류권 산란파	대기 유전율의 급격한 변동으로 인한 산란현상에 의한 전파
대류권 굴절파	추굴절현상에 의하여 수신점에 도달하는 전파

② M/W 중계방식

① **검파 중계방식** … 수신한 마이크로파를 먼저 검파하고 원신호로 만든 다음에 다시 주파수 변조하여 마이크로파로 송출하는 방식으로 통화로의 분기 및 삽입을 간단히 행할 수 있으며, 변복조 장치의 비직선성에 의한 특성의 열화가 생긴다. 비디오 증폭에서 잡음이 증가되는 일이 발생하며, 장치가 복잡하고 근거리 중계에 주로 이용되며, Base Band 중계방식이라고도 한다.

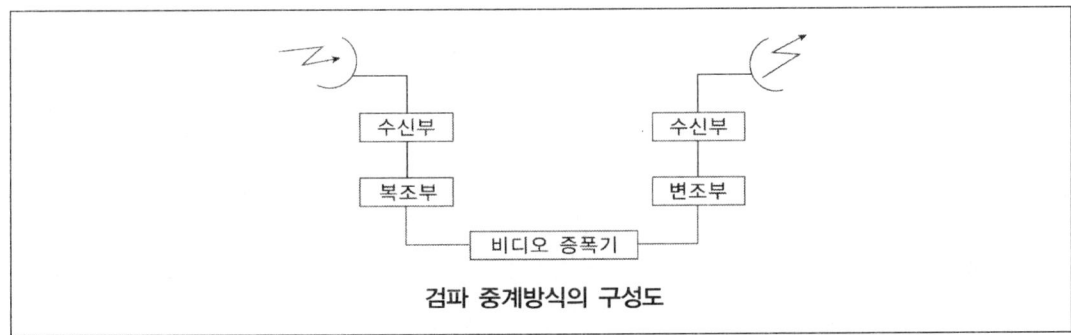

검파 중계방식의 구성도

② **IF Heterodyne 중계방식** … 수신한 마이크로파를 증폭하기 쉬운 중간 주파수(보통 70[MHz])로 변환하고, 변환하고, 중간 주파 증폭기로 증폭한 다음 다시 마이크로파로 변환하여 송신하는 방식으로 변복조를 부가하지 않아 장치가 비교적 간단하며 변복조를 중계 시마다 반복하지 않으므로 열화 특성이 더해지지 않으며 레벨 변동이 없다. 또한 증가 주파수를 동일하게 하면 주파수가 상이한 무선 회선, 예를 들면 4000[MHz] 방식과 6000[MHz] 방식사이의 상호 접속이 가능하며, TV 중계 시 중간 주파수로 분기하는 것이 용이하다. 따라서 장거리 중계에 주로 이용한다.

③ **직접 중계방식** … 수신한 마이크로파를 다른 주파수대로 변환하지 않고 그대로 증폭하여서 중계하는 방식이다. 송수신 간의 간섭을 적게 하기 위해서 송수신 주파수는 헤테로다인의 경우와 마찬가지로 일정치의 편이를 갖는다. 직접 중계방식의 특징으로는 저주파 또는 중간주파용으로서의 많은 진공관 또는 트랜지스터를 필요로 하지 않으며, 신호 전송계 마이크로파만으로 구성되므로 특성이 좋고 안정하다. 한편 결점으로는 헤테로다인 중계 방식과의 접속이나 중계국에 있어서의 분기나 삽입이 곤란한 점 등이 있다.

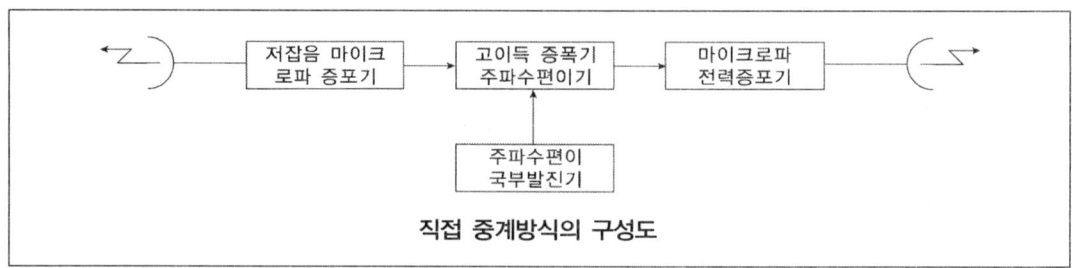

직접 중계방식의 구성도

④ **무급전 중계방식** … 마이크로파의 직선성을 이용하고 금속 반사판이나 안테나에 의해서 그 진행로를 변화시키는 방법으로 중계용의 전력을 필요로 하지 않으며, 비교적 근거리의 간파할 수 없는 두 지점 간의 중계에 쓰인다. 무급전 중계방식은 중계에 의한 전력 손실은 중계구간이 짧을수록 적으며, 반사판을 사용하는 경우 그 크기가 클수록 손실이 적다. 따라서 반사각도가 직각에 가까울수록 손실이 적게 발생한다.

⑤ **M/W 통신의 특징**

㉠ 통신 범위는 특수한 경우를 제외하고는 큰 장애물이 없는 가시거리 범위내에서 가능하며, 장거리 통신일 경우에는 몇 개의 중계소를 필요로 한다.

㉡ 예민한 지향성 고이득을 지닌 공중선이 소형으로 된다.

$$G = n(\frac{\pi D}{\lambda})^2 \quad (G : 이득, \ \eta : 효율, \ D : 직경, \ \lambda : 파장)$$

㉢ 전파손실이 적다. 즉, 안전한 전파 특성이 나타나기 때문에 S/N비가 크게 개선된다.

㉣ 마이크로파를 반송파로 쓰면 신호 주파수 대역을 매우 넓게 취할 수 있어 초다중 전화 신호, TV신호 등의 광대역 신호도 쉽게 전송이 가능한 광대역성이 가능하며, 외부의 영향이 적다 (주파수가 높아지면 외부 잡음의 영향을 거의 무시할 수 있다. 또, 고이득 안테나를 사용하므로 예민한 지향성을 갖게 되어 다른 회선으로부터의 간섭을 적게 받기 때문에 외부의 영향이 적다).

㉤ 전리층을 통과하여 전파가 가능하다. 즉, 파장이 짧아 전리층을 통화하기 때문에 위성통신이나 우주통신을 행할 수 있으며, 회선건설 기간이 짧고 또 그 경비가 저렴하여 재해 등의 영향이 적다.

⑥ **주파수의 배치** … 마이크로파에서는 안테나의 지향성이 매우 좋기 때문에 송신파는 정면으로만 발사되고 그 밖의 방향으로는 거의 발사되지 않는 특징을 가지고 있지만 회선의 사용목적이나 장치의 상호 간섭 등을 고려하여 다음과 같은 2가지 방식으로 주파수를 배치하여 사용하는 경우가 많다.

　㉠ 2주파 중계방식(two frequency relay system) : 2주파 중계방식의 구성도에서 마이크로파 중계소에서 상행(A)과 하행(B)에 동일한 주파수의 수신 마이크로파 f_1과 송신 마이크로파 f_2를 사용할 수 있다. 즉, 중계소의 양쪽방향으로 송신 및 수신 주파수를 각각 동일하게 하여 1왕복 루트에 2개의 주파수밖에 사용하지 않는 2주파 중계방식이 널리 채용되고 있다.

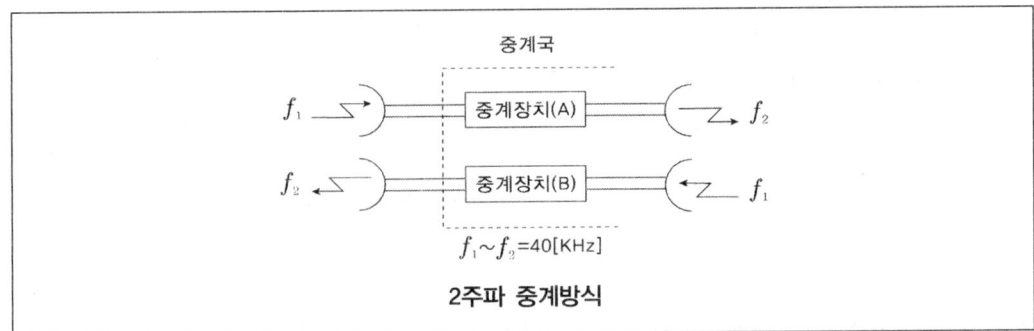

2주파 중계방식

　㉡ 4주파 중계방식(four-frequency relay system) : 4주파 중계방식 구성도에서 상행의 송수신 주파수와 하행의 송수신 주파수를 각각 적당한 주파수만큼 차이를 둔 4주파수를 사용하는 4주파 중계방식이 사용되는 경우가 있다. 이것은 비교적 주파수가 낮은 초단파대의 중계에서 회절 간섭을 방지하기 위하여 사용되며, 이 때문에 지향 특성이 예민한 마이크로파 회선에서는 일반적으로 2주파 중계방식을 사용하여 주파수대를 유효하게 이용한다.

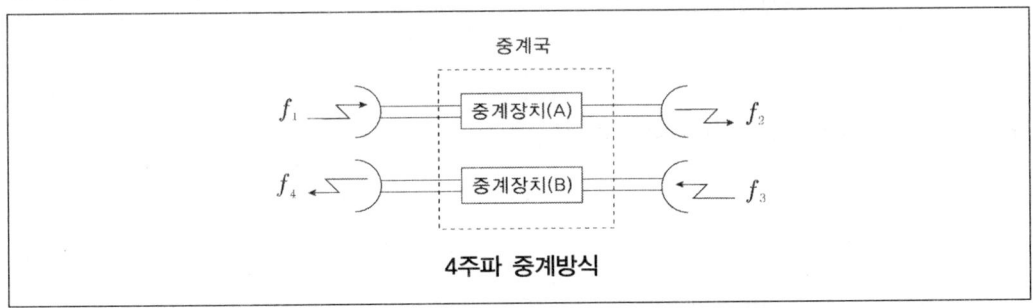

4주파 중계방식

출제예상문제

1 트위스트 페어 케이블의 특징으로 잘못 설명한 것은?

① 거리, 대역폭이 작다.

② 전자광과 쉽게 결합이 된다.

③ 간섭이나 잡음에 강하다.

④ 평형 케이블 이라 한다.

> **NOTE** | 트위스트 페어 케이블은 전자광과 쉽게 결합이 되어 간섭이나 잡음에 민감하다.

2 선로의 직렬 임피던스를 올바로 표현한 것은?

① $Z = R + j\omega L$

② $Y = R + j\omega L$

③ $Z = G + j\omega C$

④ $Y = G + j\omega C$

> **NOTE** | 선로의 직렬 임피던스와 병렬 어드미턴스의 표현
> ㉠ 직렬 임피던스 : $Z = R + j\omega L$
> ㉡ 병렬 어드미턴스 : $Y = G + j\omega C$

3 세심 동축 케이블의 굵기로 맞는 것은?

① 2.3[mm]

② 3.3[mm]

③ 4.2[mm]

④ 5.6[mm]

> **NOTE** | 세심 동축 케이블은 4.4[mm], 5.6[mm] 두 가지가 있다.

ANSWER | 1.③ 2.① 3.④

4 동축 케이블에 대한 설명으로 옳지 않은 것은?

① 무중계 전송거리는 거의 3.8km까지 갈 수 있다.

② 전송손실이 적다.

③ FDM 방식에 의해 다중화가 가능하다.

④ 마이크로파의 전송대역은 광 케이블에 비해 넓다.

✎**NOTE**| 마이크로파는 무선 전송 방식이므로 전송대역은 광 케이블에 비해 좁다.

5 1차 정수와 주파수의 관계 중에서 저항(R)을 올바르게 표현한 것은?

① $\sqrt{f}$ 에 비례하여 증가한다.

② $\sqrt{f}$ 에 반비계하여 감소한다.

③ 약간 증가하다가 일정해진다

④ 유전체 손실에 따라 증가한다.

✎**NOTE**| 1차 정수와 주파수와의 관계
  ㉠ 저항(R) : $\sqrt{f}$ 에 비례하여 증가한다.
  ㉡ 인덕턴스(L) : $\sqrt{f}$ 에 반비계하여 감소한다.
  ㉢ 정전용량(C) : 약간 증가하다가 일정해진다
  ㉣ 누설컨덕턴스(G) : 유전체 손실에 따라 증가한다.

6 동축케이블의 용도가 아닌 것은?

① 광대역 전송로로 사용된다.

② 주로 가정의 전화선으로 이용한다.

③ TV 신호의 분배가 가능하다.

④ 근거리네트워크를 구성할 수 있다.

✎**NOTE**| 가정의 전화선은 트위스트 페어를 주로 이용한다.

ANSWER | 4.④ 5.① 6.②

7 선로의 접속점에서 상하측의 정전용량을 측정하여 서로 상쇄되도록 두 회선을 교차시키는 누화 방지책은?

① 시험접속   ② 압신기

③ 누화보상   ④ 프로징

NOTE | 케이블 선로의 누화 방지책

     ㉠ 시험접속 : 선로의 접속점에서 상하측의 정전용량을 측정하여 서로 상쇄되도록 두 회선을 교차시키는 방식이다.

     ㉡ 압신기 : 송전단에서 음성신호를 1/2로 압축하여 보내고, 수전단에서 이것을 2배로 신장한다.

     ㉢ 누화보상 : 사용 주파수 대역중의 회선을 이와 동등한 특성을 가진 집중결합을 역위상이 되도록 삽입하는 방식이다.

     ㉣ 주파수 프로징 : 고군과 저군을 변환하는 구별 4선식 방식이다.

     ㉤ 케이블 프로징 : 반송파를 사용하는 쌍을 중계기마다 바꾸어 넣는 방법이다.

8 전송로 상에서 동적으로 발생하는 불안정한 왜곡 형태로 발생하는 왜곡의 예측이 불가능 하며, 제어가 어려운 왜곡형태가 아닌 것은?

① 백색잡음(white noise)   ② 반향(Echo)

③ 손실(Loss)   ④ 무선 페이딩현상

NOTE | 왜곡형태

     ㉠ 백색잡음(white noise)

     ㉡ 충격성 잡음(spike noise)

     ㉢ 혼선

     ㉣ 상호변조잡음

     ㉤ 반향(Echo)

     ㉥ 진폭의 변화(비트의 어긋남)

     ㉦ 전송로상의 순간적인 장애현상

     ㉧ 무선 페이딩현상

     ㉨ 위상의 변화(phase jitter, phase hit)

ANSWER | 7.①   8.③

9 CSU(Channel Service Unit)에 대한 설명으로 옳지 않은 것은?

① Unipolar 신호를 Bipolar 신호로 변환하여 전송한다.
② T1/E1 프레임을 생성하여 사용한다.
③ T1은 24개 Time slot으로 구성되어 있다.
④ E1은 32개 Time slot으로 구성되어 있다.

>NOTE| T1과 E1은 N×56K와 N×64K의 범위 내에서 자유롭게 속도의 조정이 가능하다.

10 전파의 장애 요소 중 페이딩의 종류에 해당하지 않는 것은?

① 간섭성 페이딩　　　　　　② 델린저 페이딩
③ 편파성 페이딩　　　　　　④ 흡수성 페이딩

>NOTE| 페이딩의 종류는 간섭성 페이딩, 흡수성 페이딩, 편파성 페이딩, 도약성 페이딩이 있다.
　　　　② 델린저 현상은 자외선의 증가로 D층이 불안하게 되어 10분에서 1시간 정도 통신장애를 일으킨다.

11 전송로의 불안에 의한 왜곡으로 전송로상에서 늘 발생하는 잡음형태로 이와 같은 왜곡은 전자적인 보상장치에 의해 왜곡을 최소화하거나 감소가 가능한 것이 아닌 것은?.

① 진폭감쇠왜곡　　　　　　② 지연왜곡
③ 바이어스왜곡　　　　　　④ 혼선왜곡

>NOTE| 시스템적인 왜곡 형태
　　　　㉠ 손실(Loss)
　　　　㉡ 진폭감쇠왜곡
　　　　㉢ 고조파왜곡
　　　　㉣ 지연왜곡
　　　　㉤ 주파수 편이
　　　　㉥ 바이어스왜곡
　　　　㉦ 특성왜곡

ANSWER | 9.①　10.②　11.④

12 동축 케이블은 누화의 문제로 일정 주파수 이하에서는 사용하지 않는다. 이때의 일정 주파수는?

① 10 kHz
② 40 kHz
③ 60 kHz
④ 80 kHz

✎NOTE│ 동축케이블은 낮은 주파수에서는 누화가 특히 심해지는 특성을 가지고 있다. 그러므로 60 kHz 이하의 낮은 주파수 에서는 거의 사용하지 않는다.

13 기존의 2선식 가입자 전화 회선을 이용하여 비대칭 통신을 할 수 있는 기술은?

① ADSL
② ATM
③ DTE
④ DSU

✎NOTE│ ADSL … 비대칭형 디지털 가입자망으로 기존의 전화 회선을 이용하여 데이터통신 및 VOD 서비스를 고속으로 이용할 수 있는 기술이다.

14 단일 모드 광섬유의 특징으로 옳지 않은 것은?

① 단거리 전송에 적합하다.
② 코어의 지름이 작다.
③ 고속 전송이 가능하다.
④ 빛의 산란성이 적다.

✎NOTE│ 단일 모든 광섬유의 특징
㉠ 고속 전송이 가능하다.
㉡ 산란성 및 간섭이 적다.
㉢ 장거리 전송이 가능하다.
㉣ 코어의 지름이 작다.

15 통신망 구성 시 반드시 구비해야 할 기본적인 조건으로 옳지 않은 것은?

① 융통성
② 안전성
③ 신속성
④ 경제성

✎NOTE│ 통신망 구성 시 필요한 4대 조건 … 신속성, 경제성, 명료성, 안전성

ANSWER│ 12.③ 13.① 14.① 15.①

16 통신 케이블의 절연 저항 측정에 사용되는 장비로 옳은 것은?

① Megger

② VTVM

③ 싱크로스코프

④ 오실로스코프

✎NOTE ① Megger : 통신 케이블의 절연 저항 측정에 사용되는 장비
② VTVM : Vacuum Tube Volt Meter의 약어로 진공관 전압계
③ 싱크로스코프 : 관측 파형에 의해 시간축이 기동하게 되는 브라운관 오실로스코프
④ 오실로스코프 : 시간적 변화가 전기 진동과 같이 빠른 현상을 관측하는 장비

17 다음 중 광섬유의 특징으로 옳지 않은 것은?

① 불꽃이 나지 않기 때문에 화학 공장에서도 사용이 가능하다.

② 전송 손실이 매우 크다.

③ 가늘고 잘 구부러지며, 가벼워서 취급이 용이하다.

④ 누화나 혼신이 잘 일어나지 않는다.

✎NOTE 광섬유의 특징
㉠ 전송 손실이 매우 작다.
㉡ 가늘고 잘 구부러진다.
㉢ 경량이므로 취급이 용이하다.

18 다음 중 광섬유에서 일어나는 광전송 손실로 옳지 않은 것은?

① 흡수 손실

② 산란 손실

③ 차폐 손실

④ 접속 손실

✎NOTE 광섬유의 전송 손실
㉠ 내적 손실 : 산란 손실, 흡수 손실, 구조 손실 등
㉡ 외적 손실 : 광섬유의 구부러짐 손실, 광섬유의 접속 손실, 광소자와의 결합 손실 등

ANSWER | 16.① 17.② 18.③

19 광전송 시스템의 구성요소 중 광 신호를 전기 신호로 변환시키는 소자에 해당하는 것은?

① 애벌런치 포토 다이오드　　　　② 발광 다이오드
③ 바렉터 다이오드　　　　　　　　④ 반도체 레이저

> ✎**NOTE**Ⅰ 애벌런치 포토 다이오드는 전자 사태 현상을 이용하여 광 신호를 전기 신호로 변환시키는 광 통신용 수광 소자로 신호대 잡음비가 높고 디지털 회선에 적합하나 바이어스 전압이 높다는 단점이 있다.

20 다음 중 광 통신 시스템 특유의 잡음으로 옳은 것은?

① 도시 잡음　　　　　　　　　　　② 열 잡음
③ 모드 분배 잡음　　　　　　　　　④ 양자화 잡음

> ✎**NOTE**Ⅰ 모드 분배 잡음은 반도체 레이저의 변조시 각 모드 사이 출력의 진동이 광섬유를 전파한 총 출력의 진동으로 변환되어 발생하는 잡음을 의미한다.

21 정보를 아날로그 신호로 변환한 후 변조를 통하여 디지털 신호로 바꾸고 발광 소자를 이용하여 빛 신호로 변환하여 전송하는 통신 방식은?

① 이동 통신　　　　　　　　　　　② 유선 통신
③ 무선 통신　　　　　　　　　　　④ 광 통신

> ✎**NOTE**Ⅰ 광 통신
> ⊙ **송신부** : 정보를 아날로그 신호로 변환한 후 변조를 통하여 디지털 신호로 바꾼 후 발광 소자를 이용하여 빛
> ⓛ 신호로 변환하여 광섬유를 통하여 전송한다.
> ⓒ **수신부** : 수신된 빛 신호를 광 검출기를 통하여 디지털 신호로 변환한 후 다시 복조를 통하여 아날로그 신호로 변환시킨다.

ANSWER Ⅰ 19.① 20.③ 21.④

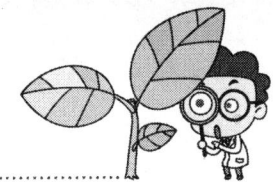

22 다음 중 광 통신에 이용되는 파장 영역으로 볼 수 없는 것은?

① 850 [nm]

② 1,300 [nm]

③ 1,400 [nm]

④ 1,550 [nm]

✎NOTE| 광 통신에 이용되는 파장 … 850 [nm], 1,300 [nm], 1,550 [nm]

23 광 통신의 장점으로 옳지 않은 것은?

① 비화성이 강하다.

② 비잡음 전송이 가능하다.

③ 경제성이 높다.

④ 결선 시 수리가 용이하다.

✎NOTE| 광 통신은 시설비가 고가이며 결선 시 수리가 어렵다는 단점이 있다.

24 광 통신의 특징에 대한 설명으로 옳지 않은 것은?

① 거리 통신 선로로 적합하다.

② 국내 전화 중계선, 해저 케이블로 사용이 가능하다.

③ 외부의 유도 장애 및 잡음의 영향을 받지 않는다.

④ 전송 손실이 적고 가설비가 저렴하다.

✎NOTE| 광 통신은 양질의 장거리 통신 선로로 이용이 가능하다.

25 광 분파기에 대한 설명으로 옳지 않은 것은?

① 레이저광 분파기는 필터의 일종으로 볼 수 있다.

② 광 신호를 전기 신호로 변환시키는 역할을 한다.

③ 빛을 파장별로 분류하는 장치에 해당한다.

④ 입사되는 빛의 세기에 따라 굴절률은 변화된다.

✎NOTE| 광 신호를 전기 신호로 변환시키는 역할은 광 검파기의 설명이다.

26 다른 여러 파장의 광을 동시에 하나의 광섬유를 통하여 전송한 후 출력측에서 다시 파장별로 분류하는 다중화 방식은?

① 시분할 다중화 방식

② 주파수 분할 다중화 방식

③ 파장 분할 다중화 방식

④ 부호 분할 다중화 방식

> **NOTE** 파장 분할 다중화 방식은 여러 개의 다른 파장의 광을 하나의 광섬유를 통하여 전송한 후 출력측에서 다시 파장별로 분류하는 다중화 방식으로 각 파장에 따라 전송되는 정보의 내용이 다르므로 다중화된 신호의 수만큼 정보의 양을 증가시킬 수 있다는 장점이 있다.

27 다음 중 광섬유의 기본적 성질을 표시하는 구조 파라미터에 해당하지 않는 것은?

① 코어의 직경

② 클래드의 외경

③ 편심률

④ 개구수

> **NOTE** 광섬유의 기본적 성질
> ㉠ 구조적 파라미터 : 코어 및 클래드의 직경, 편심률 등
> ㉡ 광학적 파라미터 : 비굴절률, 수광각, 굴절률 분포계수, 개구수 등

28 광섬유의 구조적 변화로 인하여 펄스 신호의 도착 시간에 차이가 발생하여 나타나는 현상은?

① 모드 분산

② 재료 분산

③ 구조 분산

④ 색 분산

> **NOTE** 구조 분산은 광섬유의 구조적 변화로 인하여 광섬유 축과 이루는 각 성분이 다중 모드 광선의 경로에 따라 변화하여 펄스 신호의 도착 시간에 차이가 발생하여 나타나는 분산 특성이다.

29 무선통신방식에서 이용되는 통신형태가 아닌 것은

① 지상 마이크로파통신
② 이동통신
③ 위성통신
④ 레이더 통신

✏️NOTE | 무선통신방식에서 이용되는 통신형태는 지상 마이크로파통신, 이동통신, 위성통신 등으로 분류해서 설명할 수 있다.

30 대지, 건물, 반사판, 산악 등에서 반사한 후 수신점에 도달하는 전파는?

① 직접파
② 대지 반사파
③ 전리층 반사파
④ 전리층 산란파

✏️NOTE | 전파통로의 형태
ⓐ **직접파** : 송신점에서 전리층을 거치지 않고 수신점에 직접 도달하는 전파
ⓑ **대지 반사파** : 대지, 건물, 반사판, 산악 등에서 반사한 후 수신점에 도달하는 전파
ⓒ **지표파** : 도전성인 지표를 따라서 전파하여 가는 전파
ⓓ **회절파** : 지상에 있는 전파 장애물을 넘어서 수신점에 도달하는 전파
ⓔ **전리층 반사파** : E층이나 F등 같은 전리층에서 반사되어 수신점에 도달하는 전파
ⓕ **전리층 활행파** : 전리층을 따라서 전파하는 전파
ⓖ **전리층 산란파** : E층 하부의 전자밀도의 불균일에 의한 산란현상에 의한 전파
ⓗ **대류권 산란파** : 대기 유전율의 급격한 변동으로 인산 산란현상에 의한 전파
ⓘ **대류권 굴절파** : 추굴절현상에 의하여 수신점에 도달하는 전파

CHAPTER 06 무선통신 시스템

1 무선통신 정의

무선통신이란 송신측에서 전송하고자하는 정보(음성, 영상, 자료, 기호, 부호 등)를 전파에 실어서 (즉, 변조) 공간을 매체로 방사하고, 수신측에서 전파되어온 전파에서 원래의 정보를 복원(즉, 복조, 검파) 하는 것이다.

① 무선통신 장애현상(방해요인)

① **감쇠**(attenuation) … 신호가 전파되면서 거리에 따라 크기 감소

② **왜곡**(Distortion) … 신호가 전파되면서 찌그러지는 현상 (감쇠왜곡, 지연왜곡, 상호변조왜곡)

③ **간섭**(Interference) … 원하는 신호의 수신을 방해하는 에너지

④ **잡음**(noise) … 필요한 신호 속에 혼입되어 정상적인 수신 및 처리를 방해하는 바람직하지 않는 전기신호

② 무선통신방식

① **단항통신**(One way Communication) **방식** … 통신상대방에 대하여 송신만 행하는 방식(무선마이크로폰, 무선호출 기동)

② **단신**(Simplex) **방식** … 2개국이 교대로 송신하여 통신하는 방식
  ㉠ **1주파 단신** : 동일주파수 사용 (간이무선, 개인무선 등)
  ㉡ **2주파 단신** : 송·수신이 다른 주파수 사용(MCA육상이동무선통신시스템 등)

③ **반 복신**(Half Duplex) **방식** … 1개국 단신, 다른 1개국은 복신 방식(PTT : Push to talk)를 이용한 TRS에 사용 – 대도시 택시무선통신 등

④ **복신**(Full Duplex) **방식** … 2개국 간 동시에 양방향 송신 가능(일반적으로 2주파 복신방식 사용 – 자동차전화, 일반가입전화망 등)

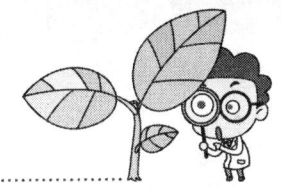

⑤ **동보통신**(Broadcast Communication) **방식** … 수신 설비가 둘 이상 있는 단향통신에서 동시에 동일한 내용 통보 방식(방송을 제외한 행정만서의 방화, 재해방지 등 행정무선 등 통보에만 사용)

③ 무선통신망의 분류

① **고정통신망** … 장거리전화시스템, 전신, 사진전송, 방송 및 TV전송 등에 많이 이용되며 대부분 M/W를 이용

> ▲TIP | 디지털 무선통신 … FAX, 비디오 영상 등 고석 Data 전송에 적합하며 간섭에 강하고, TDM 방식의 다중화에 의해 경제적이다.

② **방송망**
  ㉠ **중파 방송망** : 526.5 ~ 1606.5KHz(음성 및 기타 음향 정보)
  ㉡ **단파 방송망** : 5.9 ~ 26.1MHz(음성 및 기타 음향 정보)
  ㉢ **초단파 방송망** : 30MHz 이상 전파 사용(포노, 스테레오 방송) (88M ~ 108M)
  ㉣ **TV 방송망** : VHF 및 UHF 사용(1채널당 BW 6MHz)
    (54M ~ 88M, 174M ~ 216M, 500M ~ 752MHz)

④ 이동통신망

이동체상호 간, 이동체와 지상 고정 단말기 간 통신으로 지상고정통신망과 기지국 이동체 간의 무선통신망으로 구성

① 자동차 전화 방식

② 선박 전화 방식

③ 열차 전화 방식

④ 휴대 전화 방식

⑤ 무선 호출 방식

⑤ 무선국의 분류

① **분류**
  ㉠ **고정국** : 국제무선전신전화국처럼 고정된 지점 사이 통신을 행하는 무선국
  ㉡ **이동국** : 선박국, 육상이동국, 항공기국 등처럼 이동체에 설비된 무선국
  ㉢ **육상국** : 해안국, 기지국, 항공국처럼 이동국을 상대로 히는 고정국

② 무선국 설비

  ㉠ **고정국 및 육상국** : 육상국에 속하는 무선국 형태는 기지국, 항공국, 해안국 기지국·항공국으로 주로 VHF, UHF대의 AM, FM 전화 통신 수행

  ㉡ **이동국·해안국** : HF대의 SSB 송신기를 설비

  ㉢ **선박국** : VHF CH 1500MHz의 부근의 FM전화통신기 사용

  ㉣ **육상 이동국** : 선박, 자동차 등 이동체에 설비된 무선국

⑥ 무선사용주파수 분류

무선 통신에서 반송파로 사용되고 있는 전자파의 주파수를 무선주파수(RF : Radio Frequency)라 하며, 국제적으로 통용되고 있는 분류방법에 따라 구분

❧ **표 6-1 무선사용주파수 분류** ❧

대역 구분	주파수 분류	주파수 범위	파장	전파형식	용도
VLF (장파)	Very Low Frequency	3 ~ 30(KHz)	100 ~ 10(km)	전리층과 지표면 사이의 도파관 모드	항해통신 잠수함통신
LF (저주파)	Low Frequency	30 ~ 300(KHz)	10 ~ 1(km)	지표파	항해통신
MF (중파)	Medium Frequency	0.3 ~ 3(MHz)	1000 ~ 100(m)	지표파(단거리구간) 전리층반사파 (장거리구간)	표준 AM방송 항공 선박 아마추어 통신
HF (단파)	High Frequency	3 ~ 30(MHz)	100 ~ 10(m)	전리층반사파	대륙 간 통신 상업 아마추어 무선통신
VHF (초단파)	Very High Frequency	30 ~ 300(MHz)	10 ~ 1(m)	공간파 산란파	VHF TV방송 FM 스테레오 방송 코드 없는 전화기
UHF (극초단파)	Ultra High Frequency	0.3 ~ 3(GHz)	100 ~ 10(cm)	공간파 산란파	UFH TV방송 차량 및 휴대전화 Telepoint 서비스
SHF (마이크로웨이브)	Super High Frequency	3 ~ 30(GHz)	10 ~ 1(cm)	공간파	위성통신 레이다 M/W 고정통신
EHF (밀리미터파)	Extreme High Frequency	30 ~ 300(GHz)	10 ~ 1(mm)	공간파	미래통신
THF (서브밀리터리파)	Submillimeter Wave	300 ~ 3000(GHz)	1 ~ 0.1(mm)	공간파	미래통신

♟ 표 6-2 Band에 의한 분류 ♟

P Band	0.23 ~ 1GHz	Ku Band	12.5 ~ 18
L Band	1 ~ 2	K Band	18 ~ 26.5
S Band	2 ~ 4	Ka Band	26.5 ~ 40
C Band	4 ~ 8	Millimeter wave	40 ~ 300
X Band	8 ~ 12.5	Deci-Millimeter wave	300 ~ 3000

⑦ 사용주파수대의 통신망 특성

① **지상파**

ㄱ **지표파** : 지면을 따라 전파하는 전파

ㄴ **직접파** : 송신점에서 수신점에 직접 도달하는 전파

ㄷ **반사파** : 대지, 건물 등에서 반사 후 수신점에 도달하는 전파

ㄹ **회절파** : 지상의 장애물을 넘어서, 또는 돌아서 수신점에 도달하는 전파

② **공간파**

ㄱ **대류권 굴절파** : 초굴절 현상 (대기굴절율차)에 의해 전파하는 전파

ㄴ **대류권 산란파** : 대기파류에 의한 유전율의 급격변동으로 인한 산란에 의한 전파

ㄷ **대류권 반사파** : 대류권에서 반사되어 수신점에 도달하는 전파

ㄹ **전리층 반사파** : 전리층 E, D, F층에서 반사되어 수신점에 도달하는 전파

ㅁ **전리층 산란파** : 전리층 E층 하부 전자밀도의 불균일에 의한 산란에 의한 전파

ㅂ **전리층 활행파** : 전리층에 따라 전파되어 수신점에 도달하는 전파

⑧ 장파의 전파 특성

장파는 지표파나 전리층 반사파로 전파되며, 근거리는 지표파, 원거리는 지표파와 전리층파에 의해 전파됨(지표파가 장파에 주이용)

① **지표파**

ㄱ 주파수 낮을수록, 유전율 낮을수록, 도전율 클수록 감쇠가 적다.

ㄴ 전조지대는 감쇠 크고, 해상에서는 감쇠적어 원거리 전파

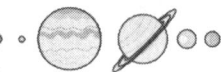

② 전리층파

    ㉠ 주간에는 D층 반사파, 야간에는 E층 반사파(D층 소멸)

    ㉡ 공전방해 심하게 받으므로, 원거리 통신에 부적합

    ㉢ 전리층을 통과(투과)하지 못하므로, 주파수공용이 불가

    ㉣ 200KHz이하에서 일출, 일몰 효과가 출현됨(일출, 일몰 전제강도가 급격히 약화)

⑨ 중파의 전파 특성

중파는 지표파와 E층 전리층 반사파에 의해 전파된다.

① **지표파**

    ㉠ 장파보다 지표파의 감쇠가 심하나, 단파보다는 적음

    ㉡ 주파수가 낮을수록 감쇠 적음

② **전리층파**

    ㉠ 주간 : 주간 E층 반사파는 D층에 의해 1종 감쇠 크게 받으므로, 전리층 반사파 소멸되고 지표파만의 근거리 통신 적합

    ㉡ 야간 : D층 소멸되고, E층 전자 밀도 저하도 1종 감쇠가 적어져서, 전리층 반사파는 원거리 전파

    ㉢ 일몰시부터 다음날 일출까지 전리층 반사파와 지표파의 간섭에 의한 근거리 fading 발생 (전리층 상호 간 간섭으로 원거리 fading)

    ㉣ 야간의 지표와에 의한 전제감도와, E층 전리층 반사파에 의한 전제강도가 같은 지점까지 범위를 양청구역(Service Area)

    • 제1양청구역 : 지표와 양호한 상태 수신 (E = 0.25mv/m)

    • fading 발생구역

    • 제2양청구역 : 야간 E층 반사파(원거리수신가능)

    ㉤ 일몰, 일출명 선택성 fading 강하게 발생

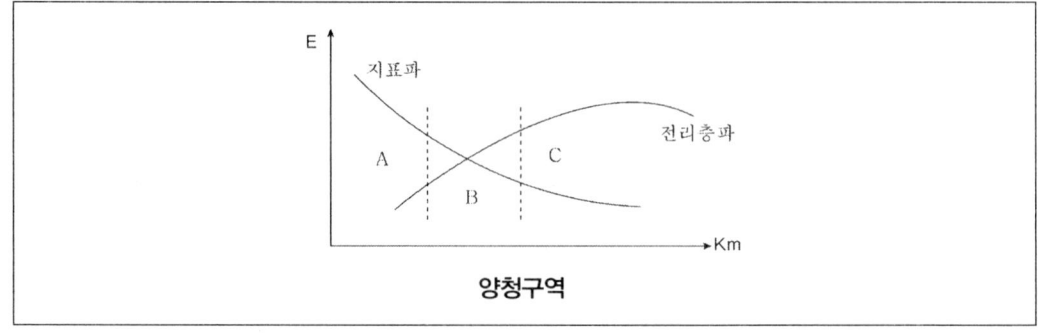

양청구역

③ **장 · 중파 전파 특징**

   ㉠ 회절 손실 적음

   ㉡ 협대역 통신에 적합

   ㉢ 안정한 전계를 믿을 수 있음

   ㉣ 외부 잡음에 의한 방해가 많음

④ **장 · 중파대의 지표와 전계 강도**

$$E = 120\pi = \frac{I h e}{\Lambda d} \, (v/m) \quad (d : 송 \cdot 수신 \ 간 \ 거리)$$

⑩ 단파의 전파 특성

① **지표파** ⋯ 파장이 짧으므로 지표파는 감쇠가 커서 이용 불가(근거리통신부적절)

② **전리층파** ⋯ D, E층 감쇠가 중파에 비해 적고, F층 반사파가 지표로 되돌아오고, 지표에서 재차 반사되어 원거리 전파 가능

③ **단파 통신 특징**

   ㉠ 소 전력으로 원거리 통신 가능(선박통신)

   ㉡ 혼신영향 큼(원거리 전파) : 장 중파에 비해 혼신이 적음

   ㉢ 전송용량 적으며 전송품질 불량(fading, 델진져현상(자기람), 에코우, 산란 오로라 등)

   ㉣ fading 영향 받기 쉬움

   ㉤ 유지보수 불편

   ㉥ 불감지대 생기며, 전리층 산란파에 의해 미소전파 수신되나 불안정함

   ㉦ 지향성 예민한 송수신 ANT 이용이 용이

④ **전리층에 의한 단파 통신**

   ㉠ 전리층 이론상 높이 $R = \dfrac{ct}{2}$

   ㉡ 임계주파수 $f_0 = 9\sqrt{N}$

   ㉢ 스포래틱 E층(E_s) : 돌발적 불규칙 발생, 여름철 주간, 저위도 지역 자주 발생

   ㉣ 대척점효과

   ㉤ 룩셈부르크효과

   ㉥ 도약거리 $\left(d = 2h'\sqrt{\left(\dfrac{f}{f_a}\right)^2 - 1}\right)$: 사용주파수가 높을수록 크고, 전리층 겉보기 높이 (h')에 비례하고 사용주파수(f)가 임계주파수(f_a) 보다 높을 때만 존재한

ⓢ MUF

ⓞ LUF 결정요소 : 전리층감쇠량, 통신방식, 입사각, 송신전력과 ANT이득, 수신점에서의 잡음 강도, 수신 장치의 최소필요입력전력

ⓙ 1종 감쇠(전리층 통과 시 받는 감쇠)

ⓒ 2종 감쇠(전리층 반사 시 받는 감쇠)

⑪ 페이딩(Fading)

① **Fading 종류**

㉠ **전리층** Fading(장중파 및 단파대 Fading)

㉡ **간접성** Fading : 동일전파가 2개 이상 다른 경로를 거쳐 수신 발생)

㉢ **근거리** Fading : 방송파대에서는 지표파와 전리층 반사파 간 간섭

㉣ **원거리** Fading : 단파대에서는 전리층 반사파 상호 간 간섭

– 대책 : 공간 및 주파수 Diversity

② **편파성 Fading** … 직선편파가 지구자계 영향으로 타원편파가 될 때 편파면이 시간적으로 회전하기 때문에 수신 ANT의 유기전압 변동으로 생기는 Fading

– 대책 : 편파 Diversity(수직, 수평ANT로 분리수신)

③ **선택성 Fading** … 반송파와 측파대가 받는 감쇠정도 전리층이 상하좌우로 이동 시 각각 받는 감쇠정도가 달라서 발생

– 대책 : 주파수 Diversity, SSB통신방식이용

④ **흡수성 Fading** … 전파가 전리층 통과하거나 반사될 때 전자와 공기분자 간 충돌 때문에 일부가 흡수되어 발생

– 대책 : AGC

⑤ **도약성 Fading** … 도약거리 근처에서 일어나는 현상으로, 전파가 전리층을 시각에 따라 투과 또는 반사함으로써 생김(특히, 전자밀도 급격히 변하는 일출, 일몰에 많음)

– 대책 : 주파수 Diversity

⑥ **단파 Fading 경감대책**

㉠ 주파수, 공간, 편파 Diversity

㉡ 지향성 예민한 ANT사용(MUSA)

㉢ Fading방지 ANT사용(원정관형 등)

 ② AGC(흡수성Fading)

 ⑩ 직류Limiter(전신성Fading)

⑫ 초단파대의 전파 특성

지표파는 감쇠가 크고(파장이 짧으므로), 전리층파는 전리층을 투과하므로 이용할 수 없고, 가시거리 내에서만 직접파와 대지반사파에 의해 전파

① **가시거리내 전계감도**

 ㉠ **수평편파** : $E \cong \dfrac{88\sqrt{G_n P}\,h_1 h_2}{\lambda d^2}$

 ㉡ **수직편파** : $E \cong \dfrac{120\pi \sum he}{\lambda d}$

② **초단파대 가시거리** … 대기의 굴절율로 인해 전파 가시거리는 기하학적 가시거리의 $\sqrt{\dfrac{4}{3}}$ 배

 ㉠ $d = 4.11\left(\sqrt{h_1} + \sqrt{h_2}\right)$: 전파학적 거리

 ㉡ $d = 3.57\left(\sqrt{h_1} + \sqrt{h_2}\right)$: 기하학적 거리

③ **등가지구반경계수**(x) … 전파통로는 굴절율의 변화로 인해 휘어지나, 계산 편의상 지구의 반경보다 더 큰 반경을 갖는 지구를 가상하면 전파통로는 직선으로 간주된다. 이 경우 가상한 등가지구반경과, 실제지구반경의 비를 등가지구반경계수라 한다.

$$k = \frac{\text{등가지구반경}}{\text{실제지구반경}}$$

 ㉠ **온대지방** : $\dfrac{4}{3}$

 ㉡ **열대지방** : $\dfrac{4}{3} \sim \dfrac{3}{2}$

 ㉢ **냉대지방** : $\dfrac{6}{5} \sim \dfrac{4}{3}$

④ **profile map**(전파투시도) … 초단판대 이상 전파는 직접파에 의하므로 산악 및 대지의 굴곡 영향을 고려해야함. 대기의 굴절율이 수직방향으로만 변화 한다고 가정하고(수평은 일정) 송·수신점을 포함해 대지에 수직으로 그린 지형단면도

 ㉠ 전파 통로를 나타내는 지구단면도

 ㉡ 전파 통로 상 수직방향 장애물 판촉

 ㉢ 등기지구반경계수 K를 고려해 작성(전파통로를 지선으로 취급 가능)

⑤ **클리어런스**(clearance) ··· profile map 상에서 전파통로와 장애물파의 간격

$$M = \frac{h_c}{F_1}(m)$$

M:클리어런C계수, h_c:클리어런스, F_1:프레즈넬 존 반경

⑥ **Fresnel Zone**(프레즈넬 존) ··· 초단파대 이상인 경우 주가되는 직접파에 의한 전계감도가 회절파에 의한 전계감도의 간섭으로, 자유공간의 전계감도변화를 초래하는 영역(제 1 프로네즈넬 존의 반경 F_1)

$$F_1 = \sqrt{\frac{\lambda d_1 d_2}{d}}(m)$$

(d : 송 · 수신점 간 거리, d_1 : 송신점 ~ 장애물 간 거리, d_2 : 장애물 ~ 수신점 간 거리)

$$F_n = \sqrt{n}\,F_1(m)$$

⑦ **대륙권파**(VHF) **Fading**

　㉠ **감쇠형 Fading** : 대륙권 감쇠원(비, 안개, 구름)에 의한 흡수 및 감쇠. 산란상태가 변화되므로 발생(106GHz에서 가장 현저함)

　　대책 : AGC, AVC

　㉡ **Scintillation**(신틸레이션) **Fading** : 대기 중의 와류에 의해 유전율이 불규칙한 공기뭉치가 발생하고 여기에 입사된 전파는 산란하게 되는데, 이러한 산란파와 직접파의 간섭에 의해 발생(실제통신에 큰 문제는 안됨)

　　대책 : AGC, AVC

2 　이동통신 시스템

① 　이동 통신의 개요

이동 통신이란 이동 전화 교환국을 이용하여 사람, 자동차, 선박, 항공기 등의 이동체와 이동체 상호 간 또는 공중 전화망을 통한 이동체와 일반 전화와의 통신을 하는 것을 말한다. 이동통신은 육상 이동 통신, 항공 이동 통신, 해상 이동 통신으로 나눌 수 있다.

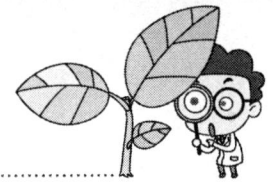

♟ 표 6-3 이동통신에 사용하는 주파수대 ♟

9[KHz] ~ 400[GHz]	육상이동, 해상이동, 항공이동, 방송업무 등에 사용한다.
54 ~ 68[MHz]대 및 800 ~ 900[MHz]대	육상이동 및 해상이동 업무에 사용한다.
118 ~ 142[MHz]대	항공이동 업무에 사용한다.

우리나라의 이동통신 주파수대는 VHF, UHF대에서 이동통신에 할당되고 있는 주요 주파수대는 150[MHz]대와 800[MHz]대이다.

♟ 표 6-4 이동통신의 운용방식 ♟

단식방식	통화중에만 push-bottom 조작에 의해 송신기를 동작시키는 방식으로 press-to-talk 방식이라고도 한다.
반복식방식	이동축이 단식방식, 고정축이 복신방식을 이용할 수 있는 방식이다.
복신방식	전화와 같이 송화와 수화가 동시에 되는 방식이다.

♟ 표 6-5 이동통신의 접속제어 기능 ♟

공채널방식	접속제어용의 채널이 따로 없고 모든 채널중에서 통화가 없는 빈 채널을 선택하여 접속 제어가 이루어지는 방식이다.
전용채널방식	접속제어용의 채널이 통화용 채널과 별도로 설정되어 있는 방식이다.
전채널방식	허용된 모든 통화 채널에 가용음성대역의 상단이나 하단을 이용하여 접속 제어 신호가 교환되는 방식이다.

① **이동통신 시스템의 특수기능 및 구성요소** ··· 이동통신 시스템의 기능으로 기지국 간 전환과 교환국을 달리하는 시스템 간 전환을 목적으로 하는 통화채널 전환기능과 단말장치가 가입한 자기시스템이 아닌 다른 시스템의 서비스 지역으로 이동하였을 경우 타시스템에 의해 제공받을 수 있는 서비스 기능 roaming service 등이 있으며, 이동통신 시스템의 구성요소로는 일반 공중 전화망과 이동통신망을 연결시켜 주는 기능을 수행하며 전체 이동통신망을 제어하는 것으로 이동통신 시스템의 주요기능은 통화절체기능(hand off), 위치검출 및 등록기능, 정보의 기록저장기능(통화상대번호, 과금) 등을 담당하는 이동통신 교환국, 이동체에 설치되는 통신장비로써 무선호출기, 무선전화기, 휴대폰 등에 해당하는 이동전화 단말장치를 들 수 있다. 그리고 무선교환지국의 주요기능으로는 자기진단기능, 발착신 신호 송출기능, 통화채널 지정 및 감시기능 그리고 통화 채널의 품질감시기능을 담당하는 기지국(base station)을 구성요소로 한다.

② **이동통신의 특징**

　㉠ 경로선택에 특별한 기능이 필요하며 주파수 상용 효율이 우수하다.

　㉡ 무선채널의 페이딩을 극복하는 신호방식, 제어프로토콜이 필요하며 이동측의 호출, 그리고 통화료 부과방법 등이 일반 전화와 구별되는 기술이 필요로 한다.

② 셀룰러(cellular) 이동전화 및 셀룰라 통신기술

한정된 주파수 자원을 공간적으로 재이용함으로써 무선회선의 사용을 극대화한 이동통신 방식을 말하는 것으로 이에 대한 셀룰라 통신기술로는 다음과 같은 방법을 이용한다.

① **주파수 재사용기법** … 셀룰러 시스템을 가능하게 되는 가장 중요한 개념은 주파수의 재사용을 들수 있다. 여기서 주파수 재사용이라 함은 어떤 특정한 주파수가 반지름 R인 영역에서 사용 된다면 동일한 주파수가 이 영역과 다른 어떤 영역에서 사용된 수 있음을 의미한다. 한 구역 내에서 통화수요가 증가하게 되는 경우 할당된 채널을 초과하기 때문에 충분한 거리를 둔 셀에 동일한 주파수의 채널 세트를 동시에 할당하여 사용함으로써 주파수 이용 효율을 극대화한 기법이다.

② **셀 분할기법** … 하나의 셀내에서 하나의 세트만을 사용하는 경우 통화수요가 증가하여 용량을 초과되면 이를 위해 셀을 몇 개보다 작은 셀로 세분하여 서로 각각 다른 채널들을 갖도록 하는 방법을 말한다.

③ 이동 통신의 Zone

넓은 서비스 영역을 몇 개의 영역으로 나누어 각 영역마다 기지국을 배치하는 방식으로 각 영역을 Zone이라고 하며 대존(Zone)과 소존(Zone)으로 나눌 수 있다.

① **대존(Zone)** … 하나의 기지국이 넓은 서비스 영역을 담당하는 방식으로 주파수 공용 통신 등이 대표적이다.

② **소존(Zone)** … 서비스 지역을 작게 분할하여 분할된 각 존(Zone)마다 기지국을 설치하는 방식으로 셀룰러 통신이나 코드리스 전화 등이 대표적이다.

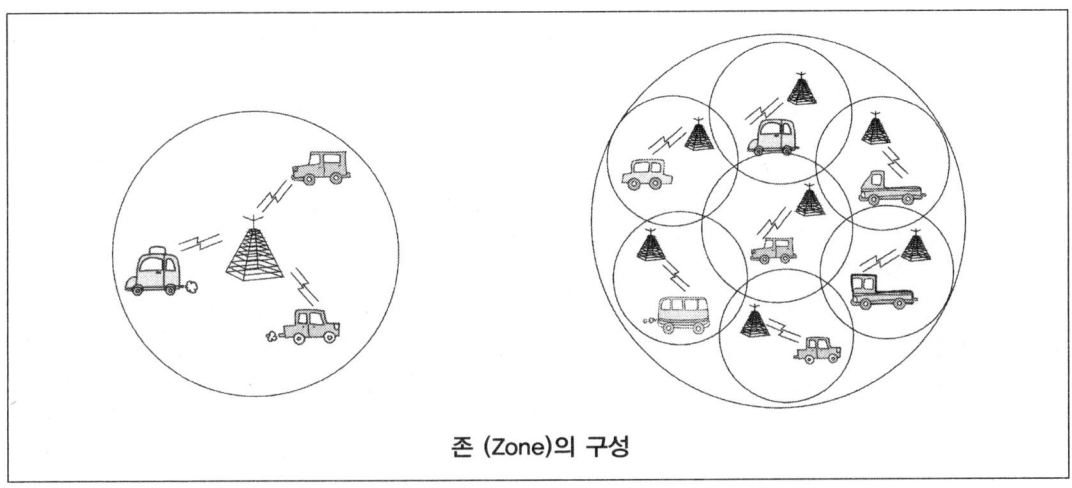

존 (Zone)의 구성

③ 대용량 가입자 수용이 가능하며, 전지역을 대상으로 호환이 가능하게 된다.

④ 통화량 밀집에 대한 적응성이 우수하며 한정된 주파수로 회대 가입자를 수용할 수 있다.

⑤ 경제적 가격 형성이 가능하다.

　㉠ 무선기지국은 단말기와 이동전화교환국을 연결하는 기능

　㉡ MTSO는 각 기지국에서 발·착신되는 호를 처리하고 모든 기지국이 효율적으로 운용될 수 있도록 중앙통제기능이 있다.

④ 　주파수 공용통신(TRS : Trunked Radio System)

1개의 통신선로마다 1개의 무선채널을 이용자가 전용하는 1파 방식과는 달리 다수의 가입자군들이 복수의 채널을 일정하게 이용할 수 있는 조건에서 공동으로 사용하는 육상 이동통신 시스템으로 비어 있는 통화채널을 자동 선택해 채널을 할당해 주는방식으로 음성외 데이터 화상 등의 통신이 가능한 방식으로 TRS를 구성하는 요소로 먼저 MCA 시스템을 중심으로 가입한 지령국과 육상이동국 간의 회선제어를 행하는 MCA 제어국(중앙제어국)과 각 사용자가 영업소 등에 개설하는 기지국을 의미하는 지령국 그리고 자동차등에 설치된 단말기를 의미하는 이동국 등으로 구성된다.

① **사용주파수** … UHF(800 ~ 900[MHz]대)

② **servic area** … 반경 15 ~ 25[km]

♥ 표 6-6 TRS 통화의 종류(호출 방법) ♥

방법	내용
일제 호출	소속된 모든 단말기를 동시에 호출하는 방식
선택 호출	소속된 단말기 중 일부만 선택하는 호출 방식
개별 호출	소속된 단말기 중 1대만을 호출하는 방식

이와 같이 TRS의 특징으로는 통화 중 혼선이 적기 때문에 대화의 비밀성이 보장되며, 통화시간은 최고 1분간이다. 넓은 서비스 영역을 확보할 수 있으며, 다른 가입자로부터 통화의 간섭을 받지 않기 때문에 통화효율이 우수하고, 통화 중에도 6초 이상 사용하지 않게 되면 자동적으로 회선이 절단되는 기능을 갖는다.

⑤ 개인 휴대 통신망(PCN : Personal Communication Network)

① 개인 통신 서비스를 제공하기 위하여 휴대 단말기를 이용하여 지역적으로 고정되어 있는 가입자 회선의 일부를 무선화하여 이동중에도 장소와 시간에 구애받지 않고 통화가 가능하도록 한 서비스로 PCN의 발전형태와 기능을 고려하면 먼저 지금까지 실내에서 발착신으로 이용되는 CT1(Cordless Tele-phone1)에서 발신 전용(Telepoint 서비스)인 CT2, 발착신 공용(DECP)인 CT3 그리고 PCN 순으로 발전되고 있으며, PCN의 기능으로는 가입자의 위치를 망에 등록하는 위치등록 기능, 가입자의 위치등록 정보에 의하여 자동경로설정과 변환을 행하는 추적접속 기능, 거리와 서비스에 따라 과금 징수를 제어하는 유연과금 그리고 암호화, 도난대책을 위한 보안기능 등이 있다.

② **PCN의 특징**
  ㉠ 단말기 가격이 저렴하고 통신반경이 광역이다.
  ㉡ 통신망 구성이 용이하고 신속하게 이루어질 수 있다.
  ㉢ 이동성이 보장되는 편의성을 가진다.
  ㉣ 디지털 통신방식의 채택으로 혼신 없는 통화가 가능하다.

3 위성통신

위성통신은 지구적도 상공 약 36,000[km] 상공에 지구의 자전과 같은 주기로 공전 하면서 장거리 통신의 중계기 역할과 방송중계에 이용할 수 있도록 통신회선을 구성하는 방식으로 우주 위성통신의 기본 형식으로는 우주국(위성체)과 지구국, 우주국과 우주국, 그리고 우주국을 중계로 하는 지구국 간 통신 등으로 분류되며, 여기서 위성통신은 우주국에 의한 지구국과 지구국 간의 통신을 지칭한다.

① 위성통신의 종류

중계장치 유무에 따른 분류에 따라 수동위성, 능동위성 등으로 분류되며, 그리고 궤도조건 및 배치 상황에 따라 다음과 분류할 수 있다.

① **임의위성방식**(random satellite) ··· 위성통신 초기의 통신 위성방식으로 지구 고도 수백[km]에서 수천[km]의 궤도상을 수시간의 주기를 갖고 비행하는 위성을 이용하는 방식을 말한다.

② **위상위성방식**(Phased satellite) ··· 지구 주위 상공에 등간격으로 복수 개의 위성을 띄운 상태에서 각 지구국은 공중선을 사용해서 차례로 위성을 추미하여 항시 통신망을 확보하는 방식으로 정지위성에서 커버될 수 없는 극지점과의 통신이 가능하며, 정지위성의 경우보다 고도를 낮게 할 수 있기 때문에 전파 지연시간이 적으나 지구국을 포함한 총 경비가 커서 경제적이지 못한 방식이다.

③ **정지위성방식** ··· 지구 적도 상공 35,860[km]에 지구의 자전과 동일한 공전 주기를 갖는 위성 3개를 이용하므로 지구국은 항상 위성을 찾을 필요가 없고 위성을 교체할 필요가 없어 정지위성의 투영 범위에만 있으면 언제나 통신 위성에 의한 통신이 가능한 방식을 말한다.

② 위성의 통신영역 및 통신거리(l)

① 위성의 고도(h)와 지구국 안테나의 통신 가능 최저양각(θ)을 함수로 나타내면 $\dfrac{R}{R+h} = \dfrac{\cos{(\theta + \beta)}}{\cos{\theta}}$ 이며 여기서 R는 지구반경, θ는 최저양각, β는 커버리지의 중심각을 나타내며, 통신거리(l)은 다음과 같이 구해진다.

$$l = (R+h)\frac{\sin\beta}{\cos\theta}$$

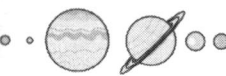

② 일반적으로 INTELSAT의 경우 최저 양각은 5°로 하고 있다.

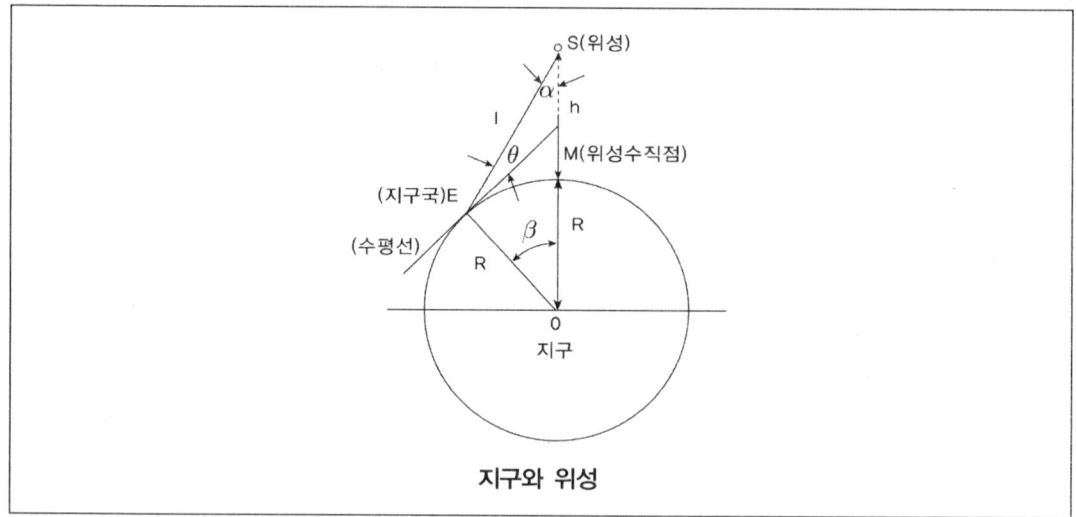

지구와 위성

③ 위성에서의 최대 전송 지연기간(T_m)은 다음과 같다.

$$T_m = \frac{2l}{C} = \frac{2(R+h)}{C} \times \frac{\sin\beta}{\cos\theta}$$

③ 위성자세 안정방식의 종류

① **스핀(spin) 안정방식** … 위성을 관성 모멘트 최대축의 주변에 스핀시켜 자이로 효과에 의해 이축이 관성 공간에 유지되는 특성을 이용한 방식으로 외란 토크를 흡수하기 위하여 스핀부에 뉴테이션 댐퍼가 필요하다.

② **3축 제어방식** … 위성이 직교하는 3축마다 각각 외란 토크를 부정하여 자세를 제어하는 방식으로 3축 방향 중 피지축은 수직방향, 룰축은 위성진행방향, 요축은 지구 중심방향으로 취한다.

④ 전파지연(propagation delay)

지구에서 발사된 전파가 정지궤도 위성을 거쳐 다시 지구에 도착하는데 소요되는 시간을 전파지연시간이라 한다.

① 최소지연시간 = 2Ro/C = 238[ms]

② 최대지연시간 = 2(Ro＋Re)cos(17.4°/C) = 278[ms]

✿ 표 6-7 통신 위성체의 구성부 ✿

시스템	구성부		기능
통신계	안테나계		신호의 송수신
	중계기계		신호를 수신한 후 주파수 변환하여 재송신
			수신부, 주파수 변환부, 송신부로 구성
공통 기기계	전력계	전원 방생부	태양 전지 패널로 전원 생성
			배터리 전원 연결
		전원 공급부	발전된 전력을 각 전자장치에 요구하는 전압으로 변환하여 공급
	텔리메트리 명령계		• 위성 상태를 보고하는 텔리메트리신호 송신 • 위성 관제소로부터의 명령 신호 수신
	자세제어계		위성의 궤도상 위치 및 자세 제어
	추진계		위성발사시 및 자세 변동시 궤도 위치
	열제어계		위성 각 부품의 열적 안정을 위한 장치
	구체계		각 기기들을 유지하는 기본 구조체

🌿TIP│ 통신위성체의 구성요소중 트랜지폰더는 송수신장치로 지구국에서 송출된 상위링크 신호를 수신하여 저잡음증폭기에서 증폭한 후 하위링크를 주파수로 변환한 후 고주파 증폭기를 이용해서 고전력 증폭한다. 이 증폭된 신호를 송신안테나를 통해 지구국으로 송신하는 장치를 말한다.

✿ 표 6-8 위성통신 주파수 대역 ✿

대역	주파수[GHz]	up-link 주파수[GHz]	down link 주파수[GHz]
C band	4 ~ 6	5.925 ~ 6.425	3.7 ~ 4.2
Ku band	12 ~ 14	14 ~ 14.5	11.7 ~ 12.2
K band	18 ~ 26	27.5 ~ 31	17.7 ~ 21.2
Ka band	26 ~ 40		

🌿TIP│ 위성통신에서 현재 가장 많이 사용되는 대역은 C band이며 C밴드에서 up-link 주파수와 down link 주파수를 다르게 사용하는 이유는 공간상에서 전파가 합쳐지지 않게 할 뿐 아니라 하나의 안테나를 가지고 송수신을 할 수 있도록 하기 위함이다.

⑤ 위성에 정착되는 안테나의 형태

① **무지향성 안테나** … 무지향성이므로 이득은 다소 떨어지지만 명령 및 텔레메트리 등의 신호를 통신하는데 이용한다.

② **헤리컬(helical) 안테나** … 진행파 안테나로 동작하며 비교적 낮은 주파수대(UHF)에서 사용하며, 수평편파성분을 갖는다.

③ **파라볼라(parabola) 안테나** … 지향성이 예리하고 이득이 크며 좁은 지역에 대한 spot beam을 만드는데 사용하며 광대역 임피던스 정합이 어렵다.

④ **혼(horn) 안테나** … 예리한 지향성을 가지며 광대역을 커버(cover)하는 빔을 만드는데 사용하며 수직, 수평, 원형파 어느쪽에도 이용이 가능하다.

♟ 표 6-9 위성통신의 장·단점 ♟

장점	• 대역폭이 크므로 통신 용량이 많다. • 난시청 지역이 해소된다. • 통신 비용이 통신 거리에 거의 영향을 받지 않는다. • 방송 채널 증가에 신속 대응이 가능하다. • 광역성, 동보성, 다원 접속성이 있다.
단점	• 전파지연이 있다. • 반향현상이 있다. • 고장시 수리가 어렵다. • Point-to-point 네트워크 구성만 가능하다.

⑥ 다원 접속(multiple access)방법

위성통신에 이용되고 있는 제한된 가용 주파수대를 가능한 많은 지구국들이 활용하고 주어진 시간에 더욱 많은 정보를 전달함으로써 위성 트랜스폰더의 제한된 용량을 효율적으로 활용하기 위하여 복수 개의 지구국이 하나의 통신위성을 이용해서 동시에 지구국 상호 간에 통신로를 설정하는 방식을 다원 접속이라 한다.

① **회선 할당면** … 고정된 주파수 또는 시간 Slot을 특별한 변경이 없는 한 한 쌍이 지구국에 항상 할당해 주는 접속방식을 고정 할당(pre-alignment) 방법이라고 하며, 사용하지 않는 Slot을 비워둠으로써 원하는 다른 지구국이 활용할 수 있도록 한 것으로 더욱더 많은 지구국이 한정된 위성 트랜스폰더를 효율적으로 이용하기 위한 기술을 요구 할당(demand alignment : 예약할당) 이라고 한다. 그리고 사전 할당이나 접속요구 할당방식과는 달리 전송 정보가 발생하면 임의

슬롯으로 송신하는 다른 지구국에서 송신 신호와 충돌이 일어날 수 있어 패킷 전송망에 이용하는 임의 할당방식 등이 있다.

② **통신방식면** … 주파수 분할 다원접속(FDMA : Frequency Division Multiple Access)은 하나의 중계기를 여러 지구국이 공용할 수 있도록 중계기의 주파수 대역폭을 분할하여 지구국에 배당하는 방식을 말하며, 지구국사이의 송신신호동기가 필요로 하지 않기 때문에 지구국장비가 간단한 장점이 있고 반면에 간섭에 약한 단점을 갖는다. 그리고 시분할 다원접속(TDMA : Time Division Mutiple Access)은 여러 개의 타임슬롯에 채널을 할당하여 여러 지구국이 위성을 공유하는 방식을 말한다. TDMA 방식은 서로 다른 용량의 채널을 서로 혼합하여 사용이 가능하며, 위성간의 간섭이 FDMA보다 적다. 그리고 FDMA방식보다 thought이 더 크다라는 특징을 갖는다. 그리고 부호 분할 다원 접속(CDMA : Code Division Multiple Access)은 FDMA와 TDMA방식의 혼합방식으로 TDM방식에 의해 여러 신호를 전송할 시간 대역을 포맷팅하고 각 시간 대역에서 FDM방식에 의해 각 신호를 전송할 주파수 대역을 포맷팅하는 방식으로 분산 스펙트럼(spread spectrum) 기법을 사용한다. 일반적으로 CDMA의 장점은 전체 신호에 미치는 페이딩의 영향을 감소시킬 수 있다는 것이다. PN부호를 사용할 수 있는 다원접속방식은 SDMA방식이다.

4 위치 확인 시스템(GPS, Global Postion System)

① GPS의 개요

GPS는 위성에서 송신하는 전파를 이용해서 지구 전체를 측위하기 위한 시스템으로 이동 물체(항공기, 선박 및 자동차 등)의 진행 방향과 속도를 위성을 이용하여 위치를 측정할 수 있다.

① 미 국방성에서 개발한 위성으로 위성을 이용한 전 세계 무선 항법 시스템

② 위치, 속도, 시간 계산이 가능

③ 고도의 정확도를 요구하는 항공기 착륙 자동 시스템 그리고 이동체의 자세 결정 등에 이용한다.

② GPS의 구성

① 우주 부문(space segment)

ㄱ 위성 고도 : 20200(km)

ㄴ 위성 수 : 24개(6궤도면 4)

ㄷ 2개의 L 밴드 신호 전송

- L_1(SPS, Standard Positioning System) : 특별히 허락받지 않은 개인이나 단체에게 공개된 민간용으로 1575.42[MHz]이며, C/A(coarse and access)코드라고도 불리는 것으로 24개의 위성이 동시에 사용한다.

- L_2(PPS, Precise Positioning System) : 군사용으로 공개되지 않은 것으로 1227.6[MHz]를 이용하며, P(project) 부호라고도 불리며 P 부호는 신호의 암호화가 이루어지므로 이용을 위해서는 허가가 필요하며 위성마다 코드 패턴이 다르다

② 지상 관계 부문(control segment)

ㄱ 위성 관리 및 제어 담당

ㄴ 주/부 관제국 및 지상 송신국 구성

③ 사용자 부문(user sement)

ㄱ 위성 신호 수신, 위치 그리고 시간 계산

ㄴ 응용에 따라 다양한 장비로 구성

③ GPS 위치 측정 기법

GPS는 위성과 수신기 사이의 거리를 측정해서 지구상의 위치를 파악할 수 있는데 위성으로부터 수신기까지 도달하는데 걸리는 시간을 RF로 측정하고 이를 거리로 환산하는 방법을 이용한다.

① 단독 측위법

ㄱ 1대의 수신기를 이용하여 4개 이상의 GPS 위성으로부터 신호를 수신하여 자신의 위치를 실시간으로 계산하는 방법

ㄴ 지상이나 공간에서 수신기의 위치를 100[m] 정도의 정밀도로 관측하는 SPS가 있다.

ㄷ 비교적 정밀도가 낮지만 간단하다.

② D(Differential)GPS

ㄱ 단독 측위법의 정밀도를 향상시킨 방법으로 측량용과 항법용 수신기를 이용하는 실시간 위치 측정 방법이다.

ⓛ 수신기 2대 이상을 이용해서 축지점을 관측하는 방법으로 위성 4개로 부처 동시에 전파를 수신한다.

③ **기타 방법**

　ㄱ 후처리 상대 측위 방법 : 비 실시간으로 고정밀 위치 결정 요구 분야에 사용하는 방법

　ㄴ RPK(Real Time Kinematic) : 실시간적으로 고정밀 위치 결정 요구 분야에 사용하는 방법

5　HAPS

① **HAPS의 개요** … HAPS(High Altitude Platform System)는 대기권 중 기상조건이 비교적 안정된 성층권(지상 약 20∼50km)에 통신용 무선응용 장비와 관측장비 등을 탑재한 무인비행선을 일정 위치에 체공시켜 지상에서 통신, 방송 및 원격탈사 등 다양한 서비스를 제공하는 무선통신 시스템이다. 이 시스템은 서비스 대상 지역에 고정/이동 디지털 무선 채널 등을 다양한 전송률로 양방향 통신이 가능하게 하는 것을 목적으로 한다.

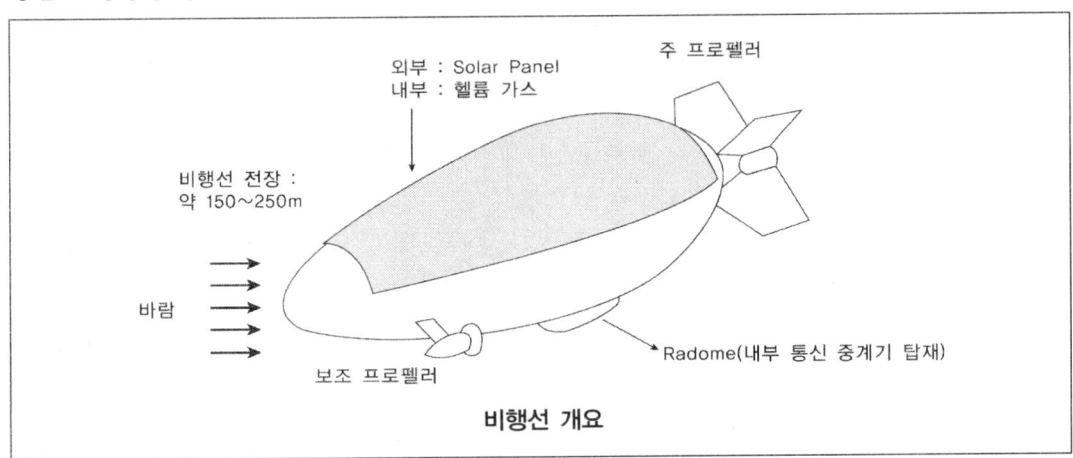

비행선 개요

② **HAPS의 특징** … HAPS는 광역성, 동보성, 망 구성의 유연성, 광대역성 등 위성 통신의 장점을 보유하면서 수요에 따른 적기 공급, 시설의 유지보수 용이, 다른 위성에 비해 짧은 전송 거리로 인한 잔말의 소형화/저전력화 및 짧은 전송 지연 시간 등 지상 이동통신의 장점도 함께 보유한 시스템으로 저비용 고속 통신 서비스의 제공, 낮은 전송 손실로 인한 휴대 통신 제공 기능 및 짧은 전송 지연 시간 등의 특징을 가지고 있다.

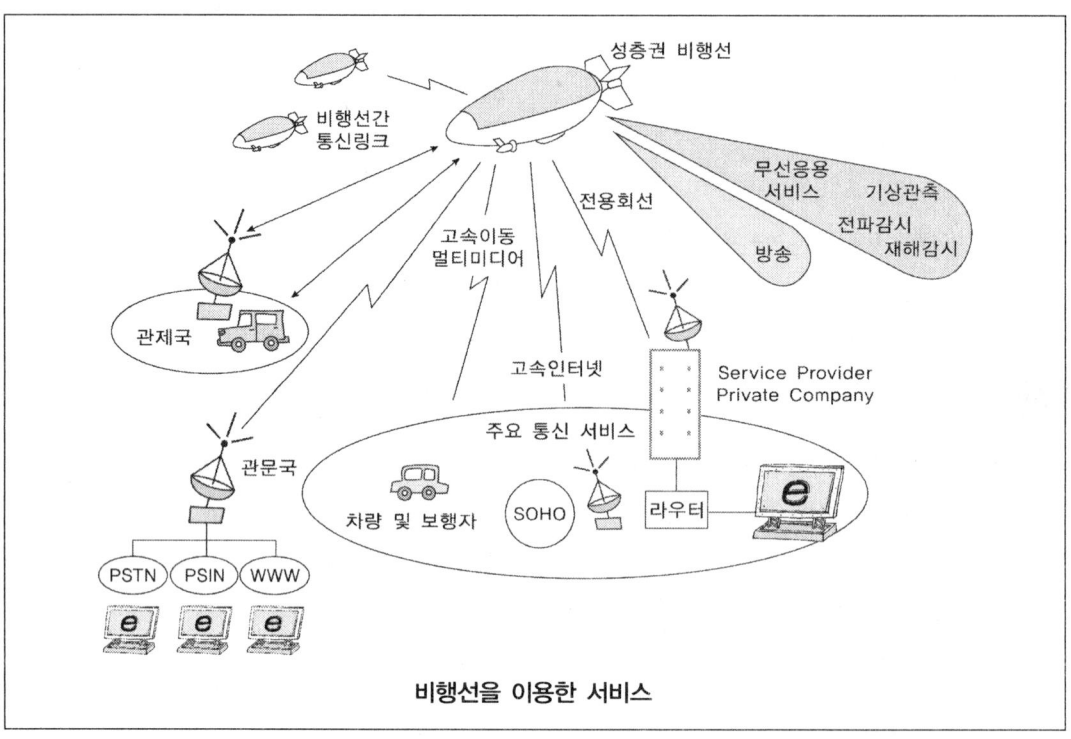

비행선을 이용한 서비스

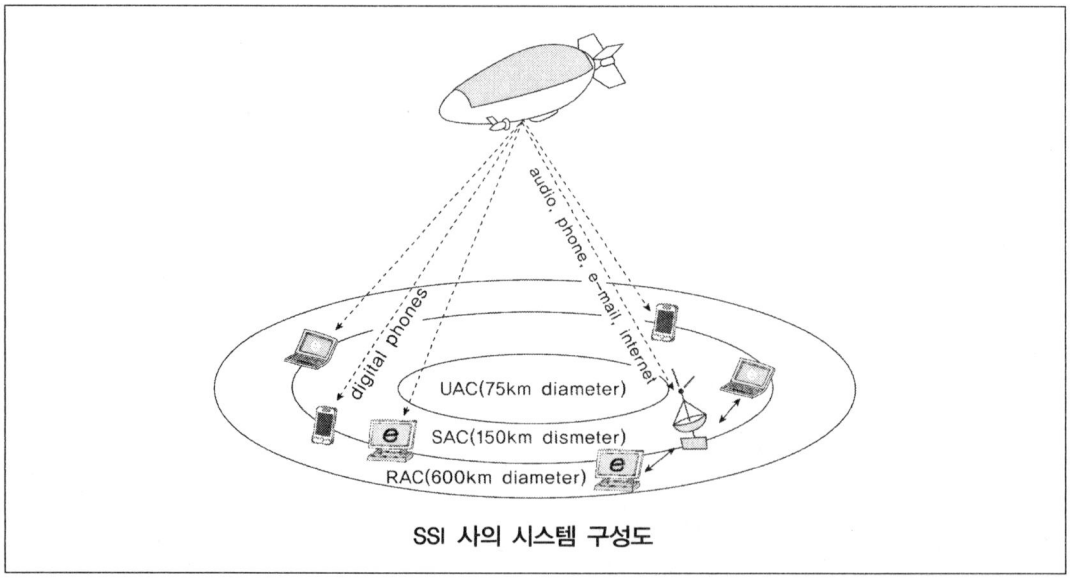

SSI 사의 시스템 구성도

♟ 표 6-10 비행선 ♟

항목	내용	
비행선 개수	대도시 지역당 몇 개의 지구국을 가진 1개의 비행선	
운용 고도	21 ~ 23km	
비행선당 빔수	1,000개	
서비스 앙각	>15˚	
사용 주파수	상향 링크	5MHz(IMT-2000 주파수대역)
	하향 링크	5MHz(IMT-2000 주파수대역)
변조 방식	QPSK 변조	
다중접속 방식	상향 링크	광대역 CDMA
	하향 링크	광대역 CDMA
Data 전송률	음성	8 ~ 16kbps
	data	384Mbps
가입자 요구 전력	25mW	

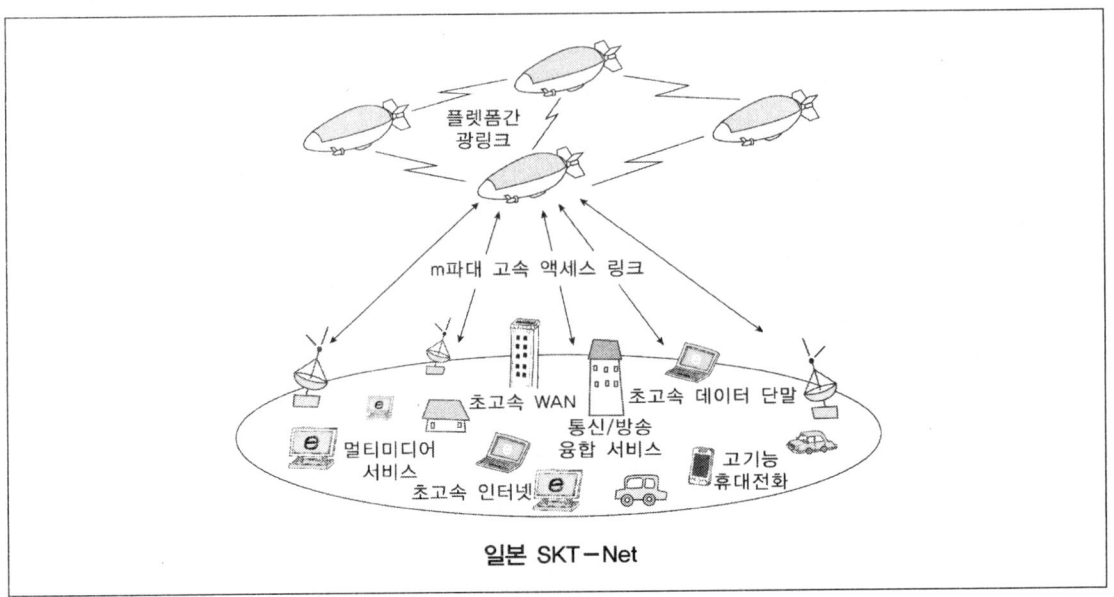

일본 SKT-Net

③ **우리나라의 성층권 비행선 제원**(예상) ··· 2000년부터 산업자원부에서 차세대 신기술 개발과제로 '다목적 성층권 비행선 개발' 연구를 한국항공우주연구원을 연구 기관으로 지정하여 고도 20km의 성층권에서 1개월 이상 장기 체공하면서, 차세대 통신 중계 및 원격 탑사용으로 활용할 200m급 초대형 비행선을 개발하는 등 현재 연구 과제를 수행 중에 있다. 또한, 2002년부터 정보통신부의 선도기반 기술과제로 '성층권 통신시스템 기술기준 및 핵심 요소기술 개발' 연구를 ETRI, 한국항공우주연구원에서 수행 중에 있다. 이 연구가 완료되면, 우리나라의 성층권 통신 시스템 요소기술 확보 및 국내 외 기술기준이 정립될 것으로 예측된다.

　㉠ 예상 임무
- 이동 멀티미디어 통신 서비스, 초고속 인터넷 서비스, 장거리 국간 중계, 회선임대 등의 상용통신 서비스
- 원격 탐사, 전파감시, 기상관측 등의 공공 서비스

　㉡ 성능/제원
- 순항 고도 : 20km
- 최대 속도 : 120km/h
- 길이 : 240m
- 최대 직경 : 77m

　㉢ 탑재체
- 통신중계 장비 : 중량 1,000kg, 소비전력 10kw
- 무선응용(원격탐사) : 중량 200kg, 소비전력1kw

　㉣ 전망 : 성층권 통신 시스템은 이리듐 등 다른 위성 통신 수단보다 짧은 전송 지연 특성과 기후에 민감하지 않으며, 저비용 서비스의 실현, 휴대 통신 기능, 대용량 회선 공급가능, 고속통신의 가능 등 고품질의 서비스제품이 가능하다. 따라서, HAPS는 그 경제성과 높은 활용도로 인하여, 차세대 초고속 무선 인프라로 발전될 것으로 전망된다.

출제예상문제

1 이동통신의 세대 진행 순서로 옳은 것은?

① AMPS – CDMA – IMT 2000

② AMPS – IMT 2000 – CDMA

③ CDMA – AMPS – IMT 2000

④ IMT 2000 – CDMA – AMPS

> **NOTE** 이동통신의 발전
> ㉠ **AMPS**(Advanced Mobile Phone System) : 셀룰러 방식의 이동통신이다.
> ㉡ **CDMA**(Code Division Multiple Access) : 디지털 방식의 이동통신이다.
> ㉢ **IMT – 2000**(International Mobile Telecommunication 2000) : 육상 및 위성을 이용한 음성, 고속데이터, 영상 등의 멀티미디어 서비스와 글로벌로밍을 제공하는 유무선 통합 차세대 통신 서비스이다.

2 다음 중 전리층에서 영향을 가장 많이 받는 전파는?

① VSL

② MF

③ LF

④ HF

> **NOTE** HF(High Frequency)
> ㉠ 3 ～ 30MHz 범위의 전파이다.
> ㉡ 단파로 지구상층부에 구성된 전리층의 반사가 가장 잘 이루어진다.
> ㉢ 단파방송, 선박 통신, 표준전파, 원거리 통신 등에 쓰인다.

ANSWER | 1.① 2.④

3 HAND OFF에 대한 설명으로 옳은 것은?

① 동일한 셀 내에서 발생하는 간섭현상을 의미한다.

② 전파가 수신측에 도달하면서 발생하는 손실을 의미한다.

③ 셀 이동 시에도 절체없이 서비스를 지속적으로 받을 수 있는 과정을 의미한다.

④ 각각의 경로로 들어오는 신호들의 상호 간섭에 의해 수신 신호가 변화하는 현상을 의미한다.

> **NOTE** | Hand Off … 이동통신 사용자가 셀 이동 시에도 절체없이 서비스를 계속 받을 수 있는 기술로 이동국이 현재 위치의 셀을 벗어나 새로운 셀로 진입할 경우 새로운 채널을 할당하여 지속적인 통화가 가능하도록 처리하는 과정이다.

4 주파수 분할 다중 방식에 대한 설명으로 옳지 않은 것은?

① 진폭 편이 변조 방식을 사용한다.

② 시분할 다중 방식에 비해 구조가 간단하다.

③ 재생 증폭기는 전체 채널에 하나만 필요하다.

④ 진폭 등화를 동시에 수행한다.

> **NOTE** | FDM 방식은 진폭 변조, 주파수 변조, 위상 변조 방식이 사용된다.

5 전파를 쏘아서 물체의 위치를 측정하는 데 이용되는 원리는?

① 페이딩 효과   ② 도플러 효과

③ 제어백 효과   ④ 압전 효과

> **NOTE** | 도플러 효과 … 이동체가 이동함에 따라 수신 주파수가 변하는 현상으로 인공위성, 레이더 등에 주로 이용된다.

ANSWER | 3.③   4.①   5.②

6 이동통신 시스템의 구성요소로 옳지 않은 것은?

① 이동국

② 기지국

③ 교환국

④ 중계국

✎NOTE 이동통신 시스템의 구성요소
ㄱ 이동국(MS ; Mobile Station)
ㄴ 기지국(BTS ; Basestaion Transceiver Subsystem)
ㄷ 교환국(MSC ; Mobile Switching Center)

7 이동전화 기지국 중에서 전파가 180도씩 전파하는 기지국으로 고속도로 등 일직선 서비스 지역에 적합한 기지국은?

① 옴니 기지국

② 2섹터 기지국

③ Micro 기지국

④ Pico 기지국

✎NOTE 2섹터 기지국은 파가 180도씩 전파하는 기지국으로 고속도로 등 일직선 서비스 지역에 적합한 기지국이다.

8 수신 안테나에 전파가 도달될 경우 시간차에 의해 같은 신호가 여러 번 되풀이되어 나타나는 현상은?

① 페이딩 효과

② 에코 현상

③ 대척점 효과

④ 델린저 현상

✎NOTE ② 에코 현상 : 수신 안테나에 전파가 도달될 경우 시간차에 의해 같은 신호가 여러 번 되풀이되어 나타나는 현상
① 페이딩 효과 : 수신되는 전파가 지나온 통로의 변화에 따라 수신 전파의 강도가 급격하게 변동되는 현상
③ 대척점 효과 : 전파 도래 방향의 불투명으로 인하여 대척점간의 통신이 불가능한 현상
④ 델린저 현상 : 태양 폭발에 의해 자외선의 방사가 급격히 증가하여 전리층을 교란시키는 현상

ANSWER 6.① 7.② 8.②

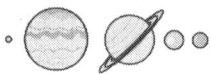

9 이동통신에서 한 지역에서 다른 지역으로 이동 시 통화가 단절되지 않도록 하는 방식을 의미하는 것으로 옳은 것은?

① Hand off
② 페이딩
③ 위치 추적
④ 고유번호 확인

NOTE| Hand off … 통화중 상태인 이동 단말기가 해당 기지국의 서비스 지역을 벗어나 인접 기지국의 서비스 지역으로 이동할 때 단말기가 인접 기지국의 새로운 통화 채널에 자동 동조되어 지속적으로 통화 상태가 유지되는 기능을 말한다.

10 위성통신의 특징에 대한 설명으로 옳지 않은 것은?

① 높은 주파수대에 이용이 가능하다.
② 주파수 할당이 어렵다.
③ 서비스 지역이 넓다.
④ 통신거리에 거의 상관이 없다.

NOTE| 위성통신의 특징
ㄱ 장점
• 지리적 장애를 극복할 수 있다.
• 다원 접속성이다.
• 통신망 설정이 신속하다.
ㄴ 단점
• 소용량 필요시 초기 투자비가 크다.
• 위성의 수명은 단기성이다.

ANSWER | 9.① 10.②

11 CDMA에 대한 설명으로 옳은 것은?

① 하나의 반송파를 여러 사용자가 공유하여 사용하면서 시간축을 여러 개의 시간구간으로 나누어 여러 사용자가 자기에게 할당된 시간 구간을 사용하는 다중 통신 방식이다.

② 시간을 공유하면서 주파수 스펙트럼을 여러 개의 구간으로 나누어서 사용자가 주어진 주파수 대역을 다른 사용자와 겹치지 않게 사용하는 방식이다.

③ 복수의 사용자가 같은 주파수 대역을 공유할 때 사용자를 구분하는 사용자 통신 채널 고유의 의사 잡음 부호를 사용하는 방식이다.

④ 통신 전송 용량을 물리적으로 위치가 다른 복수의 기지국이 분할하여 사용하는 방식이다.

> **NOTE** CDMA(Code Division Multiple Access) … 부호 분할 다중 접속 방식으로 송신측에서는 클록 주파수가 음성 데이터 주파수 대역폭의 수십 배 이상의 의사 잡음 부호(PN 부호)를 음성 데이터에 곱하여 주파수 대역을 확산하며, 수신측에서는 송신시와 같은 PN 부호를 곱하여 대역폭이 원래의 폭으로 복귀하며 복조되는 기술이다. FDMA와 TDMA의 혼합형으로 동일한 주파수와 시간에 orthogonal 코드를 부여하여 많은 가입자를 수용하는 방식이다.

12 우리나라에서 현재 사용이 증가하고 있는 이동통신 주파수 대역으로 옳은 것은?

① LF
② MF
③ VHF
④ UHF

> **NOTE** 주파수 대역에 따른 명칭
> ㉠ 초장파(VLF ; Very Low Frequency) : 3 ~ 30kHz
> ㉡ 장파(LF ; Low Frequency) : 30 ~ 300kHz
> ㉢ 중파(MF ; Medium Frequency) : 300kHz ~ 3MHz
> ㉣ 단파(HF ; High Frequency) : 3 ~ 30MHz
> ㉤ 초단파(VHF ; Very High Frequency) : 30 ~ 300MHz
> ㉥ 극초단파(UHF ; Ultra High Frequency) : 300MHz ~ 3GHz
> ㉦ 마이크로파(SHF ; Super High Frequency) : 3GHz ~ 30GHz
> ㉧ 밀리파(EHF ; Extremely High Frequency) : 30 ~ 300GHz

ANSWER | 11.③ 12.④

13 초단파(VHF)의 주파수 범위를 바르게 표시한 것은?

① 300kHz ~ 3MHz
② 3 ~ 30MHz
③ 30 ~ 300MHz
④ 300MHz ~ 3GHz

>**NOTE** | 주파수
ㄱ 중파(MFMedium Frequency) : 300kHz ~ 3MHz
ㄴ 단파(HFHigh Frequency) : 3 ~ 30MHz
ㄷ 초단파(VHFVery High Frequency) : 30 ~ 300MHz
ㄹ 극초단파(UHFUltra High Frequency) : 300MHz ~ 3GHz

14 이동통신 시스템에서 사용하는 주파수 존(zone)의 의미를 바르게 나타낸 것은?

① 한 무선 이동통신 교환국에서 수용할 수 있는 트래픽 범위
② 한 무선 이동통신 기지국에서 수용할 수 있는 통신 범위
③ 이동통신 시스템에서 제공할 수 있는 서비스 영역
④ 유선전화에서 사용할 수 있는 통신 범위

>**NOTE** | 주파수 존 … 이동통신 기지국에서 서비스 가능 영역을 나타낼 때 사용하는 용어이다.

15 VHF파의 통달거리에 영향이 거의 없는 것은?

① 안테나 높이
② 지형
③ 공전
④ 복사전력

>**NOTE** | 공전은 뇌방전에 따른 잡음으로 장파대에 영향을 미친다, 초단파인 VHF에는 거의 영향이 없다.

ANSWER | 13.③ 14.② 15.③

16 셀룰러 이동통신의 기본 특성으로 옳지 않은 것은?

① 대략 650개 채널의 사용이 가능하다.

② 전송기는 10 ~ 45W의 전력을 공급해야 한다.

③ 수용영역의 반경은 2 ~ 16km 범위이다.

④ AM 방식이다.

> **NOTE** 셀룰러 이동통신은 FM 방식이다.

17 이동통신에 사용하는 용어와 약어의 연결이 잘못 짝지어진 것은?

① 개인 휴대통신 – PCS

② 주파수 공용 통신 – TRS

③ 저궤도 위성통신 – LEO

④ 무선 전화기 공중망 – FPLMTS

> **NOTE** FPLMTS … Future Public Land Mobile Telecommunication Systems의 약어로 미래의 공중 육상 이동통신 시스템을 말한다. 개인용 단말기 하나로 통화, 문자, 영상, 데이터를 하나의 통 신망으로 엮는 멀티미디어 서비스로 세계 공통 주파수(1.8 ~ 2.2GHz)를 이용하므로 세계적으 로 이용이 가능하다. 플름스의 표준화는 ITU와 선진국의 협력하에 진행되고 있다. AMPS는 FM 방식을 사용하며 1세대 이동통신으로 분류된다.

18 셀룰러 이동통신에서 기저대역의 시스템 품질이나 FM 수신기의 감도를 측정하는 방법은?

① BER(Bit Error Rate)

② MOS(Mean Opinion Score)

③ DRT(Diagnostic Rhyme Test)

④ SINAD(Signal to Noise and Distortion)

> **NOTE** SINAD(Signal to Noise and Distortion)는 기저대역의 시스템 품질이나 FM 수신기의 감도를 측정할 수 있다.

ANSWER 16.④ 17.④ 18.④

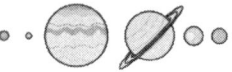

19 우리나라 전파법에 명시되어 있는 전파의 정의로 옳은 것은?

① 전파란 인공적 매개물이 없이 공간에 전파하는 3,000GHz보다 낮은 주파수의 전자파이다.

② 전파란 인공적 매개물이 있는 공간에 전파하는 3,000GHz보다 낮은 주파수의 전자파이다.

③ 전파란 인공적 매개물이 없이 공간에 전파하는 8,000GHz보다 낮은 주파수의 전자파이다.

④ 전파란 인공적 매개물이 있는 공간에 전파하는 8,000GHz보다 낮은 주파수의 전자파이다.

> **NOTE**│ 전파… 인공적 매개물없이 공간에 전파하는 3,000GHz보다 낮은 주파수의 전자파를 의미하며,
> 넓은 의미로 보면 무선 통신에 사용되는 무선 주파수를 포함하고, 적외선, 가시광선, 자외선,
> X 선, 우주선 등을 총칭하는 개념으로 사용된다.

20 다음 중 아날로그 이동통신 시스템에서 사용하지 않는 것은?

① CDMA   ② FSK

③ Duplex   ④ FDMA

> **NOTE**│ CDMA는 코드 분할 다중 접속 방식으로 PCS에서 사용되는 기술이다.

21 이동통신 시스템의 구성 중 이동국과 관련이 없는 것은?

① TS   ② PS

③ MS   ④ MES

> **NOTE**│ 이동국의 유형
> ㉠ PS(Personal Station) : 정지 또는 저속인 경우
> ㉡ MS(Mobile Station) : 차량 또는 항공기 등의 고속인 경우
> ㉢ MES(Mobile Earth Station) : 인공위성을 이용한 서비스

ANSWER│ 19.①   20.①   21.①

22 이동통신 시스템에서 무선 채널을 효율적으로 이용하기 위하여 커다란 지역을 작은 지역으로 분할하여 범위를 정하는 단위를 지칭하는 것은?

① 셀   ② 톤
③ 파장   ④ 파형

    ✎NOTE│ 셀 … 기지국 출력의 크기, 해당 지역의 가입자 수, 사용 채널의 수에 의해 결정되는 하나의 기지국이 커버할 수 있는 지역의 크기를 말한다.

23 HF 대를 이용한 장거리 통신에 가장 적합한 전파는?

① 회절파   ② 지상파
③ 대류권파   ④ 전리층파

    ✎NOTE│ 단파(HF) 대에서는 전리층파를 이용한 장거리 통신이 적합하다.

24 극 지방을 제외하고 지구상의 모든 지역에 통신이 가능하게 하기 위해서 정지위성을 배치하려고 할 때 필요한 위성의 최소 개수는?

① 3   ② 4
③ 5   ④ 6

    ✎NOTE│ 인공위성의 종류
        ⊙ 정지 궤도 위성 : 지구 상공 36,000km에서 지구 자전속도와 같은 시속 11,000km 속도로 돌고 있는 위성으로 한 개의 위성은 지구 전 지역의 1/3을 커버할 수 있으므로 세 개의 위성만 있으면 전체의 위성통신 서비스가 가능하다.
        ⓛ 극 궤도 위성 : 북극과 남극을 기준으로 아래 위로 원 궤도를 그리며 도는 위성을 의미한다.
        ⓒ 경사 궤도 위성 : 과학 위성이나 관측 위성과 같이 정지 및 극 궤도 사이를 도는 위성으로 궤도에 따른 주기 변화는 없다.

25 전리층의 가입한 이동전화 서비스 대상 이외의 지역으로 여행시 여행 중 해당 지역 시스템을 통하여 서비스를 받을 수 있는 상황을 나타내는 용어로 옳은 것은?

① 접속   ② 교환

③ 로밍   ④ hand−off

> **NOTE** 로밍 … 서비스 가입자가 다른 영역에서 통화가 가능하게 하는 방식으로 상호 다른 서비스업자 간 협정이 우선 체결이 되어 있고 상호 동일한 서비스 방식일 때 가능하다.

26 위성통신의 특징으로 옳지 않은 것은?

① 경제적이다.

② 고품질의 광대역 통신이 가능하다.

③ 위성을 이용하므로 거의 전송 지연 없이 통신이 가능하다.

④ 통화범위가 매우 넓어진다.

> **NOTE** 위성통신은 위성을 이용하므로 약 0.25초의 지연 현상이 발생하며, 전파방해에 약하다.

27 장점으로 옳지 않은 것은?

① 통신 가능 범위에 제한이 없다.

② 전송 오류율이 감소한다.

③ SHF 주파수 대역을 사용한다.

④ 고품질의 협대역 전송이 가능하다.

> **NOTE** 위성통신의 장점
> ㉠ 서비스 지역이 넓어 광대역 통신 및 전송이 가능하다.
> ㉡ 지리적 장애를 극복할 수 있다.
> ㉢ 설치비, 운용비, 보수비가 통신거리와 상관없으므로 경제성이 높다.
> ㉣ 위성의 가시범위 내 모든 지역의 접속이 가능하다.

ANSWER | 25.③ 26.③ 27.④

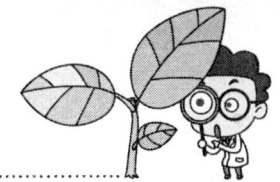

28 디지털 셀룰러의 장점으로 옳지 않은 것은?

① 음성 및 데이터 혼합 통신가능

② 송신 전력의 감소

③ 이동 단말기 수명의 연장

④ 장비의 대형화 및 비용의 증가

> **NOTE** | 기술의 발달로 인하여 관련 장비의 소형화가 이루어지고 다양한 서비스를 저렴한 비용으로 이용할 수 있게 되었다.

29 TDMA 방식이 권장하고 있는 국제 표준으로 옳은 것은?

① EIA/TIA 표준 IS-54

② EIA/TIA 표준 IS-55

③ EIA/TIA 표준 IS-95

④ EIA/TIA 표준 IS-96

> **NOTE** | TDMA에서는 EIA/TIA 표준 IS-54을 1993년에 채택하여 사용하고 있다.

30 단파(HF)에 대한 설명으로 옳지 않은 것은?

① 주파수가 3~30MHz인 전파이다.

② 파장이 짧기 때문에 텔레비전이나 전파 탐지기에 사용된다.

③ 파장이 짧아 지향성이 예리한 안테나를 사용할 수 있어 소전력으로 국제 통신이 가능하다.

④ 다이버시티 방식을 이용하여 페이딩에 의한 영향을 감소시킬 수 있다.

> **NOTE** | 파장이 짧기 때문에 텔레비전이나 전파 탐지기에 사용되는 것은 초단파(VHF)이다.

ANSWER | 28.④ 29.① 30.②

31 아날로그 셀룰러 기술에서 디지털 기술로 전환하게 된 이유로 옳지 않은 것은?

① 이동전화 가입자가 급격히 증가했기 때문이다.

② 주파수 대역의 한계에 이르렀기 때문이다.

③ 주파수 재배치 또는 재사용으로 인한 통화 품질의 저하가 나타났기 때문이다.

④ 주파수 대역이 넓어 선택적 사용이 가능하기 때문이다.

> ✎NOTE | 아날로그 셀룰러 통신에서의 주파수 대역은 한정이 되어 있고, 사용하고자 하는 주파수 대역은 많이 필요하게 되어 디지털 셀룰러 통신으로 전환이 이루어진 것이다.

32 지상 마이크로파 중계 방식중 수신한 M/W 피변조파를 M/W 대에서 그대로 증폭하여 송신하는 방식은?

① Heterodyne 중계방식　　　　　② Baseband 중계방식

③ 직접 중계방식　　　　　　　　④ 무급전 중계방식

> ✎NOTE | 직접 중계방식은 수신한 M/W 피변조파를 M/W 대에서 그대로 증폭하여 송신하는 방식을 말한다.

33 정재파비가 1일 때 도선에 존재하는 전파는?

① 반사파　　　　　　　　　　　② 진행파

③ 정재파　　　　　　　　　　　④ 직선 편파

> ✎NOTE | 정재파비가 1일 때 도선에 존재하는 전파는 진행파이다.

34 스펙트럼 확산 기술을 이용하고 정보 신호가 필요로 하는 대역폭보다 충분히 넓은 대역폭을 사용하여 전송하는 방식은?

① CDMA　　　　　　　　　　　② TDMA

③ FDMA　　　　　　　　　　　④ SDMA

> ✎NOTE | CDMA … 스펙트럼 확산 기술을 이용한 전송 방식으로 FDMA와 TDMA의 혼합형태이다. 동일한 시간과 주파수에 수직인 관계에 위치한 코드를 부여하여 많은 가입자를 수용하는 형태이다.

ANSWER | 31.④　32.③　33.②　34.①

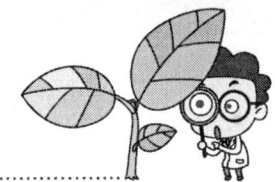

35 이동통신의 특성으로 옳지 않은 것은?

① 무선 주파수를 사용한다.

② 페이딩 채널 환경을 가진다.

③ 시간과 공간의 제약을 받지 않는 통신이다.

④ 무한한 주파수 자원을 이용한다.

　　✎NOTE | 이동통신 및 무선통신은 한정된 주파수대(bandwidth limited)를 사용한다.

36 가장 이상적인 VSWR의 값은 얼마인가?

① 0　　　　　　　　　　　　　② 1

③ 2　　　　　　　　　　　　　④ 3

　　✎NOTE | 반사계수가 0일 때 VSWR = 1이 된다. 이때 진행파만 존재하며 가장 이상적인 VSWR의 값이다.

37 협대역 전파 전파의 특성으로 옳지 않은 것은?

① 가입자 수를 증가시키기 위해서 한 채널의 점유 대역폭을 최소화한다.

② 단말기의 수신 안테나의 높이가 낮으므로 건물 등 인위적 조건에 의하여 반사되어 수신된 다중경로에 의한 신호감쇄가 일어난다.

③ 다수의 가입자가 동일 주파수 대역을 사용한다.

④ 송출 신호를 이동국에서 수신할 때 기지국과 이동국 사이의 지형에 의한 신호감쇄가 생긴다.

　　✎NOTE | 광대역 전파 전파의 특성에 따라 다수의 가입자가 동일 주파수 대역을 사용한다.

ANSWER | 35.④　36.②　37.③

38 2 및 2.5세대에 속하는 이동통신의 기술로 옳지 않은 것은?

① 디지털 방식
② 셀룰러와 PCS
③ 멀티미디어 서비스
④ 음성과 중저속 데이터

✎**NOTE**| 멀티미디어 서비스는 대용량 고속 데이터 전송이 가능한 3세대 이동통신에 해당한다.

39 이동통신을 세대별로 분류할 경우 제1세대에 해당하지 않는 것은?

① 아날로그 방식이다.
② 800 ~ 900MHz 대역을 사용한다.
③ 접속 방식은 TDMA이다.
④ 음성 통화 위주이다.

✎**NOTE**| FDMA … 1세대 다중 접속 방식으로, 송신측의 주파수 대역폭을 세분화하여 다수의 가입자를 수용하는 형태로 음성 주파수 변조 다중화에 용이하다.

40 IS-95에 해당하는 규격으로 옳은 것은?

① Voice Codec
② Common Air Interface
③ 기지국 최소 성능 규격
④ 단말기 최소 성능 규격

✎**NOTE**| IS 규격
㉠ IS-96 : Voice Codec
㉡ IS-97 : 기지국 최소 성능 규격
㉢ IS-98 : 단말기 최소 성능 규격
㉣ IS-95 : 핸드폰과 기지국의 통신 방식에 대한 규약

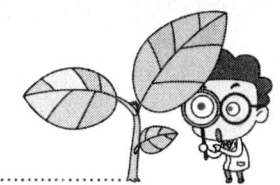

41 다음 중 이동통신 시스템의 구성과 그 기능의 연결이 잘못 짝지어진 것은?

① HLR – 증폭기 데이터 서비스 제공

② BTS – 기지국

③ BSC – 기지국 제어기, 호 처리

④ BSM – 기지국 관리기, 무선망에 대한 관리

> **NOTE** 착·발신, 호 처리 및 핸드 오버 등을 처리하는 이동 교환기에 해당한다.
> ① HLR : 위치등록기

42 다음 중 음성 사서함을 제공하는 역할을 담당하는 것은?

① VLR

② IWF

③ VMS

④ SMSC

> **NOTE** VMS(Voice Message Service) ⋯ 음성 메시지 서비스

43 가입자의 이동성을 보장하기 위한 정보수집 및 저장역할을 담당하는 것은?

① VLR

② HLR

③ HUC

④ IWF

> **NOTE** ① 방문자 위치 등록기로 홈 교환국을 벗어난 휴대폰의 위치를 등록하는 데이터베이스이다.
> ④ 디지털을 아날로그로 변환해 주는 경계 게이트웨이 장비이다.
> ※ HLR(Home Location Register) ⋯ 가입자의 이동성을 관리하여 호 처리를 수행하는 시스템
> 으로 정보 및 각종 부가 서비스를 관리한다.

ANSWER | 41.① 42.③ 43.②

44 이동통신 통화품질을 동일하게 유지하면서 수신 신호의 세기를 최소화하기 위해 기지국 또는 단말기의 송신출력을 제어하는 기술로 옳은 것은?

① 전압 제어   ② 전력 제어

③ 입력 제어   ④ 출력 제어

> **NOTE|** 전력 제어 … 수신 신호의 세기를 최소화하기 위해서 기지국 또는 단말기 송신 출력을 조정하는 기술을 말한다.

45 무선통신 시스템의 교환국 기능으로 옳지 않은 것은?

① 발신·착신 신호 송출 기능   ② 가입자 위치 검출 기능

③ 과금 기능   ④ 핸드 오버 기능

> **NOTE|** 발신·착신 신호 송출 기능은 기지국의 기능에 해당한다.
> ※ 교환국의 기능 … 가입자 위치 검출, 과금, 핸드 오버 기능 등

46 위성통신장치의 설치에 대한 설명으로 옳지 않은 것은?

① 위성통신을 위한 별도의 위성수신장비를 설치하여야 한다.

② 안정된 전력공급을 위하여 발전기 및 비상용 밧데리로 지속적인 운영이 유지되도록 지원하여야 한다.

③ 차량에 설치되는 안테나는 자동위성추적을 통한 신속한 정보 지원이 되어야 한다.

④ 위성통신이므로 이동 중에 발생하는 진동 등은 고려하지 않아도 된다.

> **NOTE|** 위성통신은 이동 중에 발생하는 진동, 간섭 등을 모두 고려해야 한다.

ANSWER | 44.②   45.①   46.④

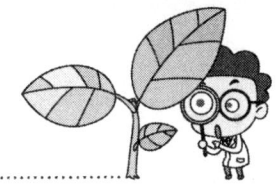

47 스펙트럼 확산 변조의 가장 큰 특징으로 옳은 것은?

① 전송되는 신호가 제3자에게 노출이 되는 것을 방지할 수 있다.
② 주파수를 보다 멀리 가게 하기 위한 변조 방식이다.
③ 보다 광범위한 가입자를 수용하기 위한 방식이다.
④ 전송되는 신호의 전력 밀도를 높이기 위한 변조 방식이다.

✎NOTE| 스펙트럼 확산(Spread Spectrum) 변조…종래의 통신대역보다 넓은 대역으로 송신 전력을 확산하여 변조시키는 방법으로 강한 비화성에 의하여 군용으로 개발되었으며, S/N비가 작아도 통신이 가능하기 때문에 이동통신, 위성통신 등에 사용한다.

48 위성통신의 특성으로 옳지 않은 것은?

① 다원 접속을 하기 어려운 통신 방식이다.
② 많은 통화량을 가질 수 있다.
③ 전송 송·수신율이 매우 높다.
④ SHF 대역의 주파수를 가진다.

✎NOTE| 위성통신의 특징
ⓐ 통신 비용을 낮출 수 있고, 다원 접속이 가능하다.
ⓑ 회선 설정이 용이하고, 통신망 설정이 신속하다.
ⓒ 지리적 장애를 극복할 수 있다.
ⓓ 서비스 지역이 광대역성이다.

49 다음 중 위성 중계기에 사용되는 고전력 증폭기로 옳은 것은?

① FET
② Amplifier
③ PAD
④ TWTA

✎NOTE| 전계 효과 트랜지스터
ⓐ 입력 신호의 에너지를 증가시켜 출력 신호로 내보내는 장치
ⓑ 증폭기에 입력되는 RF 신호를 주파수에 관계없이 일정하게 감쇄시키는 장치
ⓒ 양자 발전기 중 마이크로파 영역의 전자기파를 발진 증폭하는 장치

ANSWER | 47.① 48.① 49.④

50 위성통신 지구국의 기본적 구성이 아닌 것은?

① 안테나계   ② 송수신계

③ 인터페이스계   ④ 자세 제어계

> **NOTE |** 위성통신 지구국은 안테나계, 송수신계, 인터페이스계로 구성되어 있다.
> 자세 제어계는 위상의 bus-sub-system 의 하나이다.

51 무선통신에 사용되는 접속 프로토콜로 옳지 않은 것은?

① FDMA   ② WDMA

③ TDMA   ④ CDMA

> **NOTE |** WDMA는 파장 분할 다중 접속 방식으로 유선통신에서 사용된다.

52 이동통신 채널 중 이동체의 움직임에 따라 수신 신호 주파수가 변하는 현상으로 옳은 것은?

① 페이딩   ② 지연

③ 간섭   ④ 도플러

> **NOTE |** 도플러 효과 … 소리를 내는 음원과 관측자의 상대적 운동에 따라 음파의 진동수가 다르게 관
> 측되는 현상이다.

53 공중 통신망 PSTN에서 전화 음성대역으로 옳은 것은?

① $16 \sim 3,400\text{Hz}$ ② $300 \sim 3,400\text{Hz}$

③ $30 \sim 340\text{kHz}$ ④ $300 \sim 2,000\text{kHz}$

> **NOTE |** PSTN(Public Switched Telephone Network) … 공공통신 사업자가 운영하는 공중전화 교환망
> 으로 교환국을 통해 불특정 다수의 가입자들에게 음성 전화나 자료 교환 서비스를 제공한다.
> 음성 주파수(VFB)는 $300 \sim 3,400\text{Hz}$대이다.

ANSWER | 50.④ 51.② 52.④ 53.②

54 정보통신공사의 등록기준으로 옳지 않은 것은?

① 노조 설립 유무   ② 자본금

③ 기술 능력   ④ 사무실

> **NOTE** | 정보통신공사의 등록기준 … 자본금, 기술력, 시설 및 장비

55 통신망에 관련된 기기의 형식승인권자는?

① 정보통신부장관   ② 한국 전산원

③ 카이스트 박사   ④ 통상산업부장관

> **NOTE** | 통신망 관련기기의 형식승인부서는 정보통신부로 형식승인은 정보통신부장관에 의한다.

56 전기통신기본법의 제정목적과 거리가 먼 것은?

① 전기통신의 효율적 관리   ② 정보통신의 기본적인 사항 제정

③ 전기통신사업의 영리화   ④ 전기통신기술 발전 촉진

> **NOTE** | 정보통신기본법 … 전기통신에 관한 기본적인 사항을 정하여 전기통신을 효율적으로 관리하고 그 발전을 촉진함으로써 공공복리의 증진에 이바지함을 그 목적으로 한다.

57 1개의 주반사기와 1개의 부반사기를 갖은 위성 통신 지구국용 안테나는?

① 파라볼라(Parabola) 안테나   ② 혼(Horn) 안테나

③ 무지향성 안테나   ④ 카세그레인(Cassegrain) 안테나

> **NOTE** | ① 파라볼라(Parabola) 안테나 : 좁은 지역에 대한 spot beam을 형성하는 데 사용되는 안테나
> ② 혼(Horn) 안테나 : 넓은 지역을 커버하는 beam을 형성하는 데 사용하는 안테나
> ③ 무지향성 안테나 : TTC 정보 송수신용으로 사용하며 지향성이 없으므로 이득이 낮은 안테나
> ④ 카세그레인(Cassegrain) 안테나 : 1개의 주반사기와 1개의 부반사기를 갖은 위성 통신 지구국용 안테나

ANSWER | 54.① 55.① 56.③ 57.④

07 프로토콜

1 프로토콜

통신은 네트워크에서 서로 다른 개체(entity)들 사이에 정보를 송신하고 수신하는 것이다. 서로 다른 개체들 간에 상대방의 내용을 이해하기 위해서는 어떤 규칙이 존재해야 한다. 프로토콜은 원활한 통신을 위해 서로 간에 미리 약속한 통신 규칙, 또는 협약이다.

① 프로토콜의 구성 요소

① **구문**(Syntax)
　　㉠ 구문은 데이터 구조에 관한 것으로 데이터 형식, 부호화 방법, 전기적 신호 크기에 대한 것이다.
　　㉡ 인터넷에서 사용되는 프로토콜인 UDP의 처음 16비트는 출발지의 포트 주소이고, 다음 16비트는 목적지의 포트 주소이다.

② **의미**(Semantics)
　　㉠ 의미는 각 비트가 무슨 뜻인지에 대한 것으로 각종 제어 절차에 대한 것이다.
　　㉡ 프로토콜 주소 부분의 비트들은 송·수신지를 의미한다.

③ **타이밍**(Timing)
　　㉠ 타이밍은 데이터를 언제, 어떻게, 어느 정도의 속도로 전송할 것인가를 나타낸다.
　　㉡ 송신자가 100[Mbps]로 자료를 보내는데 수신자가 50[Mbps]로 수신하면 자료는 손실될 수밖에 없다.

② 프로토콜의 기능

① **세분화와 재조립**(Fragmentation/Reassembly)
　　㉠ 긴 메시지는 전송에 용이하도록 작은 크기의 블록으로 세분화시켜 송신한다.
　　㉡ 수신지에서는 세분화되어 전송된 메시지를 원래의 모습으로 재조립한다.

② **동기화**(Synchronization)
- ㉠ 송수신측 사이에 동일한 타이밍 상태가 유지되도록 한다.
- ㉡ 동기식과 비동기식 전송 방식이 있다.

③ **연결제어**(Connection Control)
- ㉠ 정보 전송을 위해 노드 사이에 '연결확립 → 전송 → 연결해제'의 과정을 거친다.
- ㉡ 연결제어에는 가상회선 방식과 데이터그램 방식 등이 있다.

④ **흐름제어**(Flow Control)
- ㉠ 수신측에서 송신측의 데이터 전송량이나 전송속도를 조절하는 기능이다.
- ㉡ 정지-대기(Stop-and Wait) 방식의 흐름제어는 수신측의 확인 신호(ACK)를 송신측에서 받은 후에 자료를 보낸다. → 인터넷의 패킷 전송 방식

⑤ **오류제어**(Error Control)
- ㉠ 정보를 전송하는 도중에서 발생할 수 있는 오류를 검출하고 정정하는 기능이다.
- ㉡ 패리티 검사나 해밍코드 등을 이용한다.

⑥ **주소지정**(Addressing)
- ㉠ 전송할 자료에는 송수신지의 주소를 첨가하여 함께 보낸다.
- ㉡ 주소지정은 송수신측이 서로를 인식할 수 있는 역할을 한다.

⑦ **순서화**(Sequencing)
- ㉠ 세분화된 자료에 일련번호를 지정하는 것으로 재조립에 필요한 기능이다.
- ㉡ 패킷교환망에서 패킷은 반드시 보낸 순으로 도착되지 않기 때문이다.

⑧ **다중화**(Multiplexing) … 하나의 선로를 여러 사용자들이 공유할 수 있도록 하는 기능이다.

⑨ **캡슐화**(Encapsulation)

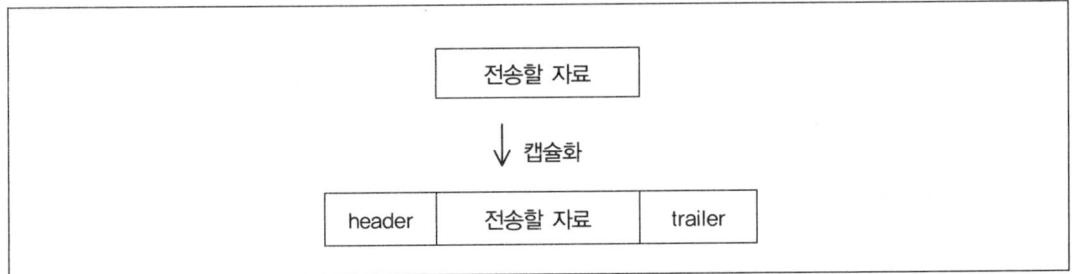

- ㉠ 정보를 정확하게 전송하기 위해 전송할 자료의 앞뒤에 제어정보를 첨가한다.
- ㉡ 제어정보에는 헤드 길이, 송수신지 주소, 오류 검출 정보, 버퍼 크기 등이 있다.

③ PDU(Protocol Data Unit)

① **PDU**(Protocol Data Unit) … 네트웍에서 정보를 실어 나르는 기본 단위

② **PDU = SDU+PCI**

ㄱ SDU(Service Data Unit)는 상위계층에서 전송하려는 데이터이다.

ㄴ PCI(Protocol Control Information)는 제어정보이다.

ㄷ OSI 7계층에서 PDU는 수평적, SDU는 수직적 계층 간에 주고받는 데이터 단위가 된다.

ㄹ PDU는 OSI 7계층에서 계층별로 독특한 이름을 사용한다.

- 2계층 : Frame
- 3계층 : Packet
- 4계층 : Segment

2 LAN 구조

① 정의

수[km] 이내의 동일 빌딩 또는 구내 등 기업내의 비교적 좁은 지역에 분산 배치된 각종 단말장치 사이에서 고속으로 상호 통신을 하기 위한 통신망

❁ 표 7-1 LAN 구성 시 조건과 특징 ❁

LAN 구성 시 조건	LAN의 특징
• 제한된 지역 • 단일 기관 소유 • 높은 채널 용량과 전송 속도를 요구 • 스위칭 기술(교환 기술)을 갖는 데이터 망 • 자원 공유를 위한 사용자의 네트워크 접근 용이성 / 호환성 • 확장 가능성과 융통성 • 구성이 간단, 사용의 편리성 • 표준화된 프로토콜	• 구성이 간단 • 최소화된 전송 지연 • 고속의 전송 속도, 낮은 에러율 • 외부 네트워크 영향이 없다. • 네트워크 접근의 용이성 • 방송모드 가능 • 다양한 접속 기술로 인한 높은 호환성

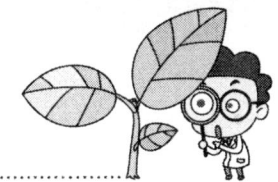

표 7-2 LAN의 전송매체

트위스트 페어(꼬임선)	동축 케이블	광섬유
• 평형형 케이블 • 전자유도현상을 줄이기 위해 꼬임 • 음성 신호에 적합 • 노드 접속이 용이 • 가격이 저렴 • 잡음에 약하고 전송거리에 제한대 역폭에 제한 • 버스형 네트워크에서 사용	• 불평형형 케이블(내부, 외부도체) • 넓은 대역폭 • 고속의 LAN에서 많이 사용 • 특성 Zo : 75ohm 50ohm • 이더넷의 경우 : 50ohm • baseband : 3/8, 1/2inch • 2Km 이내에서 최대 12Mbps • broadband : 최대 150Mbps	• 광대역 저손실 • 잡음에 강하고 전자유도현상, • 누화 간섭의 영향이 적다 • 초광대역 • 보안성이 우수 • 고속(최대 Gbps까지) • 낮은 오류 확률(10-9 정도)

② LAN의 표준화 : IEEE 802

① **802.1** … OSI 참조 모델 및 망 접속 등 상위층 Interface에 대한 표준안

② **802.2** … LLC − 2계층의 LLC Layer에 대한 표준안

③ **802.3** … CSMA/CD − 802.4 : Token Bus

④ **802.5** … Token Ring − 802.6 : MAN

⑤ **802.7** … BBTAG − 광대역 통신망에 대한 표준안

　㉠ 802.8 : FDDI에 대한 표준안

　㉡ 802.9 : 음성/데이터 통합에 대한 표준안

　㉢ 802.10 : LAN 보안에 대한 표준안

③ 버스형(Bus Topology)

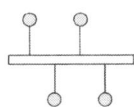

㉠ 버스형 네트워크는 하나의 통신회선에 모든 노드가 접속되어 있는 형태이다(노드 추가/삭제가 용이).

㉡ 전송 형태는 방송 통신(Broadcasting) 방식이다. 따라서, 데이터는 모든 단말기에 동시에 전달된다.

㉢ 각 단말기는 수신지 주소를 확인한 후 데이터를 수신한다.

㉣ 특정 단말기 이상이 전체 네트워크를 마비시키지 않는다.

④ 링형(Ring Topology)

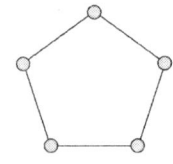

㉠ 링형 네트워크는 이웃하는 노드를 점대점으로 연결한다.
㉡ 전송은 Polling과 Token 방식으로 진행된다.
㉢ 임의 노드가 고장나면 전체 네트워크가 마비된다. 이중링 방식으로 해결할 수 있다.
㉣ 각 노드에서 전송 지연이 발생할 수 있다.
㉤ 통신회선은 성형보다는 적게, 계층형보다는 많이 필요하다.

⑤ 성형(Star Topology)

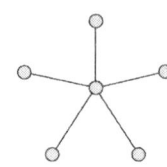

㉠ 성형 네트워크는 제어 노드가 중앙에 배치되어 있고, 모든 단말기는 중앙에 있는 컴퓨터와 점대점으로 직접 연결되어 있다.
㉡ 컴퓨터와 단말기 사이의 통신회선이 많이 필요하다.
㉢ 중앙 컴퓨터가 모든 통신을 제어하는 중앙 집중식으로 관리 및 유지보수, 노드 증설이 용이하다.
㉣ 중앙 컴퓨터가 고장나면 전체 기능이 마비된다(전화망).
㉤ 온라인 시스템의 전형적인 모형이다.

⑥ 트리형(Tree Topology)

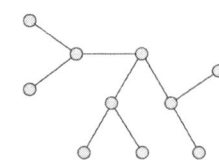

㉠ 트리형 네트워크는 중앙에 컴퓨터가 있고, 일정 거리의 단말기까지는 하나의 통신회선으로 연결하는 형태이다. 즉, 단말기가 연장되는 구조이다.
㉡ 통신회선이 많이 필요하지 않다(다른 구조에 비해 짧다).
㉢ 특정 단말기를 컴퓨터로 대치하면 분산시스템 구조가 된다.
㉣ 데이터는 모든 노드에게 전송되고, 트리의 끝에 있는 단말기로 흡수되어 소멸된다.
㉤ 제어가 간단하고, 관리 및 증설이 용이하다.

⑦ 그물형(Mesh Topology)

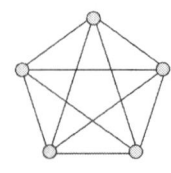

㉠ 그물형 네트워크는 모든 노드 간에 점대점으로 직접 연결되는 구조이다. 중앙의 제어 노드의 중계가 없다(공중전화망).
㉡ 통신회선의 총 길이가 가장 길고, 분산 처리 시스템이 가능하며 광대역 통신망에 적합하다.
㉢ 임의 통신회선에 장애가 발생하면 다른 경로를 통해 데이터 전송이 가능하여 신뢰도가 높다.

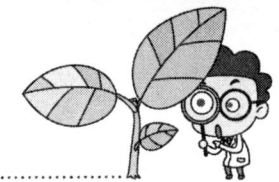

⑧ 격자형(Matrix Topology)

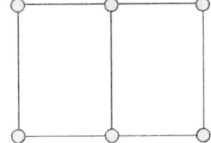

㉠ 격자형 네트워크는 모든 노드가 2차원적인 형태로 연결된 구조이다.
㉡ 복잡한 구조를 가지지만 신뢰성은 우수하다.
㉢ 화상 처리 등의 특수한 분산 처리망으로 적합하다.

❦ 표 7−3 Topology ❦

	버스(bus)형	링형(ring)	성(star)형
형상			
방식	종단에서 데이터 소멸, 인터페이스 장치가 수동 소자로 구성되며, 통과 데이터를 변경시키지 않음. 버스상에서 양쪽 방향으로 데이터를 전송하는 방식이많으나, 한쪽 방향으로 전송하는 방식도 있다.	단말에서 송출된 데이터는 한쪽 방향을 따라 순차로 전달되며, 한바퀴 돈 후 송신원에서 소거된다. 인터페이스 장치에서 데이터가 재생 중계된다. 이 때 비트를 바꾸어 쓸 수가 있다.	공통의 전송로가 없이 단말까지 개별로 배선된다.
전송로 총길이	짧다	짧다	길다
인터페이스, 장치 및 교환국의 이상	다른 통신에 미치는 영향이 적다	모든 통신의 중단을 일으킬 수 있어 2중화가 필요하다.	모든 통신의 중단을 일으킬 수 있어 2중화가 필요하다.
이상이 생긴 부위의 검출	곤란하다	쉽다	쉽다
매체액세스 방식	CSMA/CD, 토큰 패싱	토큰 패싱	시분할 회선 교환 방식
전송매체	동축케이블	동축케이블, 광케이블	동축 케이블, 꼬임선

3 이더넷(Ethernet)

이더넷은 가장 널리 이용되고 있는 LAN 접근 제어 기술 중 하나로 처음에 제록스라는 회사에서 개발되었으며, 인텔 등에 의해 발전되었다. 지금은 IEEE 802.3에 표준으로 정의되어 있는데 곧, CSMA/CD 프로토콜이다.

① 이더넷 구조

① 이더넷은 OSI 7 계층 중에서 1계층과 2계층을 구성한다.
　㉠ **물리 계층** : 케이블에 대한 것
　㉡ **데이터링크 계층** : 프레임 처리하는 것(LLC, MAC)

② 이더넷의 모든 장비들은 랜 카드를 장착하여 UTP 또는 동축 케이블을 사용하여 서로 연결된다.

③ 가장 일반적인 이더넷 시스템은 10BASE-T이다. 이는 10[Mbps]의 전송속도를 제공한다.
　㉠ **10** : 전송속도 10[Mbps]
　㉡ **BASE** : 베이스밴드(Baseband) 전송 방식의 신호체계를 의미(신호 변환없이 전송)
　㉢ **T** : 전송매체인 Twisted Pair를 의미

④ 고속 이더넷(100BASE-T)은 전송속도가 최고 100[Mbps]까지 지원되는 근거리통신망의 표준이다. 기존의 10BASE-T 랜 카드가 장착된 컴퓨터도 고속 이더넷과 호환된다.

⑤ 기가비트 이더넷은 1,000[Mbps] 정도로서, 보다 높은 수준의 속도를 지원한다. 기가비트 이더넷은 기본적으로 광케이블을 사용하며, LAN 개념을 초월한다.

② CSMA/CD(Carrier Sense Multiple Access/Collision Detect)

① CSMA/CD는 이더넷의 전송 프로토콜로서 IEEE 802.3 표준에 규격화되어 있다.

② **CS**(Carrier Sense) ⋯ 데이터를 전송하기 전에 네트워크 사용 여부를 살핀다.

③ **MA**(Multiple Access) ⋯ 네트워크가 비어 있으면 누구든지 사용할 수 있다.

④ **CD**(Collision Detect) ⋯ 데이터 전송 중에 충돌 여부를 살핀다.

즉, CSMA/CD는 각 노드가 채널의 상태를 감지해 충돌을 피하면서 데이터를 전송하는 기법이다. 네트워크에는 여러 사용자가 연결되어 있으므로 충돌은 발생될 수밖에 없다. 만약 충돌이 발생하면 충돌한 데이터는 버리고 일정 시간을 기다린 후에 성공할 때까지 다시 전송한다(대기 시간은 Random 알고리즘 사용하여 구할 수 있다).

♠ CSMA/CD의 동작 과정 ♠

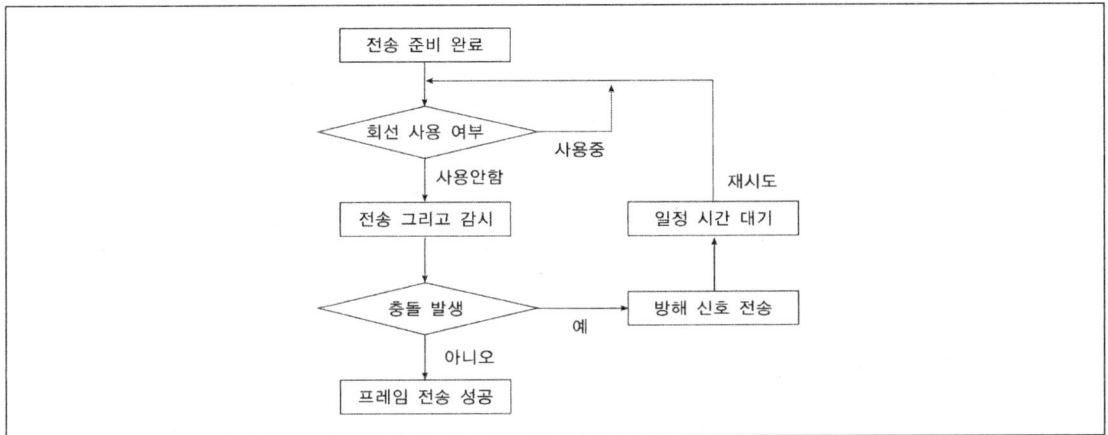

③ CSMA/CD의 문제점

① CSMA/CD에서는 충돌이 발생하면 일정시간을 기다려야 함으로 지연시간을 예측할 수 없다.

② 네트웍에 많은 단말기가 접속되어 있으면 프레임 전송 빈도가 높아져 충돌을 일으킬 확률이 증가된다. 이용률이 떨어진다. 접속 단말기 수를 적정하게 유지하는 것이 중요하다.

④ 토큰 링(Token ring)

① **정의** … 토큰링은 1984년 IBM에서 LAN에 적용한 매체 접근 기법이다. 즉, 토큰링은 LAN의 한 형태이며, 1985년 IEEE 802.5 표준이 되었다.

② **원리** … 토큰링의 원리는 프리토큰(Free token)이 링 구조의 케이블을 순환할 때 데이터를 전송하려는 노드가 이 프리 토큰을 획득하여 데이터를 전송한다.

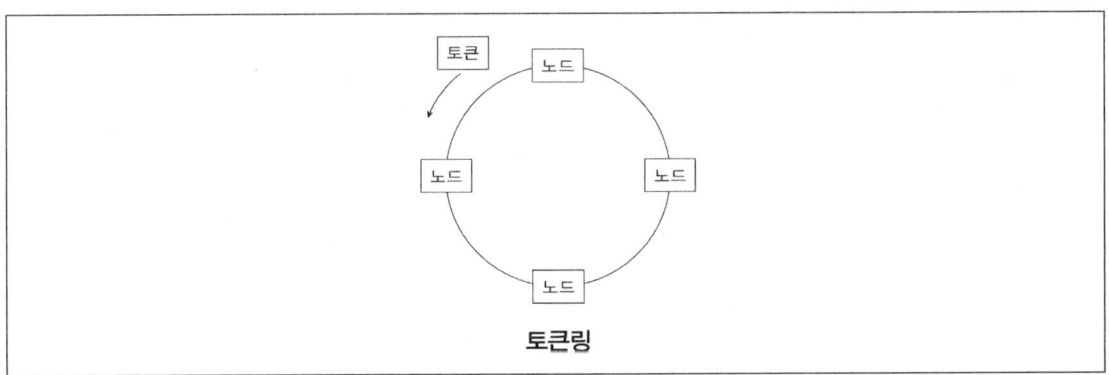

토큰링

③ **특징**

　㉠ 토큰이 끊임없이 링을 따라 순환한다. 순환하는 토큰은 하나이다.

　㉡ 빈 토큰인 프리 토큰(Free token)이 자신에게 왔을 때 전송할 데이터와 수신지 주소를 토큰에 넣는다. 토큰을 획득한 노드는 주어진 시간 동안 데이터를 전송할 권한을 가진다.

　㉢ 토큰은 모든 노드에 도착할 때마다 내용이 검사된다.

　㉣ 토큰이 수신지 주소의 노드에 도착하면 데이터를 복사하고, 모든 비트를 0으로 설정한다.

　㉤ 토큰은 빈 상태인 프리 토큰(Free token)로 계속 순환한다.

⑤ Ethernet

미국 제록스사에 의해 개발된 동축 케이블을 사용하는 CSMA/CD의 베이스 밴드 LAN

① **데이터 전송 속도** … 10Mbps

② **최대 세그먼트 길이** … 500m

③ **세그먼트당 최대 스테이션 수** … 100대

④ **스테이션 간 최대 거리** … 2.5km

⑤ **최대 스테이션 수** … 1024개

　㉠ **토폴로지 형태** : Bus형

　㉡ **메시지 프로토콜** : 가변 길이 프레임

　㉢ **전송 매체** : 베이스밴드 동축 케이블

⑥ 이더넷 케이블

① **10 Base 5**(thick Ethernet) … 한 세스먼트의 길이가 500m인 동축 케이블을 전송 매체로 하여 10Mbps 전송 속도의 베이스 밴드 방식을 채택한 LAN 시스템

② **10 Base 2**(thin Ethernet) … 특성 임피던스가 50ohm인 케이블이지만 가는 케이블을 사용하므로 얇은 네트워크라고 한다.

③ **1 Base 5** … 1 Base 5는 성형 LAN에 기원을 가지고 있지만 와이어링 허브라고 하는 개념을 도입한 LAN

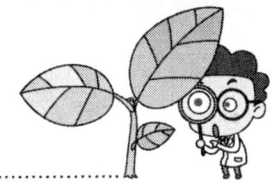

④ **10 Base T** ··· 10 Base T는 전화선과 닮은 특별한 트위스트 페어선을 사용하여 10Mbps의 전송 속도를 실현한 것이다. T는 트위스트 페어를 나타내고 있다. 이것은 와이어링 허브와 조합시키면 이더넷과 같이 10Mbps의 전송 속도를 확보할 수 있어 훨씬 경량으로 변경이 용이한 유연한 네트워크를 구축할 수 있다.

⑦ FDDI

최근 사무 자동화의 진전과 LAN 상에 전송되는 트래픽이 텍스트 위주에서 다양한 미디어를 수용함에 따라 현재의 LAN 사용자들은 1~16Mbps급의 저속 LAN 프로토콜에 만족하지 못하고, 보다 고속으로 대용량의 트래픽으로 전송할 수 있는 프로토콜을 원하고 있다. 이러한 요구에 따라 100Mbps 이상급인 고속 프로토콜이 개발 및 상용화되고 있다. 이러한 프로토콜 중에 하나가 FDDI(Fiber Distributed data Interface)이다.

① **통신망 토폴로지** ··· 이중 링

② **케이블 종류** ··· GI 형 광케이블

③ **전송 속도** ··· 100Mbps

④ **접속 제어 방식** ··· 토큰 패싱

⑤ **최대 접속 노드 수** ··· 500개

⑥ **노드 간 접속 거리** ··· 2Km

⑦ **최대 전송 거리** ··· 100Km

4 OSI 모델

개방형 시스템 간 상호 연결(OSI; Open Systems Interconnection) 모델은 7계층으로 구성된 이론적 모델이다. OSI 모델의 주 목적은 다른 종류의 컴퓨터 사이에 특별한 수정 절차없이 서로 통신을 할 수 있는 기능을 제공하는 것이다.

① 각 계층은 독립적인 임무를 가진다. 각 계층은 하나의 독립적인 모듈이다.

② 각 계층은 아래 계층에게는 서비스를 요구하고, 위 계층에는 서비스를 제공한다.

  → 즉, 2계층은 1계층이 제공하는 서비스를 이용하고, 3계층에는 서비스를 제공한다.

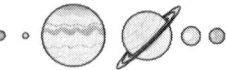

③ 데이터는 전송되는 도중에 많은 중계노드를 거친다. 이들 중계노드들은 단지 하위 3계층만 연관을 가진다.

④ 송수신측 장치는 동등 계층끼리 서로 대등하게 통신을 한다(peer to peer process).

⑤ 데이터 송수신에서 물리층의 통신은 서로 직접 수행된다. 하지만 상위 계층의 통신은 계층적으로 수행된다.

⑥ 중간의 4계층인 전송층은 논리적 연결과 물리적 연결의 다리 역할을 한다.
　㉠ 논리적 연결 : 상위 3계층(세션, 표현, 응용층)
　　통신하려는 두 장치가 네트워크에 존재한다면 상태가 정상적인지 확인해야 하며, 두 장치의 데이터 표현 방식이 다르면 동일한 형식으로 변역되어야 하고, 어떻게 데이터를 서로 주고받을 것인지도 합의하야 한다.
　㉡ 물리적 연결 : 하위 3계층(물리, 데이터링크, 네트워크층)
　　두 장치 사이에 물리적 연결이 있어야 비트를 주고 받을 수 있으며, 비트를 정확하게 주고 받기 위해서는 컴퓨터의 고유한 주소가 지정되어야 비트가 배달될 수 있다.
　㉢ OSI 7계층을 논하기 전에 인터넷에서 사용되는 기본적인 중계 장비와 용어를 살펴본다. 인터넷에서 흐르는 데이터들을 일반적으로는 패킷(Packet)이라고 한다. 그런데, 각 계층에서 독특한 이름을 사용하기도 한다.

①　물리층(Physical Layer)

① 물리층은 실제 비트가 흐르는 통로를 제공한다. 즉, 물리층은 데이터링크층의 비트 정보를 통신 매체를 통해 인접한 노드로 전자기적인 신호 형태로 전달한다.

② 비트 신호변환, 비트 동기화, 비트 전송률 제어, 전송매체 제어를 한다.

③ 장비(DTE, DCE)들의 기계적, 전기적, 기능적, 절차적인 물리적 특성을 제공한다.

②　데이터링크층(Data link Layer)

① 인접한 노드 간에 데이터(프레임)를 전송한다. 즉, 인접한 두 지점 사이의 전달을 책임진다.
　→ 노드는 컴퓨터 또는 라우터를 의미한다.

② 물리주소지정(MAC 주소), 매체 접근제어, 오류제어, 흐름제어, 동기화를 한다.

③ 근거리통신망(LAN)은 물리층과 데이터링크층만을 이용하여 통신을 한다.

③ 네트워크층(Network Layer)

① 송신지에서 수신지까지 패킷을 전달한다.
  → 송수신지 사이의 가장 짧은 경로를 찾아서 패킷을 전달한다(라우팅).

② 인터네트워킹, 패킷화, 단편화, 라우팅(Routing), 주소지정, 배달기능을 서비스한다.

④ 전송층(Transport Layer)

① 전송 계층은 세션을 형성하고 있는 종단 간(End−to−end)에 신뢰성 있는 자료 전송을 책임진다. 즉, 데이터 전송을 관장한다.

② 메시지 분할 및 조립, 순서화, 포트 주소 지정, 다중화와 역다중화, 손상된 패킷 복구, 흐름제어, 오류제어를 한다.

⑤ 세션층(Session Layer)

① 세션층은 네트워크에서 통신하려는 장치들의 대화 제어자로서 통신 시스템 사이의 상호 연결 설정 및 유지를 하고, 동기화한다.

② 대화제어, 동기화 등 프로세스 사이의 세션을 관리를 서비스한다.

⑥ 표현 계층(Presentation Layer)

① 사용자들이 통신할 수 있도록 정보를 표현하는 기능을 담당한다.

② 코드 변환, 암호화 및 복호화, 압축, 보안 등의 기능을 서비스한다.

③ 예를 들면, ASCII로 부호화된 파일을 Unicode로 부호화된 파일로 바꾸는 것은 표현 계층에서 처리한다.

⑦ 응용 계층(Application Layer)

① 사용자들의 네트워크 접근 및 인터페이스를 제공한다.

② 파일전송, 전자메일, 원격접속, 데이터베이스 관리 등을 서비스한다.

⑧ Inter-networking, TCP/IP

여러 다양한 네트워크를 상호 접속 시키는 제반 기법을 말함. 실제적으로 말하면 여러 네트워크을 교차하는 장치들 사이의 통신 기법이다. 이렇게 인터네트워킹에 의해서 여러 종류의 네트워크를 연결하여 임의의 네트워크 구성 요소 상에 있는 2개의 스테이션이 통신 할 수 있도록 상호 연결된 네트워크의 집합을 캐터네트(catenet)라고 한다.

⑨ 인터네트워킹의 하드웨어의 종류

① **브리지**(bridge)
　　㉠ 같은 종류의 패킷형 LAN을 연결하는 장치
　　㉡ 거리가 이격되어 있는 네트워크의 물리 계층 및 데이터 링크 계층 간을 연결하는 장치
　　㉢ 중계기보다 높은 인텔리전트 기능과 데이터 링크의 기능을 가짐

② **라우터**(router)
　　㉠ 유사한 구조의 네트워크(상위 계층은 같고 하위 계층은 다른 네트워크)를 연결하는 장치
　　㉡ 동일한 트랜스 포트 프로토콜을 가진 다른 구조의 네트워크 계층을 연결하는 장치
　　㉢ 기능 : 주소 지정(addressing)과 경로 선택(routing)
　　　• 루팅 네이블에 따라 타 네트워크를 인식하여 최적의 경로를 설정하고 패킷을 진행 시킨다.
　　　• 수신된 패킷에 의하여 타 네트워크 또는 자신의 네트워크 내의 노드를 결정

③ **게이트웨이**(gateway)
　　㉠ 상이한 구조(전 계층의 프로토콜이 다른)의 네트워크를 연결하는 장치이다.
　　㉡ 예를 들면 SNA와 OSI를 결합하는 경우에 사용한다.
　　㉢ 즉, 전 계층의 프로토콜 변환기이다.
　　㉣ 게이트웨이의 프로토콜 변환은 높은 계층의 프로토콜로부터 수행된다.

④ **LAN을 통한 인터네트워킹** … 예를 들어, 기존 LAN을 확장 하거나 서로 다른 LAN이나 네트워크를 연결하는 경우에 국한시킨 브리지 라우터의 기능
　　㉠ 브리지 : 브리지는 다른 방향의 LAN으로 향한 패킷을 송출하는 역할을 한다. 다른 종류의 LAN을 접속하는 경우에도 사용되지만, 동일한 LAN이 너무 커져 버린 경우 LAN을 적당한 크기로 분리하여 전송 효율을 높이는 경우에도 사용된다.
　　㉡ 라우터 : 라우터는 2개 이상의 서브 네트워크를 네트워크 계층으로 결합한다. 선로에 패킷이 들어오면 어떤 링크에 패킷을 보내야 하는 가를 판단하게 된다.

♟ 표 7-4 LAN 확장 및 다른 통신망과의 접속 ♟

프로토콜		관련규격	
데이터 링크 계층	LLC 부계층	IEEE 802.2	
	MAC 부계층	IEEE 802.5	IEEE 802.3
물리계층		IEEE 802.5	IEEE 802.3
전송매체		Twisted pair	Ethernet cable

♟ 표 7-5 브리지 ♟

프로토콜	관련규격	
네트워크 계층	IP	
데이터 링크 계층	IEEE 802.3	X.25 LAPB
물리 계층		X.21 bis
전송 매체	Ethernet cable	Coaxial Cable

5 IT 용어

► ACR(Access Control Router) : 단말과 기지국을 제어하고 IP 패킷을 라우팅하는 구성요소로 자원관리 및 제어 기능을 담당한다.

► BcN : Broadband convergence Network로 광대역 멀티미디어 서비스를 제공하는 통합 네트워크를 의미한다.

► Blog(블로그) : Web + log의 합성어로 log는 항해일지 및 여행일기 및 컴퓨터에서 시스템에 접속하거나 통신에 접속하는 것을 뜻한다. Blog는 인터넷이라는 바다에서 사용하는 항해일지를 의미한다.

► CDN(Content Delivery Network ; 콘텐츠 전송 네트워크) : 각종 디지털 콘텐츠를 취급하는 인터넷 업체들이 다수의 이용자들에게 안정적인 서비스를 제공할 수 있도록 네트워크의 주요 지점에 전용 서버를 설치해 콘텐츠를 미리 저장해 놓은 후 이용자의 요구가 있을 때 가장 가까운 지점에서 해당 콘텐츠를 전송해 주는 기능을 한다.

► DMB(Digital Multimedia Broadcasting) : 음성, 영상 등 다양한 멀티미디어 신호를 디지털 신호로 변조하는 방식으로, 고정 또는 휴대용, 차량용 수신기에 제공하는 차세대 방송 서비스라 한다.

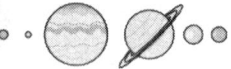

► BSC : 다수의 BTS를 제어하는 장비로 기지국에 대한 운용 및 유지 보수 기능을 수행하며 단말기와 기지국의 송신출력 제어 기능을 한다.

► BTS(Base Transceiver Station) : 하나의 셀을 커버하는 장비로 가입자 단말기와 무선으로 송수신하는 작업을 수행하며 기저대역 신호처리, 유무선 변환, 무선 신호의 송수신을 한다.

► DMB(Digital Multimedia Broadcasting) : 방송과 통신이 융합된 차세대 이동 멀티미디어 방송 서비스로 전송방식에 따라 지상파와 위성으로 분류된다. CD 수준의 음질, 데이터 서비스의 제공이 가능하므로 휴대폰, PDA 등을 이용하면서 방송을 시청할 수 있어 차세대 방송 서비스라고 한다.

► DRM의 구성요소

　　㉠ 패키저 : 콘텐츠를 메타 데이터와 함께 배포 가능한 단위로 묶는 기능으로 보안 컨테이너로 포장된다.

　　㉡ 보안 컨테이너 : 원본을 안전하게 유통하기 위한 전자적 보안 장치이다.

　　㉢ 클리어링 하우스 : 콘텐츠 배포 정책 및 라이센스의 발급을 관리한다.

　　㉣ 컨트롤러 : 배포된 콘텐츠의 이용 권한을 통제한다.

　　㉤ CA시스템 : 유통 주체 간 인증을 위한 공개키 인증서 발급, 컨텐츠 암호화 및 전자서명, 인증서에 기반한 보안 통신을 지원하기 위한 CA 시스템과 암호 모듈로서 라이브러리 형태로 개발

► ENUM : E-mail과 Telephone Numbering Mapping의 합성어로 인터넷 서비스의 공용성과 유일성을 보장하기 위한 일반전화체계인 E.164를 전화, E-mail, 팩스 등의 다양한 주소체계와 연동시키는 기술을 의미한다.

► HFC(Hybrid Fiber Coaxia ; 광 동축 혼합망) : 디지털 케이블 방송, VoIP, 화상전화, 이동전화, 무선 LAN, Roaming 등 다양한 융합형 멀티미디어 서비스를 구현하는 기술로 광 섬유와 동축 케이블을 조합시킨 케이블 네트워크 설비를 의미하며 간선 부분은 광섬유를 사용하고 노드에서 가입자 부분에는 동축 케이블을 사용한다.

► HLR : 홈 위치 등록기를 말하며 유효한 가입자인지 어떠한 서비스를 이용하는지 현재 위치가 어딘지 등의 정보를 가진 데이터베이스이다. 모든 가입자 데이터를 PCX, VLR에 제공한다.

► HSDPA(High Speed Downlink Pocket Access) : 하향 다운로드 속도가 WCDMA 7배나 빠른 차세대 이동통신기술로 초당 최대 14Mb를 전송받을 수 있고 망처리 용량의 개선으로 1개의 기지국에서 수용할 수 있는 사용자 수가 3배로 늘어날 수 있다.

► Home Network(홈 네트워크) : TV, 냉장고 등의 가전제품과 집안의 각 공간들을 인터넷을 통해 연결하여 정보의 전달이 가능하며 휴대전화를 통해서도 작동이 가능한 미래형 가전시스템이다.

▶ IEEE1394 : Serial bus interface 규격으로 직렬 전송 방식의 뛰어난 전송능력을 가진 인터페이스이다.

▶ IEEE 802.15.1 : 개인 근(단)거리 무선통신을 위한 산업표준이다. 다양한 기기들이 안전하고 저렴한 비용으로 ISM 대역인 2.45GHz를 사용하여 서로 통신할 수 있다.

▶ IM(Instant Message) : 정보 교환, 데이터 송수신시 보다 쉬운 커뮤니케이션이 되고 협동 시 효율성이 높아지며 사용자들이 대화 가능시기를 조율할 수 있는 서비스로 인터넷상 쪽지, 파일, 자료들을 실시간 전송할 수 있다.

▶ IPv4 : 32비트 운영체제인 인터넷 주소체계

▶ IPv6 : 128비트체계로 구성되며 최대 1조 개 이상을 마련할 수 있는 주소체계

▶ IP-TV/TPS : 하나의 HFC 엑세스 라인을 통해 전화, 인터넷, 방송 서비스를 통합하여 제공하는 서비스이다.

▶ ITS(Intelligent Transportation Systems) : 지능형 교통시스템으로 점점 가속화되고 있는 정보화 사회에 알맞은 신속, 안전, 쾌적한 차세대 교통체계를 구현한다. 기존의 교통체계에 대한 전자, 정보 통신 제어 등의 기능형 기술을 접목시킨 차세대 교통체계이다.

▶ LBS(Location Based Serviced ; 위치 기반 서비스) : 휴대폰과 PDA와 같은 이동통신망과 IT 기술을 종합적으로 활용한 위치정보 기반의 서비스이다.

▶ MJPEG : Motion JPEG(정지 화상 전문가 그룹)의 약자로 스틸 이미지와 비디오의 중간단계를 말한다.

▶ MPEG-4 : 낮은 전송률로 동화상을 전송하고자 개발된 데이터 압축·복원기술 표준으로 초당 64kbps, 19.2kbps의 저속 전송으로 동영상의 구현이 가능하다. 멀티미디어 통신, 화상회의 시스템, 컴퓨터, 영화, 교육, 게임 등에 널리 사용된다.

▶ MMS(Multimedia Messaging Service) : 사람 대 사람 또는 사람 대 애플리케이션 간의 멀티미디어 메시지를 송수신하는 서비스이다.

▶ MSC : 모든 신호의 전송과 연결을 담당하는 장비로 과금 정보 수집과 통화량 관리 등의 기능을 수행하며 기본 및 부가 서비스 처리, 가입자 착발신호를 처리한다.

▶ NGN : Next Generation Network의 약어로 BcN과 같은 개념이나 방송 통합은 포함되지 않는다.

▶ One Source Multi Use(원소스멀티유즈) : 하나의 콘텐츠를 영화, 게임, 음반, 애니메이션, 장난감 등의 다양한 방법으로 판매해 부가가치를 극대화 시키는 방식이다. 특히 하나의 인기 소재만 있으면 추가 비용부담을 최소화 하면서 다른 상품으로 전환해 높은 부가가치를 얻을 수 있다는 점에서 각광받고 있다.

► OPM(개방형 멀티미디어 서비스) : 통신망의 서비스 계층을 제어 및 전송 계층으로 분리한 후 표준화된 인터페이스(Open API, Parlay/OSA API)를 도입하여 하부 통신망 구조에 독립적으로 다양한 서비스를 개발하고 제공할 수 있는 기술을 말한다.

► Over-pro-visioning : 네트워크에 충분한 대역폭을 제공함으로서 혼잡 발생을 피하는 방식이다.

► OMC : 전국 통신망을 관리하는 센터를 말한다.

► PLC : 전력선 통신이라고도 하며 가정 및 사무실의 소켓에 전원선을 연결하면 음성, 데이터, 인터넷 등을 고속으로 이용할 수 있는 서비스로 홈 네트워크도 가능하다.

► PSS(Portable Subscriber Station) : 가입자가 휴대인터넷 서비스를 제공받기 위해 사용하는 기기를 말하며 멀티캐스트 서비스 수신 기능, 타 망과의 연동 기능 등이 있다.

► PSTN(Public switched telephone network) : 전화 회선이 설치된 곳에서만 사용이 가능하며 총괄국, 중심국, 단국으로 구성되어 있다. 이용방법은 단순하며, 제한된 부가 서비스를 지원한다. 타지역 접속 시 교환기에 의한 접속구조로 되어 있다.

► PTT(Push To Talk) : 즉석 메시지 서비스로 일반 휴대폰에서 나타나는 대기시간과는 비교할 수 없을 정도로 빠른 속도를 자랑하며 스위치를 누른 후 말을 하면서 간단한 의사소통을 할 수 있는 통신 서비스이다.

► QoS(Quality of Service) : 사용자 또는 애플리케이션에 대해 중요도에 따라 서비스 수준을 차등화하여 한정된 WAN 대역폭에서 트래픽과 대역폭을 정책적으로 관리하는 제반 기술 및 개념을 의미하며, 대역폭과 그 대역폭 내에서 발생하는 트래픽을 분석·제어·관리하는 기술을 말한다.

► RAS(Radio Acces Station) : 유선 네트워크 종단에서 무선 인터페이스를 통해 단말과 송·수신을 하는 구성요소를 과금, 통계정보 생성 및 통보 기능 등을 수행한다.

► RFID(Radio Frequency IDentification System ; 무선 주파수 지원 시스템) : IC 칩과 무선을 통하여 식품, 동물, 사물 등 다양한 개체의 정보를 관리할 수 있는 차세대 인식 기술이다. 태그를 붙여 사물과 주변 정보를 무선 주파수로 전송 또는 리더기를 통해 정보를 처리하는 비접촉식 데이터 인식 기술로 판독기, RF 태그, 운용 소프트웨어, 네트워크로 구성되어 있다.

► SMS(Short message service) : 메시지 길이는 80Byte 이하이고 음성망을 이용한다. 전송 방식은 paging 방식이다.

► Telematics(텔레매틱스) : 위치정보와 무선통신망을 이용하여 교통안내, 긴급구난, 정보를 실시간 제공하는 멀티미디어 서비스를 말한다. 위치정보, 의사소통, 상거래, 엔터테인먼트, 자동주행, 원격진단, 원격도어잠금, 차량관리, 도난방지, 운전경로안내 등

► Ubiquitous(유비쿼터스) : 라틴어로 '보편적으로 존재한다'라는 의미를 가진 것으로 사용자가 네트워크 및 컴퓨터에 구애받지 않고 언제, 어디서나 네트워크에 접속하여 사용할 수 있는 정보통신 환경으로 음성, 데이터, 영상, 방송 등이 결합된 종합 통신망을 말한다.

► VOD(Video On Demand) : 가입자의 주문에 의한 영상 서비스를 제공하는 것으로 주문형 비디오 조회시스템이라고도 한다. 다운로드 방식, 스트리밍 방식, 멀티캐스팅 방식에 의해 영상정보를 제공하는 쌍방향 서비스이다.

► VoIP(Voice over IP) : 인터넷 프로토콜을 이용하여 소비자에게 음성 통신을 제공하는 시스템을 말한다. 이미지, 영상 전송을 지원하는 통신기술로 음성 데이터를 인터넷 프로토콜 데이터 패킷으로 변화시켜 일반 전화망에서의 통화를 가능하게 하는 통신 서비스이다. 끊김없는 음성 서비스 지원을 위한 이동성이 보장되어야 하며 Mobile IP를 이용한 이동성을 지원해야 한다.

► WDM-PON(Wavelength Division Multiplexing Passive Optical Network) : 코어 백본에서 널리 사용되는 WDM 기술을 광 가입자망에 적용한 것으로 전송 프로토콜에 상관없고 전송속도 또한 제한이 없으며, 서비스 품질 및 보안면에서 매우 뛰어난 차세대 기술을 말한다. 각 가입자에게 독립된 파장을 할당하여 FTTH 구조로 구현한다.

► Wibro : 이동하면서 초고속인터넷을 이용할 수 있는 무선 휴대인터넷으로 Wireless Broadband Internet의 약자이다. 사용 주파수 대역은 2.3GHz이고, 인터넷 속도는 1Mbps이다.

► WLAN(Wireless Lan) : 전파나 적외선 전송 방식을 이용한 근거리 통신망으로 무선접속장치가 설치된 지점을 중심으로 일정거리 이내에서는 PDA나 노트북을 이용하여 초고속 인터넷이 가능하다.

07 출제예상문제

1 데이터 전송에서 에러의 검출 및 교정까지 할 수 있는 부호에 해당하는 것은?

① 수평 패리티
② 해밍 코드
③ 수직 패리티
④ 우수 패리티

NOTE | 해밍 코드(Hamming Code) … 에러의 검출과 수정을 위해 저장되거나 또는 전송되는 데이터에 부가되는 여분의 비트를 말한다. 에러 검출 코드들은 에러를 검출할 수는 있지만 그 에러를 교정하는 것은 불가능하다. 이와 같이 불합리한 점을 제거하고 에러의 발견, 교정이 가능한 코드이다.

2 입력이 1mW, 출력이 1W일 때 전력 이득은?

① 10dB
② 20dB
③ 30dB
④ 40dB

NOTE | 전력 이득 $= 10\log\dfrac{1}{1 \times 10^{-3}} = 30\text{dBm}$

3 20dBm을 전력으로 바르게 계산한 것은?

① 0.01W
② 0.1W
③ 1W
④ 0.2W

NOTE | 0dBm $= 10\log1 = 1$mW이므로

$10\log\dfrac{x}{1 \times 10^{-3}} = 20\text{dBm}$

$\dfrac{x}{1 \times 10^{-3}} = 10^2$

$x = 10^2 \times 10^{-3} = 10^{-1} = 0.1\text{W}$

ANSWER | 1.② 2.③ 3.②

4 OSI-7 Layer의 제1계층을 뜻하는 표현으로 옳은 것은?

① 물리 계층
② 데이터 링크 계층
③ 네트워크 계층
④ 전송 계층

✎NOTE 물리 계층(Physical layer) … OSI 7계층 중 제1층에 위치하는 계층으로 통신매체에 대한 전기적, 기계적인 인터페이스를 다루며, 접속통신 및 접속해제를 위한 과정을 포함한 데이터를 통신매체와 조화할 수 있는 신호로 바꾼다.

5 열잡음 이라고도 하며 전송 매체 내부의 온도에 따라 발생하는 잡음은?

① 충격 잡음(Impulse noise)
② 백색 잡음(White noise)
③ 상호변조 잡음(Inter-modulation noise)
④ 누화 잡음(Cross-talk noise)

✎NOTE 백색 잡음(White Noise) … 열잡음 이라고도 하며 전송 매체 내부의 온도에 따라 발생하는 잡음이다.

6 우리나라 이동전화 시스템인 CDMA 방식의 의미로 옳은 것은?

① 콤팩트 디스크 다중 접속 방식
② 채널 분할 다중화 방
③ 주파수 변·복조 방식
④ 코드 분할 다중 접속 방식

✎NOTE CDMA(코드 분할 다중 접속 방식) … 미국에서 개발한 확산대역기술을 이용한 디지털 이동통신 방식으로 사용자가 시간과 주파수를 공유하며 신호를 송·수신하기 때문에 아날로그 방식보다 용량이 10배나 크고 통화품질도 우수하다.

ANSWER | 4.① 5.② 6.④

7 다음 중 데이터통신에 사용되는 부호는?

① 2진 부호   ② 4진 부호

③ 8진 부호   ④ 16진 부호

    ✎NOTE| 데이터 신호는 0과 1 두 개의 2진 부호를 사용한다.

8 회선 프로토콜에 대한 설명으로 가장 옳은 것은?

① 회선상에 에러를 감지하는 기능

② 단말 제어 기능

③ 데이터 송수신을 위한 약속 사항

④ 전송 효율을 높이기 위한 장치

    ✎NOTE| 컴퓨터와 단말장치를 결합하기 위한 상호 인터페이스를 정하여 이를 서로 접목하기 위한 규약을 회선 프로토콜이라 한다.

9 다음 중 LAN망 구성 시 거의 사용하지 않는 네트워크의 형태에 해당하는 것은?

① 스타형   ② 링형

③ 선형   ④ 버스형

    ✎NOTE| LAN망의 구성으로는 주로 스타형, 링형, 버스형 등을 사용한다.

10 데이터통신 교환 방식의 종류로 옳지 않은 것은?

① 회선 교환 방식   ② 메시지 교환 방식

③ 패킷 교환 방식   ④ 메모리 교환 방식

    ✎NOTE| 데이터통신의 데이터 교환 방식 … 회선, 메시지, 패킷 교환 방식 등

ANSWER | 7.① 8.③ 9.③ 10.④

11 패킷 교환방식에 대한 설명으로 거리가 먼 것은?

① 메시지를 일정 크기의 전송단위로 나누어 전송한다.

② 메시지가 교환망에 저장되었다가 순서가 되면 수신 측으로 전송된다.

③ 장애 발생 시 대체 경로 선택이 가능하다.

④ 네트워크 속도나 코드변환이 가능하다.

> **NOTE** 메시지(전송 데이터)가 교환망에 저장되었다가 순서가 되면 수신 측으로 전송되는 것은 메시지 교환망이다.

12 데이터통신 방법 중 서로 다른 방향에서 동시에 송·수신을 행할 수 있는 것은?

① Dual system　　　　　　　② Full Duplex

③ Simplex　　　　　　　　　④ Half Duplex

> **NOTE** 전이중 방식(Full duplex system) … 양방향으로 동시에 신호의 전송이 가능한 방식으로 일정 시간에 많은 양의 데이터를 송·수신할 때 주로 이용하나 회선비용이 비싸다는 단점이 있다.

13 중앙 처리 장치에 대한 설명으로 옳지 않은 것은?

① 데이터의 입력 및 출력 기능을 한다.

② 연산, 제어, 주기억 및 보조 기억 장치로 구성되어 있다.

③ 시스템 전체를 감독하는 역할을 한다.

④ 소형 컴퓨터에서는 마이크로 프로세서라고도 부른다.

> **NOTE** 데이터의 입력 및 출력을 담당하는 장치는 입·출력 장치이다.

ANSWER | 11.② 12.② 13.①

14 다음 중 중앙 처리 장치에 해당하지 않는 것은?

① 논리 연산 장치　　　　　　　　② 제어 장치
③ 레지스터　　　　　　　　　　　④ 버퍼

> **NOTE**｜ 버퍼(Buffer) … 데이터의 부하를 줄이기 위한 완충 장치에 해당한다. CPU의 3대 장치는 논리
> 연산장치, 제어장치, 레지스터이다.

15 국제표준기구(ISO)에서 규정하는 OSI 참조모델의 계층 수로 옳은 것은?

① 5　　　　　　　　　　　　　② 6
③ 7　　　　　　　　　　　　　④ 8

> **NOTE**｜ OSI 7 Layer … 국제표준화기구(ISO)에서 제정한 네트워크 프로그래밍 국제표준안으로 물리 계
> 층, 데이터 링크 계층, 네트워크 계층, 전송 계층, 세션 계층, 표현 계층, 응용 계층, 총 7개
> 의 계층으로 구성되어 있다.

16 OSI 계층 중 제2 계층에 해당하는 것은?

① 물리 계층　　　　　　　　　　② 데이터 링크 계층
③ 전송 계층, 세션 계층　　　　　④ 표현 계층

> **NOTE**｜ 데이터 링크 계층 … 데이터 블록의 전송 에러 검출 및 제어를 관리하고 규정하는 계층을 의미
> 한다.

17 사용자가 쉽게 사용할 수 있도록 만든 주소로서 고유 IP 주소를 가지는 것을 의미하는 표현으
로 옳은 것은?

① DMB　　　　　　　　　　　② DTR
③ DNS　　　　　　　　　　　④ DVD

> **NOTE**｜ DNS(Domain Name Server) … Domain Name을 IP 주소로 변환시키거나 또는 그 반대 작업
> 을 처리하는 시스템을 의미한다.

ANSWER｜ 14.④　15.③　16.②　17.③

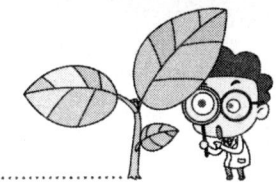

18 데이터통신용으로 PC에서 통신을 위한 준비 신호로서 모뎀으로 보내는 신호를 의미하는 것은?

① TXD
② RXD
③ DTR
④ RTS

> **NOTE** DTR(Data Terminal Ready) … 신호를 보내서 출력측, 즉 모뎀에서 데이터를 받을 준비가 되었는 지를 확인하는 신호이다. 모뎀의 전원인가 후 모뎀상태를 파악하여 이상이 없을 경우 출력시키는 신호이다.

19 디지털 데이터 전송 시스템에서 최종적으로 데이터를 송·수신하는 기능을 수행하는 데이터의 입출력 장치로 인간과 컴퓨터 간의 인터페이스 역할을 하는 것은?

① 단말 장치
② 중계 장치
③ 운영 장치
④ 교환 장치

> **NOTE** 단말 장치의 기능 … 입·출력 기능, 전송 제어 기능, 기억 기능

20 Digital Cellular 시스템에서 순방향 역방향 모두 사용이 가능한 채널은?

① 파일럿(Pilot) 채널
② 동기(Sync) 채널
③ 통화(Traffic) 채널
④ 호출 (Paging) 채널

> **NOTE** Digital Cellular 순방향 채널 … 파일럿(Pilot) 채널, 동기(Sync) 채널, 호출(Paging) 채널
> ※ 순방향 역방향 모두 사용 가능한 채널 … 통화(Traffic) 채널

ANSWER 18.③ 19.① 20.③

21 다음 전송 선로 중 속도, 용량, 감쇄 등의 면에서 가장 큰 이점을 가지는 것은?

① 광섬유 케이블
② 동축 케이블
③ UTP 케이블
④ RS-232C 케이블

✎NOTE│ 광섬유 케이블 특징… 빛을 전송할 수 있는 가늘고 유연한 원통형의 정보 송신 선로로 장거리 중계선, MAN, LAN, 중계선 등에 사용한다.
㉠ 수십 km에 걸친 Gbps의 전송이 가능하다.
㉡ 감쇄에 강하며 100km 이상의 리피터 간격도 가능하다.
㉢ 충격 잡음이나 누화의 영향을 받지 않는다.
㉣ 도청에 높은 보안성을 가진다.

22 CRC 오류검사 방법에 대한 설명으로 옳지 않은 것은?

① Cyclic Redundancy Check의 약어이다.
② 데이터통신뿐 아니라 컴퓨터 바이러스 체크시에도 사용된다.
③ 원래의 메시지 사이에 체크 메시지를 반복해서 끼워 넣고 반복 전송하여 체크하는 방법이다.
④ 원래의 메시지에 특별한 비트를 덧붙여 전송하여 오류를 체크하는 방법이다.

✎NOTE│ CRC(Cyclic Redundancy Check) 오류검사 방법 … 데이터통신뿐 아니라 컴퓨터 바이러스 체크 시에도 사용되며 원래의 메시지에 특별한 비트를 덧붙여 전송하여 오류를 체크하는 방법이다.

23 다음 중 물리적 계층에서 사용하는 프로토콜은?

① ADCCP
② X-25
③ IEEE 488
④ X-400

✎NOTE│ 프로토콜
㉠ 데이터 링크 계층 : ADCCP
㉡ 네트워크 계층 : X-25
㉢ 물리적 계층 : RS-232C, IEEE 488
㉣ 응용계층 : X-400

ANSWER │ 21.① 22.③ 23.③

24 다음 중 데이터통신의 응용과 가장 관련이 적은 것은?

① 동영상 서비스　　　　　　　② 전자 상거래
③ 워드 프로세싱　　　　　　　④ 전자 사서함

✎NOTE| 단순히 자료입력을 하는 워드 프로세싱은 데이터통신과 관련이 없다.

25 LAN의 특징으로 옳지 않은 것은?

① 광대역 전송매체에 사용하므로 고속 통신이 가능하다.
② 패킷 통신이 가능하다.
③ 경로를 선택해야 한다.
④ 확장성과 재배치성이 좋다.

✎NOTE| LAN의 특징
ⓐ 패킷 지연이 최소화된다.
ⓑ 오류율이 낮아 신뢰성 있는 정보의 전송이 가능하다.
ⓒ 네트워크 내의 모든 정보기기와 통신이 가능하다.
ⓓ 광대역 전송매체를 사용하므로 고속 통신이 가능하다.
ⓔ 경로의 설정이 필요없다.
ⓕ 확장성 및 재배치가 쉽다.

26 존의 2선식 가입자 전화 회선을 이용하여 비대칭 통신을 할 수 있는 기술은?

① ADSL　　　　　　　　　　② ATM
③ DTE　　　　　　　　　　　④ DSU

✎NOTE| ADSL … 비대칭형 디지털 가입자망으로 기존의 전화 회선을 이용하여 데이터통신 및 VOD 서비스를 고속으로 이용할 수 있는 기술이다.

ANSWER| 24.③ 25.③ 26.①

27 시작과 끝이 만나는 구조로 서로 이웃하는 컴퓨터와 단말기를 서로 연결한 형태를 말하며 전송 시 전송 에러가 적고 고속 전송이 가능한 구조는?

① Ring형

② Bus형

③ Tree형

④ Star형

NOTE | 링(Ring)형 … 환형이라고도 하며 시작과 끝이 만나는 구조로 서로 이웃하는 컴퓨터와 단말기를 서로 연결한 형태를 말한다. 전송 시 전송 에러가 적고 고속 전송이 가능하지만 노드 장애시 마비현상 및 노드 변경이나 추가가 쉽지 않은 특징을 가지고 있다.

28 ITU-T의 V 시리즈에 대한 설명으로 옳은 것은?

① PSTN을 이용한 데이터통신

② Line 코딩을 이용한 신호 변환 데이터통신

③ 독립 망에 대한 상호 표준안

④ 메시지 압축에 관한 데이터통신

NOTE | ITU-T V시리즈는 데이터 전송 시 전송 효율을 높이기 위한 압축 전송에 대한 규약으로 MNP-5와 V.42bis가 있다. MNP-5는 최대 2배, V.42bis는 최대 4배로 압축하여 전송할 수 있다.

29 네트워크상 장비들의 중앙감시체제를 구축하여 Monitoring, Planning 및 분석을 할 수 있고 관련 데이터를 보관하여 필요시 활용하는 관리 시스템은?

① NMS

② TCP/IP

③ MODEM

④ Computer

NOTE | NMS(Network Management System) … 네트워크상의 모든 장비들의 중앙감시체제를 구축하여 모니터링, 플래닝 및 분석이 가능하며 관련 데이터를 보관하여 즉시 활용가능하게 하는 관리 시스템을 말한다.

ANSWER | 27.① 28.④ 29.①

30 SNMP의 기본구성에 해당하지 않는 것은?

① 관리 대상　　　　　　　　　　② 네트워크 관리 Station

③ 네트워크 연결　　　　　　　　④ 네트워크 관리 Protocol

> NOTE| SNMP의 구성
> ㉠ 관리 대상(서비스 제공자, Agent)
> ㉡ 네트워크 관리 Station(서비스 이용자, manager)
> ㉢ 네트워크 관리 Protocol

31 NMS에 대한 설명으로 옳지 않은 것은?

① 네트워크상 전 장비에 대해 중앙감시체제를 구축하여 분산관리를 할 수 있다.

② Ethernet 등의 네트워크에 접속되는 자원을 관리할 수 있다.

③ GUI를 지원한다.

④ 중앙집중 감시체계 이므로 관리는 용이하나 보완성이 떨어진다.

> NOTE| 중앙집중 감시제어 방식이므로 관리 및 보완성이 우수하며, 장비의 망상태, 경보, 트래픽 데이터 등을 수집 축척이 가능하다.

32 전자교환기의 호 처리 프로그램 중에서 데이터 편집이나 접속 경로 설정으로 사용되는 프로그램은?

① 서브루틴 프로그램　　　　　　② 관리 프로그램

③ 입력 처리 프로그램　　　　　　④ 출력 처리 프로그램

> NOTE| 서브루틴 프로그램은 데이터 편집용, 접속 경로 설정 및 채널 정합용, 번역용으로 사용되는 프로그램이다.

ANSWER | 30.③　31.④　32.①

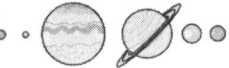

33 2개 이상의 다른 종류 또는 같은 종류의 통신망을 상호 접속하여 통신망간 정보를 주고 받을 수 있게 하는 기능 단위 또는 장치를 뜻하는 용어로 옳은 것은?

① 스위치 ② 라우터
③ 브리지 ④ 게이트웨이

>NOTE│ ① 스위치 : 네트워크를 작게 분할하며 정체가 되는 구역을 줄여주는 역할을 하는 장치
② 라우터 : 동일한 전송 프로토콜을 사용하는 분리된 네트워크를 연결해 주는 장치
③ 브리지 : 독립적으로 존재하는 두 개의 LAN을 연결하는 통신 장비
④ 게이트웨이 : 2개 이상의 다른 종류 또는 같은 종류의 통신망을 상호 접속하여 통신망간 정보를 주고 받을 수 있게 하는 기능 단위 또는 장치

34 LAN의 분류에 해당하지 않는 것은?

① 토큰 링 ② CSMA
③ 토큰 버스 ④ DQDB

>NOTE│ LAN의 분류
㉠ 토폴로지에 의한 분류 : 계층형, 버스형, 별형, 고리형, 그물형
㉡ 전송매체에 의한 분류 : 트위스티드 페어, 동축 케이블, 광 섬유
㉢ 매체 접근 방법에 의한 분류 : ALOHA, Slotted ALOHA, CSMA, CSMA/CD, 토큰 버스, 토큰 링

35 전용선, 패킷 교환망 등을 지원하는 구내 정보통신망에 도시권 통신망을 상호 접속하여 사용하는 대규모 통신망을 의미하는 것은?

① LAN ② MAN
③ WAN ④ ISDN

>NOTE│ WAN(Wide Area Network) … 거대 도시 지역의 네트워크로 도시 내의 여러 LAN을 연결해 주는 네트워크를 의미하며, 인터넷상으로는 각각의 백본망을 연결하는 네트워크 집합체를 의미하기도 한다.

ANSWER │ 33.④ 34.④ 35.③

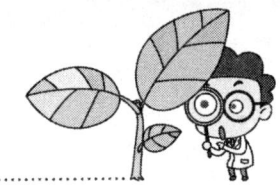

36 다음 중 디지털 가입자 회선에 속하지 않는 것은?

① ADSL

② HDSL

③ VDSL

④ TDSL

✎▭NOTE| 디지털 가입자 회선(xDSL)의 종류
ⓐ ADSL(Asymmetric Digital Subscriber Line)
ⓑ CDSL(Consumer DSL)
ⓒ HDSL(High bit-rate DSL)
ⓓ IDSL(ISDN DSL)
ⓔ RADSL(Rate-Adaptive DSL)
ⓕ SDSL(Symmetric DSL)
ⓖ UDSL(Unidirectional DSL)
ⓗ VDSL(Very high data rate DSL)

37 NMS의 주요 기능으로 옳지 않은 것은?

① 유저 관리

② 장애 관리

③ 성능 관리

④ 구성 관리

✎▭NOTE| 유저(USER)란 장비 및 소프트웨어를 관리 운용을 하는 사람을 의미한다.

38 정보 전송 시 변조를 실시하는 목적으로 옳은 것은?

① 전송되는 신호를 전송로의 특성에 맞게 변환하기 위하여

② 주파수 분할 다중 전송을 하기 위하여

③ 잡음을 개선하기 위하여

④ 가입자의 효율을 높이기 위하여

✎▭NOTE| 변조의 목적
ⓐ 전송되는 신호를 전송로에 알맞은 형태로 변환시키는 것을 목적으로 행한다.
ⓑ 전송하려는 정보를 표시하는 신호파에 따라 정현파, 주기적 펄스 등의 고주파 전류 또는
진폭, 주파수, 시간적 변화를 주는 조작을 말한다.
ⓒ 진폭 변조, 주파수 변조, 위상 변조 등이 있다.

ANSWER | 36.④ 37.① 38.①

39 데이터통신에서 이용되는 Full-duplex의 장점으로 옳은 것은?

① 병렬 전송
② 직렬 전송
③ 송·수신 동시 전송
④ 비동기식 전송

> NOTE| Full-Duplex(전이중 방식)은 데이터 전송의 송·수신이 동시에 양방향으로 수행되는 통신 방식이다.

40 에러 정정 부호 방식으로 옳은 것은?

① BCH 부호
② 패리티 검출
③ GRAY 부호
④ 코딩

> NOTE| BCH 부호는 임의의 오류 수정에 적합한 순회 부호로 m을 양의 정수라 할 경우 $2m-1$ 또는 그 이하의 부호 길이에 대해서 m비트의 검사 비트를 받아 t개의 오류를 수정할 수 있다.

41 프레임 동기 유지 프로토콜로 옳지 않은 것은?

① 문자 지향형 프로토콜
② 비트 지향형 프로토콜
③ 전송 지향형 프로토콜
④ 카운터 지향형 프로토콜

> NOTE| 프로토콜의 종류
> ㉠ 문자 지향형 프로토콜 : BSC(Binary Synchronous Control)
> ㉡ 비트 지향형 프로토콜 : HDLC(High-level Data Link Control)
> ㉢ 카운터 지향형 프로토콜 : DDCMP(Digital Data Communication Message Protocol)

42 공중 데이터망에서 동기식 전송을 위한 DTE/DCE 접속 규격은?

① RS-232C
② V.24
③ X.21
④ X.20

> NOTE| X.21은 공중 데이터통신망에 접속하는 동기 단말용의 데이터 단말 인터페이스(DTE/DCE interface)를 규정한 ITU-T의 권고안으로 비동기 단말용의 데이터 단말 인터페이스는 X.20에 규정되어 있다.

ANSWER | 39.③ 40.① 41.③ 42.③

43 동기식 전송에 이용되는 가장 효율적인 에러 체크 방식은?

① PLL
② LRC
③ ARQ
④ CRC

> NOTE | CRC(Cyclic Redundancy Check : 순환 중복 검사) … 동기식 전송에서 가장 많이 사용하는 강력한 에러 체크 방법으로 에러 검출 능력이 높아 일반 데이터통신에 널리 사용하는 방식이다. 프레임 단위로 에러를 검출하기 위해 프레임 끝에 FCS(File Check Sequence)를 부착한다.

44 ISDN(종합 정보 통신망)을 구성하는 필수 3대 요소가 아닌 것은?

① 시분할 통신 기술(TDM)
② 통신망의 공통선 신호 방식(CCS)
③ 광 케이블 통신망
④ 교환기의 축적 프로그램 제어 방식(SPC)

> NOTE | ISDN, 광 케이블망 등은 하나의 독립된 망이며 어떤 형식으로 구성이 되었는 지를 의미하는 표현이다.

45 다음 중 PC통신 이용자가 반드시 갖추어야 할 통신설비는?

① GPS
② MODEM
③ PABX
④ PCM 전송 시설

> NOTE | 모뎀(Modem) … 컴퓨터에서 출력되는 디지털 신호를 전화회선을 통과할 수 있도록 아날로그 신호로 변조한 후 입력되는 아날로그 신호를 디지털 신호로 복조하는 신호 변환 장치이다.

46 다음 중 컴퓨터의 기능에 해당하지 않는 것은?

① 입력 기능
② 출력 기능
③ 제어 기능
④ 추리 기능

> NOTE | 컴퓨터의 4대 기능 … 입력 기능, 출력 기능, 제어 기능, 연산 기능

ANSWER | 43.④ 44.③ 45.② 46.④

47 시분할 다중화기(Time Division Multiplexer)의 특징이 아닌 것은?

① 비트 다중화뿐만 아니라 문자 다중화도 가능하다.

② 한 전송로의 데이터 전송 시간을 일정한 폭으로 나누어 각 부채널에 차례로 할당한다.

③ 비동기식 데이터 다중화기에만 이용이 가능하다.

④ Point to Point 방식에서 널리 이용된다.

> ✎NOTE┃ 시분할 다중화기(TDM ; Time Division Multiplexer) … 다중 회선의 아날로그 신호를 최소의 시간으로 나누어 일정 순서에 맞게 배열한 후 주기적으로 고속의 한 전송로로 할당하는 방식으로 디지털 전송에 적합하다. 비트 삽입식 동기 다중화와 문자 삽입식 비동기 다중화에 모두 사용이 가능하며 포인트 투 포인트 방식에 주로 이용한다.

48 EIA의 RS−232C 접속 방법과 같은 내용을 기술한 ITU−T의 권고안은?

① V.24

② X.25

③ MPEG−4

④ IPv4

> ✎NOTE┃ ITU−T의 권고안
> ㉠ V.24 : 데이터통신의 기본 프로토콜
> ㉡ X.25 : PSDN(공중 데이터망)에서 패킷형 단말 장치를 위한 권고안
> ㉢ MPEG−4 : 멀티미디어압축 코딩 방법 표준의 한 방법
> ㉣ IPv4 : IP 주소의 한 종류

49 IPv6의 특징으로 옳지 않은 것은?

① 확장된 주소체계

② 헤더 형식의 복잡화

③ 확장 헤더에 대한 지원 강화

④ 인증 및 보안 기능 강화

> ✎NOTE┃ IPv6의 헤더 길이는 두 배로 늘었지만, 헤더 필드의 수는 8개로 단순화되어 있다.

ANSWER ┃ 47.③ 48.① 49.②

50 다음 중 IPv6의 전환 기술에 해당하지 않는 것은?

① Dual-stack 기술

② IPv4/IPv6 변환 기술

③ 링크 기술

④ 터널링 기술

✎NOTE| IPv6 전환 기술은 듀얼스택 기술, 변환 기술, 터널링 기술이 있다.

51 다음 사용자 환경에 최적화 된 형태로 콘텐츠 서비스의 QoS를 고려하여 효과적으로 전송하기 위한 전달체계는 DRM 기능 중 어떤 기능인가?

① CDN

② DOI 서비스

③ 메타 데이터 관리

④ 콘텐츠 관리

✎NOTE| 콘텐츠 전송 네트워크(CDN : Content Delivery Network) … 각종 디지털 콘텐츠를 취급하는 인터넷 업체들이 다수의 이용자들에게 안정적인 서비스를 제공할 수 있도록 네트워크의 주요 지점에 전용 서버를 설치해 콘텐츠를 미리 저장해 놓은 후 이용자의 요구가 있을 때 가장 가까운 지점에서 해당 콘텐츠를 전송해 주는 기능을 한다.

52 이종 기술 간 융합을 통하여 신제품과 새로운 서비스를 창출하거나 기존 제품의 성능을 향상시키는 IT 융합기술에서 BT-NT 기술이 아닌 것은?

① 나노 바이오 센서

② 나노 포토닉스

③ 인공 조직

④ 자성 나노입자를 이용한 약물전달

✎NOTE| 나노 포토닉스 기술은 IT-BT 기술이다

ANSWER | 50.③ 51.① 52.②

53 IPv6의 헤더 변환 방식에 대한 설명으로 옳지 않은 것은?

① IP 계층에서의 변환을 의미한다.

② 변환에 대한 정의는 SIIT에 정의하고 있다.

③ 대표적인 변환 방식으로 NAT−PT가 있다.

④ 가장 큰 단점은 속도가 느리다는 것이다.

> **NOTE**ㅣ 헤더 변환 방식은 IP 계층에서만 변환하기 때문에 속도가 매우 빠르다.

54 IPv6의 헤더 변환 방식에 사용되는 기술로 옳지 않은 것은?

① NAT−PT   ② SIIT

③ BIS   ④ TRT

> **NOTE**ㅣ TRT는 수송 릴레이 변환 방식에 해당한다. 수송 릴레이 변환 방식에 사용되는 기술로는 TRT, SOCKS, 게이트웨이 기술 등이 있다.

55 IPv6의 장점에 대한 설명으로 옳지 않은 것은?

① 기존의 IPv4망 중 라우터가 포함된 IP망에서 변환 작업 없이 운용이 가능하다.

② 최소 비용으로 기존망으로의 전이가 가능하다.

③ 기존 인터넷망과 공존이 가능하다.

④ 인터넷망의 회선 인프라를 대부분 재사용할 수 있다.

> **NOTE**ㅣ 기존(IPv4)망에서 IPv6로 변환시키는 경우에는 헤더 변환 방식, 수송 계층 릴레이 방식, 응용 계층 게이트웨이 방식 등의 변환 기술을 사용해야 한다.

ANSWERㅣ 53.④   54.④   55.①

56 디지털 데이터 방송을 의미하는 표현으로 옳은 것은?

① Wibro

② DMB

③ CATV

④ CCTV

    ✎NOTE | DMB(Digital Multimedia Broadcasting) ··· 디지털 멀티미디어 방송은 음성, 영상 등 다양한 멀티미디어 신호를 디지털 신호로 변조하는 방식으로, 고정 또는 휴대용, 차량용 수신기에 제공하는 차세대 방송 서비스라 한다.

57 현재 상용화되고 있는 VOD 서비스의 문제점에 대한 설명으로 옳지 않은 것은?

① 전송속도가 낮으므로 서비스에 어려움이 있다.

② 고비용의 문제로 활성화가 어렵다.

③ 유선 초고속 인터넷 기반의 접목에 필요한 여러 기능의 해결이 우선 과제이다.

④ 광대역 서비스의 발달로 서비스에 문제가 없다.

    ✎NOTE | 광대역 서비스의 발달은 보다 나은 서비스가 이루어지기 위한 발전단계이므로 문제점이 없다고 할 수 없다.

58 휴대인터넷 기반의 VOD 서비스의 내용으로 옳지 않은 것은?

① 전송속도가 빨라질 수 있다.

② 고비용의 문제가 존재할 수 있다.

③ 개인화된 단말에 맞는 콘텐츠 제공 서비스를 할 수 있다.

④ 문화, 영화 등 다양한 개인 취향에 맞는 맞춤 서비스가 가능하다.

    ✎NOTE | 휴대인터넷 기반에서 서비스가 이루어지면 전송속도가 높고, 비용 역시 저렴하게 이용할 수 있다.

ANSWER | 56.② 57.④ 58.②

59 휴대인터넷 기반의 VOD 서비스시 고려해야 할 사항으로 옳지 않은 것은?

① 영상 서비스의 특성상 끊김이 없는 지속성을 유지해야 한다.

② 고품질 서비스를 위하여 많은 대역폭 및 높은 수준의 품질을 제공해야 한다.

③ 주문형 서비스에 맞는 다양한 콘텐츠를 제공해야 한다.

④ 개인 맞춤형 서비스이므로 일대일 맞춤 콘텐츠 개발에만 신경을 쓰면 된다.

>NOTE| 개인 맞춤형 서비스, 주문형 서비스가 동시에 이루어지므로 다양한 콘텐츠를 동시에 개발해야 한다.

60 RFID의 특징으로 거리가 먼 것은?

① 직접 접촉을 하거나 조준선을 필요로 하지 않는다.

② 동시에 여러 태그를 고속으로 인식할 수 있다.

③ 물, 페인트, 수증기, 나무 등 상태에서도 동작한다.

④ 정보량이 수십 단어에 이른다.

>NOTE| RFID의 정보량은 수천 단어 이상이고 바코드(Bar-code)는 수십 단어 정도의 정보량을 가지고 있다.

61 VoIP에 대한 설명으로 옳지 않은 것은?

① H.323/SIP 국제표준규약을 준수한다.

② 다수 사용자의 동시 사용이 가능하다.

③ 긴급통화가 가능하다.

④ 구축방법이 다양하다.

>NOTE| VoIP는 119 및 팩스와 같은 서비스는 불완전하다.

62 VoIP폰에 대한 설명으로 옳은 것은?

① 다양한 부가 서비스 기능을 활용한 인터넷 전화를 의미한다.

② 단순히 인터넷 전화용으로만 사용되는 것이다.

③ 부가 서비스 기능만 사용할 수 있다.

④ 협소한 지역에서만 사용이 가능한 전화이다.

✎NOTE│ 인터넷 전화용으로만 사용하는 것이 아니라 다양한 부가 서비스 기능의 활용으로 인하여 서비스 범위가 확장되고 있다.

63 휴대인터넷 기반의 VoIP 서비스에 대한 내용으로 옳지 않은 것은?

① 실시간 QoS의 보장이 중요하다.

② 이동성이 비교적 자유롭게 제공해야 한다.

③ 휴대인터넷 환경에서 서비스를 위해서는 수신 기능을 위한 추가 기능이 필요하다.

④ 이동통신 및 유선전화에 비해 다양한 콘텐츠를 제공하므로 가격이 비교적 비싸다.

✎NOTE│ VoIP 서비스는 기존의 인터넷 회선을 사용함으로 가격이 저렴하다.

64 휴대인터넷 기반의 VoIP 서비스 제공시 고려사항으로 옳지 않은 것은?

① 이동성 ② 확장성

③ 보안성 ④ 직진성

✎NOTE│ 휴대인터넷 기반 VoIP 서비스 제공시 고려사항 … 이동성, 확장성, 보안성

ANSWER│ 62.① 63.④ 64.④

65 주파수를 이용하여 개별 상품을 식별하는 무선 주파수 인식 기술을 뜻하는 용어로 옳은 것은?

① VoIP

② RFID

③ HFC

④ Wibro

> **NOTE** | RFID(Radio Frequency IDentification System ; 무선 주파수 지원 시스템) ··· IC 칩과 무선을 통하여 식품, 동물, 사물 등 다양한 개체의 정보를 관리할 수 있는 차세대 인식 기술이다.

66 RFID에 대한 설명으로 옳지 않은 것은?

① 주파수 이용

② 바코드를 대체할 신기술

③ 태그 및 리더기 사용

④ 접촉식 데이터 인식 기술

> **NOTE** | REID는 태그를 붙여 사물과 주변 정보를 무선 주파수로 전송 또는 리더기를 통해 정보를 처리하는 비접촉식 데이터 인식 기술로 판독기, RF 태그, 운용 소프트웨어, 네트워크로 구성되어 있다.

67 디지털 콘텐츠의 지적 재산권이 디지털 방식에서도 안전하게 보호 및 유지 될 수 있도록 한 기술인 DRM의 구성요소로 알맞지 않은 것은?

① 콘텐츠를 메타 데이터와 함께 배포 가능한 단위로 묶는 기능으로 보안 컨테이너로 포장된다.

② 유통사와 사용자 간 인증을 위한 비공개키 인증서를 발급한다.

③ 콘텐츠 배포 정책 및 라이센스의 발급을 관리한다.

④ 배포된 콘텐츠의 이용 권한을 통제한다.

> **NOTE** | DRM의 구성요소
> ㉠ 패키저 : 콘텐츠를 메타 데이터와 함께 배포 가능한 단위로 묶는 기능으로 보안 컨테이너로 포장된다.
> ㉡ 보안 컨테이너 : 원본을 안전하게 유통하기 위한 전자적 보안 장치이다
> ㉢ 클리어링 하우스 : 콘텐츠 배포 정책 및 라이센스의 발급을 관리한다.
> ㉣ 컨트롤러 : 배포된 콘텐츠의 이용 권한을 통제한다.
> ㉤ CA시스템 : 유통 주체 간 인증을 위한 공개키 인증서 발급, 컨텐츠 암호화 및 전자서명, 인증서에 기반한 보안 통신을 지원하기 위한 CA 시스템과 암호 모듈로서 라이브러리 형태로 개발

ANSWER | 65.② 66.④ 67.②

68 RFID의 단점에 대한 설명으로 옳지 않은 것은?

① 무선 주파수를 사용이므로 거의 무한대로 사용할 수 있다.

② 전파에 투과하지 못하는 물체에 대한 판독 기능은 저하된다.

③ 보안이 취약하다.

④ 프라이버시 침해의 소지가 있다.

NOTE | 무선 주파수이므로 주파수 대역의 한계가 있고 사용 가능한 주파수 확보가 어렵다.

69 IEEE 802.15.1 규격을 사용하며 개인 근(단)거리 무선통신을 위한 산업표준을 무엇이라 하는가?

① RFID

② 블루투스

③ 지그비

④ Bar-code

NOTE | IEEE 802.15.1 규격을 사용하는 블루투스는 개인 근(단)거리 무선통신을 위한 산업표준이다.
다양한 기기들이 안전하고 저렴한 비용으로 ISM 대역인 2.45GHz를 사용하여 서로 통신할 수
있다.

70 휴대인터넷 기반의 RFID 서비스에 대한 설명으로 옳지 않은 것은?

① 기존 시스템에서 리더 및 서버의 이동성 지원이 가능해졌다.

② 별도의 RFID용 망 구축없이 휴대인터넷 모듈이 포함된 리더기를 사용할 수 있다.

③ 이동통신망에 비해 저렴한 비용의 통신 서비스가 가능하다.

④ 개인정보유출로 인한 보안 및 프라이버시 침해 가능성은 없다.

NOTE | 무선으로 서비스를 하기 때문에 보안 및 프라이버시 침해 가능성이 높으므로 이에 대한 대응
및 해결책 마련이 필요하다.

ANSWER | 68.① 69.② 70.④

71 RFID 구성요소에 대한 설명으로 옳지 않은 것은?

① 리더기 - RFID 태그에 읽기와 쓰기를 가능하게 하는 장치
② 태그 - 데이터를 저장하는 장치
③ 안테나 - 무선 자원을 송수신하고 주파수의 간섭을 막는 장치
④ 서버 및 네트워크 - 다양한 태그 또는 리더에서 정보를 수집 · 저장 · 처리하는 장치

NOTE| 안테나는 데이터를 송수신하는 무선 전송 장치이지 주파수 간섭을 막는 장치가 아니다.

72 현재 우리나라에서 제정된 RFID의 주파수 범위로 옳은 것은?

① HF
② UHF
③ VHF
④ SHF

NOTE| RFID 주파수는 908.5 ~ 914MHz로 극초단파대(UHF)에 속한다.

73 디지털 방송의 분류 중 서비스별 분류에 속하지 않는 것은?

① 양방향 데이터 방송
② 맞춤형 방송
③ 실감 방송
④ 지상파 방송

NOTE| ④ 매체별 분류에 해당한다.
※ 디지털 방송의 분류
㉠ 매체별 분류 : 지상파 방송, 위성 방송, 케이블 방송 등
㉡ 서비스별 분류 : 양방향 데이터 방송, 맞춤형 방송, 실감 방송 등

ANSWER | 71.③ 72.② 73.④

74 BcN의 4단계 계층을 순서대로 나열한 것으로 옳은 것은?

① 홈 · 단말 계층 – 가입자망 계층 – 전달망 계층 – 서비스 계층
② 가입자망 계층 – 홈 · 단말 계층 – 서비스 계층 – 전달망 계층
③ 전달망 계층 – 서비스 계층 – 홈 · 단말 계층 – 가입자망 계층
④ 가입자망 계층 – 홈 · 단말 계층 – 서비스 계층 – 전달망 계층

> ✿**note** BcN의 4단계 계층 … 홈 · 단말 계층 – 가입자망 계층 – 전달망 계층 – 서비스 계층

75 다음 중 이동형 TV 방송에 해당하지 않는 것은?

① 지상파 DMB   ② 위성 DMB
③ DVB–T   ④ VOD

> ✿**note** VOD는 양방향 TV 방송이며 양방향 TV 방송의 종류에는 VOD, T–Commerce, TV 쇼핑 등이 있다.

76 가상 채널을 통한 쇼핑 및 뱅킹 서비스, 쌍방향 광고 등 모든 종류의 서비스를 제공할 수 있는 기술은?

① VOD   ② DMB
③ T–commerce   ④ VoIP

> ✿**note** T–commerce는 TV와 Commerce가 결합된 단어로 쌍방향 서비스를 제공하는 디지털 TV상에서 하는 온라인 상거래를 의미하며, 일종의 전자상거래를 말한다.

77 인터넷 프로토콜을 이용하여 소비자에게 음성 통신을 제공하는 시스템은?

① VRS   ② IP–TV
③ E–mail   ④ VoIP

> ✿**note** VoIP(Voice over IP)는 인터넷 프로토콜을 이용하여 소비자에게 음성 통신을 제공하는 시스템을 말한다.

🌱🌱Answer   74.①   75.④   76.③   77.④